기획 & 아트 디렉터 브라이오니 바 Briony Barr
과학자들과 정기적으로 협업하는 개념 예술가 conceptual artist. 그는 예술 작품에 생성 규칙, 복잡계, 도표, 미시세계 그리고 19세기 과학과 자연관을 담는다. 브라이오니와 만화가 벤은 이 책 시리즈를 만들며 1만 통에 가까운 메일을 주고받았다.

기획 & 과학 디렉터 그레고리 크로세티 Gregory Crocetti
미생물 생태학자. 10년 넘게 미생물을 연구하고 과학을 가르쳤다. 지금은 브라이오니 바와 함께 작가, 시각 예술가, 과학자, 교육자, 디자이너로 팀을 구성해 미생물과 생명체의 공생에 관한 책 시리즈를 만들고 있다.

글 아일사 와일드 Ailsa Wild
캐릭터를 사랑하는 작가. 샘처럼 프로도를 사랑한다. 18살부터 창작을 공부했고 〈작은 친구들의 책 Small Friends Books〉, 〈스퀴시 테일러 시리즈 Squishy Taylor series〉를 썼다.

글 & 과학 자문 리사 스틴슨 Lisa Stinson
미생물 생태학자. 서호주 대학교 모유 연구 그룹의 포스트닥터 연구원. 연구 관심사는 유아와 모유 미생물군, 그리고 건강과 질병의 발달 기원이다. 최근 ABC의 5대 과학자 중 한 명으로 선정되었다.

그림 벤 허칭스 Ben Hutchings
삽화가이자 호주 최초의 만화 스튜디오인 스퀴시페이스 Squishface의 공동창업자. 90년대 초부터 만화를 출간해 현재 교육만화와 잡지, 시집까지 모든 분야를 다루는 프리랜서 아티스트로 활동하고 있다.

번역 정진
고려대학교에서 영어교육학을 전공하고, 출판기획 및 번역자로 활동하고 있다. 역서로는 〈네가 만들어갈 경이로운 인생들〉, 〈잠 못 드는 수지를 위하여〉, 〈같은 달 아래〉, 〈나는 실, 엄마는 실뭉치〉, 〈내 몸에 화산이 있어요!〉 등이 있다.

감수 (사)한국미생물학회·서울과학교사모임

표지 디자인 | 김민주

FOLLOW YOUR GUT

Copyright © 2023, Briony Barr, Gregory Crocetti, Ben Hutchings, Lisa Stinson and Alisa Wild
All rights reserved.

Korean translation copyright © 2024 by Noonkoip Publishing (RedStone)
Korean translation rights arranged with Scale Free Network through EYA Co., Ltd

이 책의 한국어판 저작권은 EYA를 통해 Scale Free Network과 독점 계약한 (주)눈코입(레드스톤)이 소유합니다. 저작권법에 의하여 한국 내에서 보호를 받는 저작물이므로 무단 전재 및 복제를 금합니다.

제작 지원해주신 분들: 호주미생물학회, 호주정부, 호주예술협회, 호주창의협력재단

공생 symbiosis

**두 종류 이상의 서로 다른 유기체가 이익을 주고받으며
밀접한 관련을 맺고 살아가는 것**

40억 년에 걸쳐 미생물이 활동한 결과로 지구는 지금처럼
생물학적·지질학적 다양성이 넘치는 행성이 되었다.

다양한 공생관계(짧게 끝나기도 하고 평생 지속되기도 하는)를 통해
미생물들은 지구에 사는 모든 생물과 협력하면서 새로운 형태의
생물체를 탄생시키는 데 일조했다. 인간도 그 새로운 생물체 중
하나다. 해로운 공생관계도 있지만 대부분 서로 이익을 주고받는다.

경쟁을 통해 생물체가 진화한다는 발상으로는
생물의 일부분만 이해할 수 있다.
생물에게는 경쟁만큼이나 협력이 중요하다.

"적의 적은 친구다."
— 고대 산스크리트 속담

감수·추천의 말

이 책은 만화 형식을 따르고 있지만, 인체 마이크로바이옴에 관한 최신 지식까지 포함하여 광대한 범위의 내용을 다루고 있어서 전문가 입장에서도 놀라움과 신선함을 느꼈습니다. 장내 미생물의 이동과 정착에 관한 새로운 과학적 사실을 다루고 있어서 특히 흥미로웠습니다. 장내 미생물 군집을 구성하는 많은 종류의 미생물의 생태와 기능, 인체의 면역반응까지 이 모든 내용을 파악하는 것은 결코 쉽지 않습니다.

이 책은 이런 어려운 내용을 학생들도 한눈에 이해할 수 있도록 만화와 평이한 용어로 가볍게 풀어냈습니다. 그러면서도 최신의 연구 성과를 포함한 상당히 깊이 있는 부분까지 다루고 있어 수준 있는 교양서적이자 미생물학 입문서로 충분하다고 봅니다. 마이크로바이옴에 대한 독자의 궁금증을 해소하고 더 나아가 호기심을 이끌어 내기에 더 없이 좋습니다.

― 한국미생물학회

우리 몸속에는 눈에 보이지 않지만 놀라운 생명활동을 하는 수많은 존재가 있습니다. 바로 바이러스, 박테리아(세균) 같은 미생물이 그들이죠.

이 책은 우리 몸속에 살고 있는 다양한 미생물들이 어떤 방식으로 살아가고 인체와 어떤 상호작용을 하는지 생생하게 보여줍니다. 비피, 에셔, 로즈, 로이드 등 우리와 공생하는 박테리아를 어려운 이름(학명) 대신 애칭을 부여하여 좀 더 친근하게 다가가고 있습니다. 장 속 환경을 밀림 숲에 비유하고 유해한 박테리아는 잡초, 장벽에 연결된 당들은 당 가지로 표현하는 등 이해를 돕기 위한 여러 장치들이 매우 적절하고 효과적입니다. 흥미로운 스토리 만화와 전문적인 설명을 잘 연결해 놓아서 초등학생부터도 읽기에 무리가 없고, 특히 풍부하고 세밀한 자료 이미지들이 빠른 이해를 돕습니다. 생명과학을 좋아하거나 인체가 질병에 맞서는 과정에 대해 호기심을 느끼는 학생들에게 아주 좋은 독서 경험을 제공할 것이라 생각합니다.

우리 모두 이 작은 생명체를 응원하는 마음을 안고, 인체의 미세한 풍경 속으로, 거기 살고 있는 미생물들의 생생한 삶의 현장으로 함께 떠나볼까요?

― 서울과학교사모임

이봐, 당신!
맞아, 당신!

아마도 당신은 자신을 한 사람으로 생각하고 있을 겁니다.
자신의 삶, 무엇을 먹고, 어디로 가고,
어떻게 느끼는지를 책임지고 있다고 생각할 것입니다.
어느 정도는 사실입니다.

하지만 당신이 당신이 아닌 것도 알고 있나요?
당신을 구성하는 약 100조 개의 세포 중 거의 절반은
당신이 아니라 미생물입니다!

그들은 박테리아, 고세균, 균류, 바이러스로, 당신이 마치 걸어 다니는
거대한 행성인 것처럼 당신 몸에 살고 있습니다.
그러므로 당신을 **행성 인간**이라고 부를 수 있죠.

이 작은 생물들은 당신의 몸 안팎에서
복잡하고 상호 연결된 삶을 살아갑니다.
거의 대부분(약 99%)이 큰창자에 서식합니다.
그들은 당신과 함께 성장합니다. 그들은 당신이 먹는 것을 먹습니다.
그들은 당신에게 의존하고 당신은 그들에게 의존합니다.
과학자들은 그들을 당신의
'마이크로바이옴Microbiome'이라고 부릅니다.

당신은 이 작은 존재들과 평생 동안 파트너십을 맺고 있지만, 대부분의
사람들은 그들을 알지 못합니다.

이것은 바로 그들의 이야기입니다.

차례

감수·추천의 말   v

· 1부 ·
장내 미생물 분투기(만화)

제1장 비피BIFFY를 소개할게요   2

제2장 점막밑층의 감시자들   15

제3장 엄마젖의 신비   32

제4장 달콤함과 우정   47

제5장 레인저와 매니저   61

제6장 대장균 에셔   71

제7장 숲 가꾸는 로즈   92

제8장 인간과 개의 내장에 함께 사는 박테리아, 로이디   102

제9장 신비한 박테리아, 루미노코쿠스   112

제10장 살모넬라의 습격   126

제11장 폭풍 성장   145

  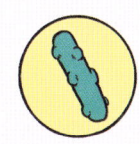 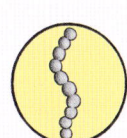

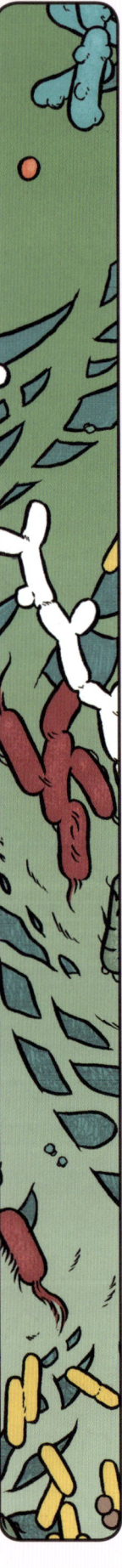

• 2부 •
시시콜콜 흥미진진! 우리 몸과 미생물에 대한
과학 이야기

제1장 비피Biffy를 소개할게요_157 | 1. 장이란 무엇인가? | 2. 우리 장에는 왜 점액이 있을까? | 3. 비피더스균은 누구인가? | 4. 우리 장에는 박테리아 외에 어떤 생물들이 살고 있을까? | 5. 미생물을 보려면 어떤 현미경이 필요할까? | 6. 박테리아는 정말로 대화를 할까, 그리고 영역을 가지고 있을까? | 7. 효소란 무엇인가? | 8. 비피는 어떻게 점액에서 당을 잘라낼까? | 9. 박테리아가 정말로 사촌이 있을까? | 10. 파지PHAGE는 누구인가? | 11. 이 모든 미생물들은 무엇을 하는 걸까? | 12. 박테리아는 어떻게 이동할까? | 13. 박테리아는 어떻게 번식할까? | 14. 프로게스테론이 박테리아의 증식을 어떻게 유발할까?

제2장 점막밑층의 감시자들_164 | 15. 점막밑층이 무엇일까? | 16. 살모넬라균은 정체가 뭘까? | 17. 살모넬라가 점막밑층으로 끌려가서 왜 기뻐할까? | 18. 상피세포와 미세융모가 무엇일까? | 19. 이 '확대된 그림'에서 무슨 일이 일어나고 있나? | 20. 케모카인이 뭘까? | 21. 레인저는 누구인가? | 22. 장을 둘러싸고 있는 이 혈관과 세포들은 어떤 일을 하는가? | 23. 항원이 뭘까? | 24. 수지상세포는 어떻게 살모넬라를 소화할까? | 25. 관리자는 무엇인가? | 26. T세포는 왜 수지상세포를 죽일까? | 27. T세포와 B세포는 점막고유층에서 무슨 일을 할까? | 28. 림프절이 무엇일까? | 29. 왜 장에 림프절이 그렇게 많을까? | 30. T세포와 수지상세포는 왜 콜라겐 로프를 따라 이동할까? | 31. T세포는 어떻게 수용체를 사용하여 비피를 친구로 식별할까? | 32. 비피는 어디에 필요할까? 스포일러 주의! | 33. 젖샘이란 무엇인가?

제3장 엄마젖의 신비_171 | 34. 모유란 무엇인가? | 35. 사람은 어떻게 젖을 만들까? | 36. 초유가 무엇일까? | 37. 사람의 모유는 어떤 성분으로 되어 있을까? | 38. 대식세포가 무엇일까? | 39. IgA와 IgG가 무엇일까? | 40. 이 다양한 당들은 무엇인가? | 41. 모유에 정말로 박테리아가 있을까? | 42. 모유 수유 피드백 시스템(사출반사, 혹은 사유반사) | 43. 왜 공기 방울이 비피와 피도에게 위험할까? | 44. 유방에서 젖이 역류되는 것이 정상일까? | 45. 포도상구균과 연쇄상구균은 어떤 박테리아인가? | 46. 포도상구균과 연쇄상구균은 언제 위험할까? | 47. 피도가 죽으면 그의 몸은 어떻게 될까? | 48. 비피더스균과 그의 친구들은 어떻게 위에서 살아남을까? | 49. 담즙은 어떤 역할을 할까? | 50. 소장 점막의 융모는 무엇인가? | 51. 모유올리고당은 무엇이고, 왜 소장에서 흡수되지 않을까? | 52. 비피더스균이 소장에서 얼마나 빠르게 이동하는가?

제4장 달콤함과 우정_178 | 53. 큰창자는 어떻게 기능하나? | 54. 왜 이 장은 엄마의 장에 비해 더 분홍색일까? | 55. 왜 이 환경이 비피에게 익숙하게 느껴질까? | 56. 박테리아의 선모는 어떤 일에 사용되나? | 57. 락토가 누굴까? | 58. 박테리아는 어떻게 이러한 당을 섭취할까? | 59. 교차 영양이 무엇인가? | 60. 발효가 무엇일까? | 61. 아세트산은 어떻게 우리의 면역계를 진정시키나? | 62. 박테리아는 어떻게 우리의 배고픔을 조절할까? | 63. 엽산염이 무엇인가? | 64. 젖산염이 무엇일까? | 65. GABA는 무엇인가? | 66. 왜 장에 신경들이 몰려 있을까?

   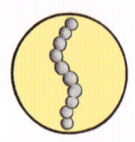

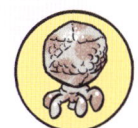    

제5장 레인저와 매니저_184 | 67. 면역세포는 어떤 새로운 정보를 흡수하고 있을까? | 68. 콜라겐은 무엇인가? | 69. 덴드리가 말하는 '잡초'는 무슨 의미일까? | 70. T세포는 어떻게 샘플을 식별할까? | 71. 장 누수와 경보는 무엇인가? | 72. T세포는 무엇이 정상인지 어떻게 결정할까?

제6장 대장균 에셔_186 | 73. 집에 들어오는 모든 박테리아가 아기에게 해를 끼칠까? | 74. 대장균은 어떤 박테리아일까? | 75. 창자샘이 무엇인가? | 76. 에셔가 말하는 바다, 늪, 사막은 무엇일까? | 77. 박테리아가 정말로 공기를 통해 이동할 수 있을까? | 78. 폐의 모양이 나뭇가지를 닮은 이유는 무엇일까? | 79. 왜 에셔는 폐가 끔찍하다고 생각할까? | 80. RSV에 대한 자세한 설명 | 81. 어떻게 바이러스는 이렇게 빨리 번식할 수 있을까? | 82. 대식세포들은 무엇을 찾고 있을까? | 83. 폐가 점액으로 가득 차는 이유는 무엇인가? | 84. 비타민K가 무엇인가? | 85. 뼈 무기질화가 무엇인가?

제7장 숲 가꾸는 로즈_192 | 86. 로즈부리아 박테리아는 무엇인가? | 87. 엄격한 혐기성 미생물이란? | 88. 박테리아는 정말로 동면을 할까? | 89. 담즙산이 포자를 발아시키는 이유는 무엇일까? | 90. 로즈부리아 박테리아는 왜 비피의 맛있는 간식을 좋아할까? | 91. 부티르산은 무엇인가? | 92. 부티르산은 어떻게 술잔세포를 자극하여 점액을 생성하게 할까?

제8장 인간과 개의 내장에 함께 사는 박테리아, 로이디_195 | 93. 혀의 유두돌기는 무엇인가? | 94. 박테로이데스 박테리아는 무엇인가? | 95. 박테리아가 종종 개에서 사람으로 전염될까? | 96. 파지phage가 무엇인가? | 97. 박테리아는 실제로 서로를 몰아낼 수 있을까? | 98. 프로피온산은 무엇인가? | 99. 장크롬친화세포는 왜 세로토닌을 만들까? | 100. 왜 미생물은 인간을 행복하게 하는 분자를 만들까?

제9장 신비한 박테리아, 루미노코쿠스_199 | 101. 왜 락토가 장에서 줄었을까? | 102. 루미노코쿠스 박테리아는 누구인가? | 103. 채소를 씻어서 먹는 것이 좋을까? | 104. 루미는 어떻게 식물섬유를 분해하나? | 105. 블렙이 무엇일까? | 106. 박테리아에게 수평적유전자이동은 흔한가? 그리고 이것이 왜 중요할까? | 107. 장의 점액 숲이 정말 이렇게 두꺼울까? | 108. 왜 비피더스균이 줄어들었을까?

제10장 살모넬라의 습격_202 | 109. 왜 닭고기가 병원성 박테리아의 번식지인가? | 110. 살모넬라균은 무엇인가? | 111. 살모넬라의 공격전략 #1. | 112. 미생물 공동체의 방어전략 #1. | 113. 세포 방어전략 #1. | 114. 세포 방어전략 #2. | 115. 세포 빙어진략 #3. | 116. 실모넬라의 공격진략 #2. | 117. 살모넬라 공격전략 #3. | 118. 박테리아가 정말로 인간 세포를 속여서 삼키게 할 수 있나? | 119. 세포 방어전략 #4. | 120. 미생물 공동체 방어전략 #2. | 121. 미생물 공동체 방어전략 #3. | 122. 호중구는 무엇인가? | 123. 엄마의 방어전략 #1. | 124. 모유의 항체가 우리를 이렇게 보호할 수 있을까? | 125. 미생물 공동체 방어전략 #4. | 126. 왜 엄마는 아프고 아기는 안 아팠을까? | 127. 왜 젖이 점점 줄어들까?

제11장 폭풍 성장_209 | 128. 이 새로운 미생물들은 누구인가? | 129. 콜린셀라와 베일로넬라는 누구인가? | 130. 피칼리박테리움과 프리보텔라가 누구인가? | 131. 아커만시아와 메타노브레비박터는 누구인가? | 132. 배변을 할 때 무슨 일이 일어날까? | 133. 변기 물을 내리면 배설물은 어디로 갈까?

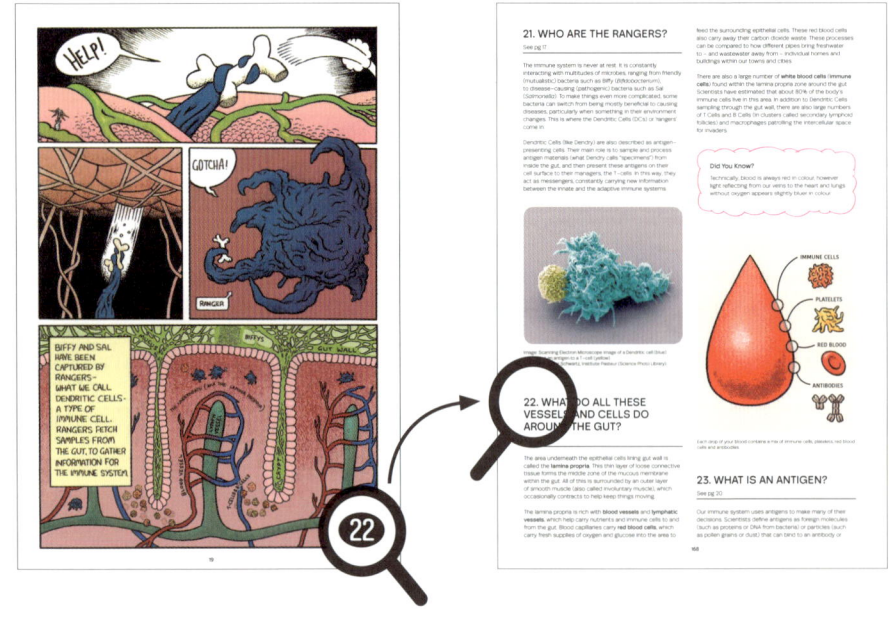

만화 속 숨겨진 과학 설명

만화 중간중간 나오는 번호들은 뒤편 2부의
과학 상세정보와 연결됩니다.

1부
장내 미생물 분투기
(만화)

제1장

비피Biffy를 소개할게요

우리는 비피를 만나러 갑니다. 그는 두 살 아이 시미의 큰창자(대장) 속에 살고 있는 비피도박테리움(비피더스균)입니다. 그런데 비피는 어떻게 여기에 오게 되었을까요? 그걸 알아보려고 우리는 2년 전 시미 엄마의 대장으로 거슬러 올라갑니다. 원래 거기서 비피가 살았죠. 비피가 사는 곳에 거대한 변화가 일어나기 시작할 때쯤, 비피의 사촌인 피도가 모험을 준비하고 있네요. 하지만 비피는 그러고 싶지 않은 것 같군요….

안녕하세요, 독자 여러분.
살아있는 이 행성 이야기에
오신 것을 환영합니다.

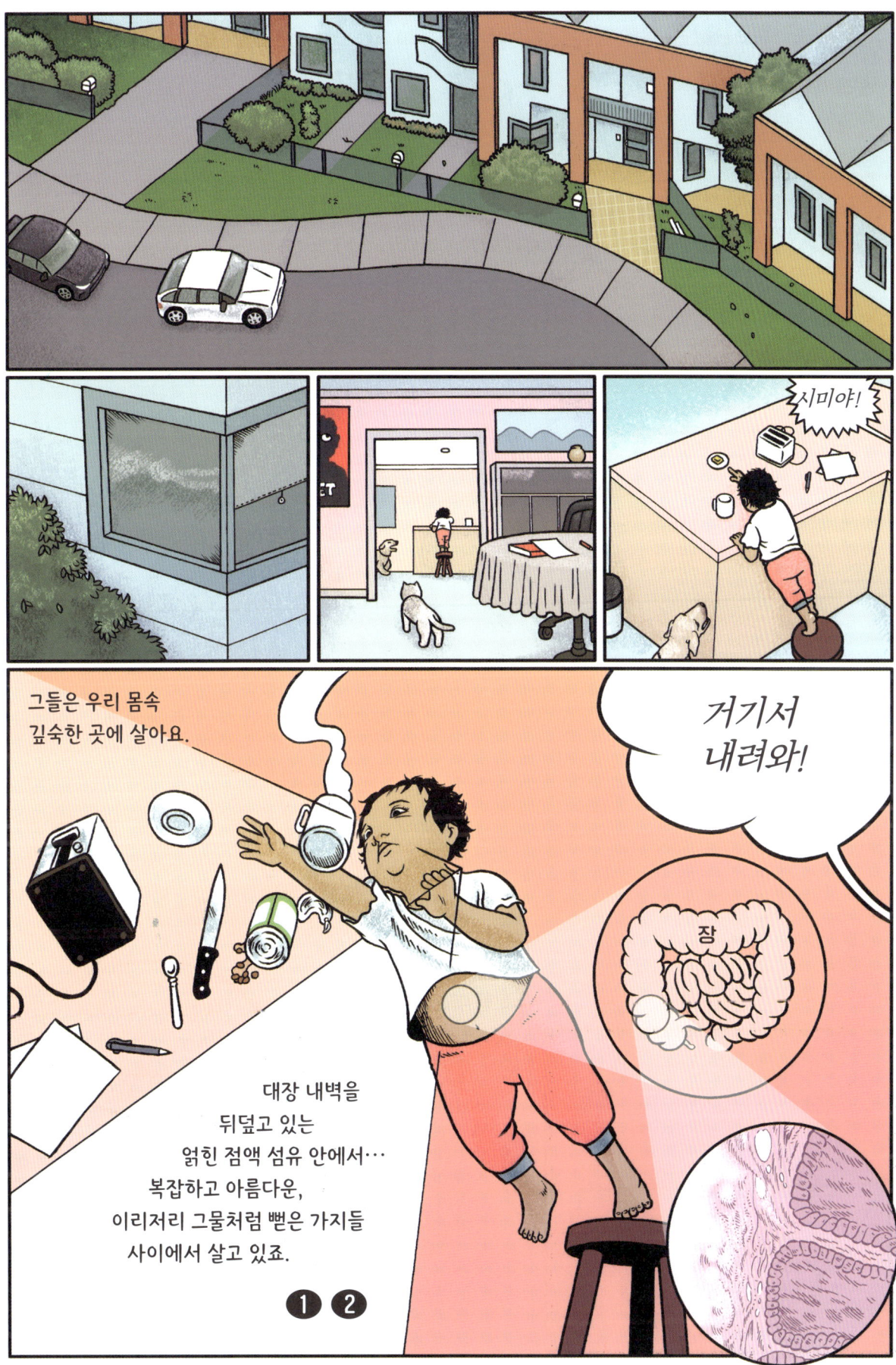

이들 생명체 중 하나가
비피입니다.

매력적이고

약간 소심하며

매우
관대하기도 하고

3마이크로미터밖에
안 되는

세상
모든 아기들의
베스트 프렌드.

안녕, 나는 비피야.
그리고 이건
내 이야기지.

비피는 비피도박테리움
(비피더스균)입니다. **❸**

- 좋아하는 음식:
  - 모유올리고당(HMO)

- 능력:
  - 면역계의 학습을 도와준다.

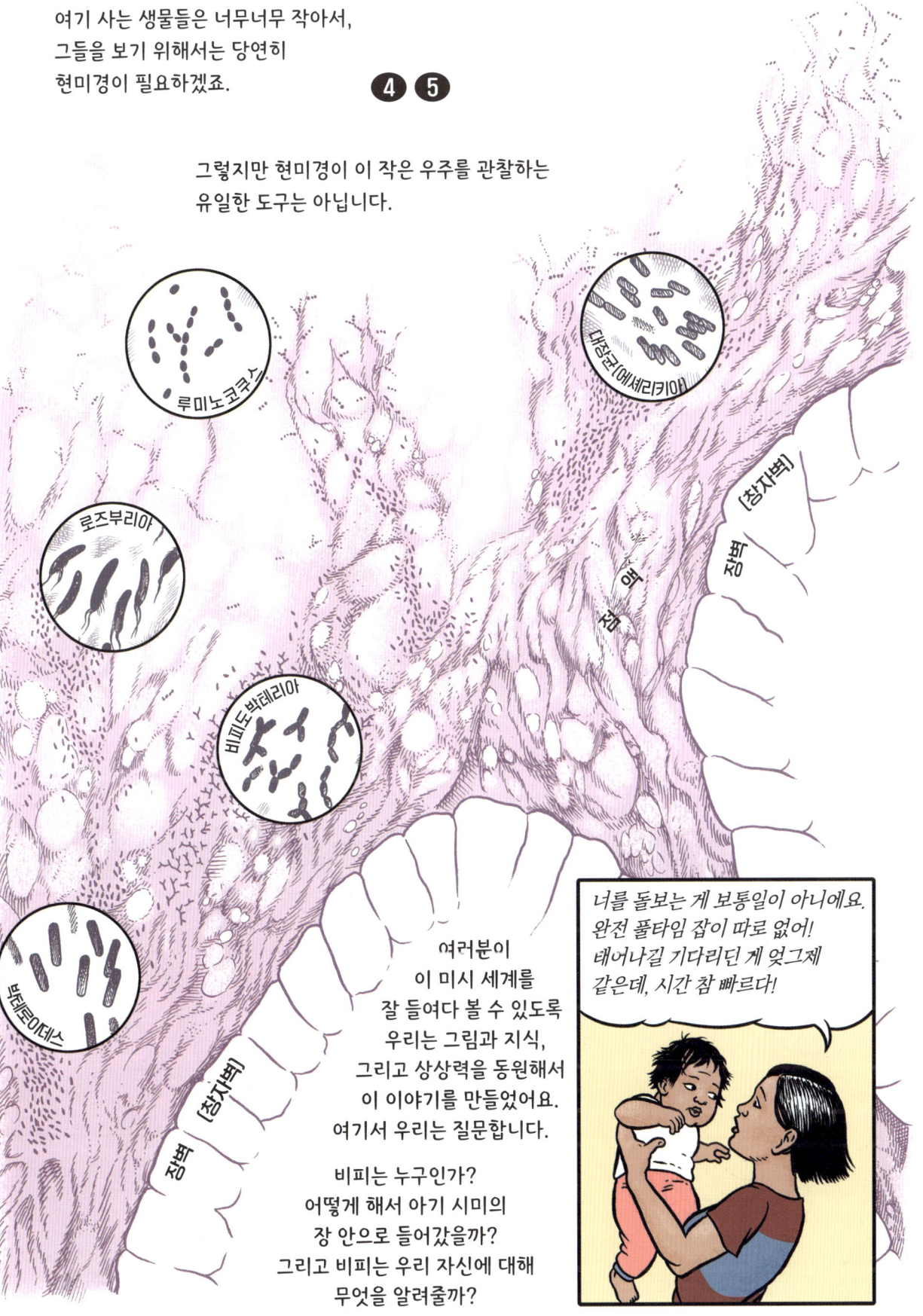

내가 딸을 만들었어!

정말 오랜만이야!

느낌이 좀 묘하군.

요즘 따로 음식을 더 먹은 것도 아닌데.

뭐가 달라진 건지 모르겠네.

★ 세포가 분열할 때, 과학자들은 이 새로운 세포를 '딸세포'라고 불러요.

그들은 몰랐겠지만, 임신한 사람의 체내에 프로게스테론 호르몬이 많이 분비되면서 장내 비피더스균의 수가 빠르게 증식합니다.

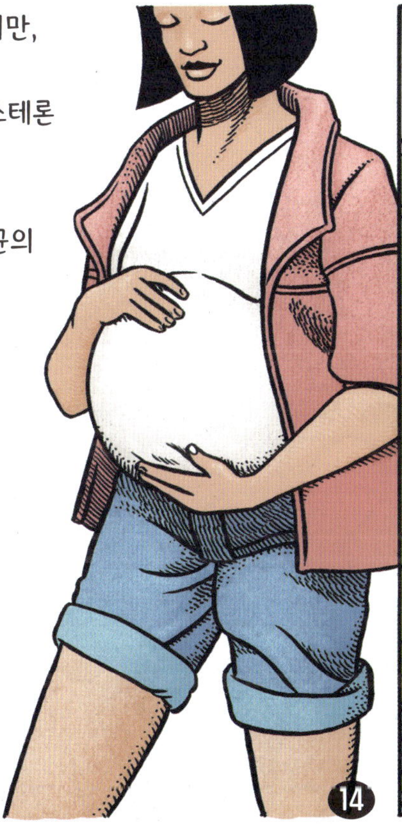

그 이유가 뭐든 이제 탐험 동료가 생겼구나. 나를 평화롭게 두고 떠나도 되겠어!

알았어, 나 떠나려고. 마지막으로 기회를 줄게. 나와 함께 가자, 비피.

잘 가, 피도!

행운을 빌게!

팡!

팡!

제 2 장

점막밑층의 감시자들

비피는 덴드리(dendritic cell, 수지상세포)에 의해
대장에서 끌려나와 이상한 모험을 시작합니다.
비피는 시미 엄마의 면역계에서 활약하고 있는
여러 면역세포들을 만나고,
림프액 터널을 따라 여행하면서
마침내 시미 엄마의 젖샘 벽에 도착합니다.
… 그리고 그곳에서 갓 태어난 아기 시미를
만나게 됩니다.

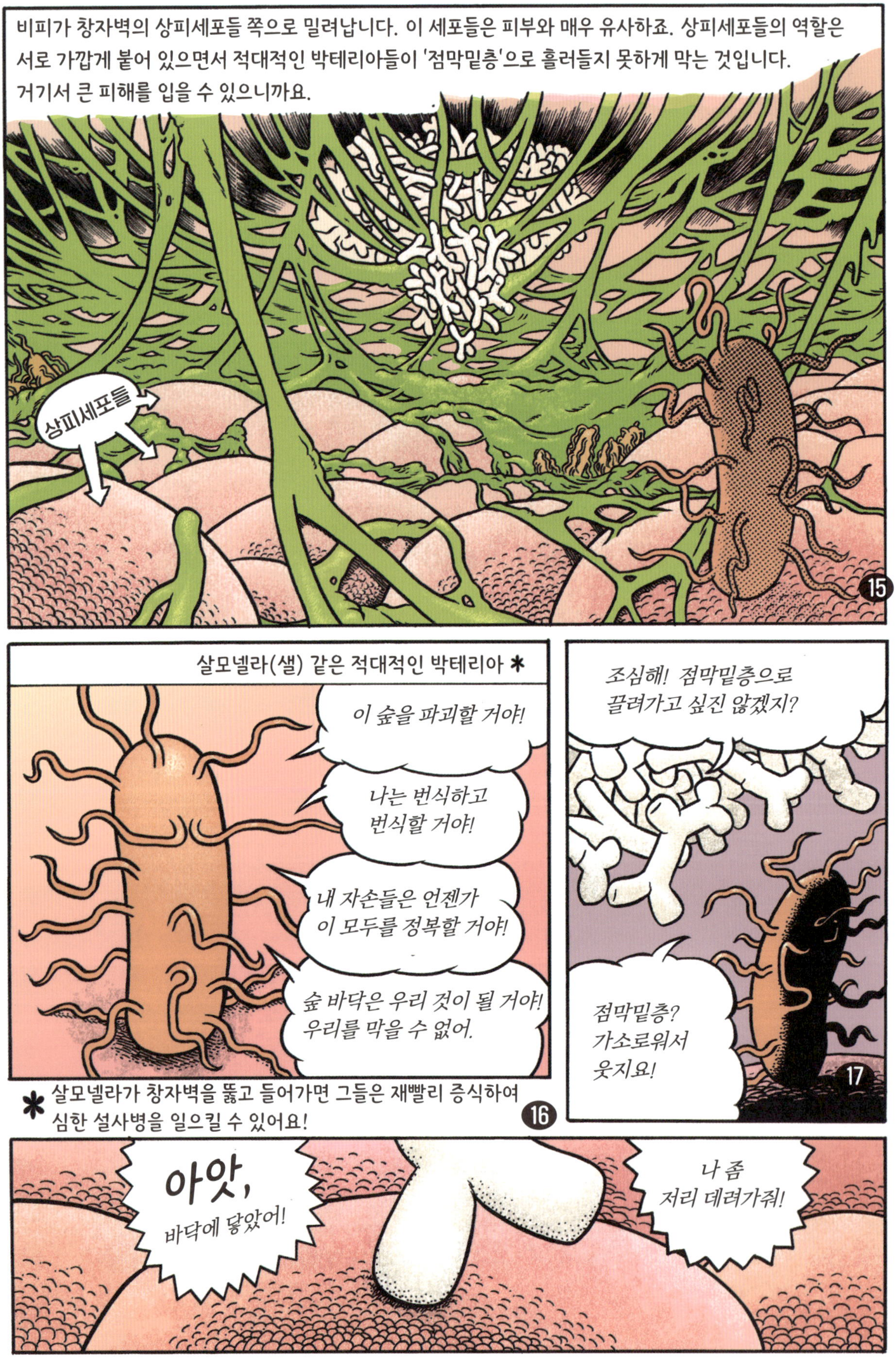

비피가 창자벽의 상피세포들 쪽으로 밀려납니다. 이 세포들은 피부와 매우 유사하죠. 상피세포들의 역할은 서로 가깝게 붙어 있으면서 적대적인 박테리아들이 '점막밑층'으로 흘러들지 못하게 막는 것입니다. 거기서 큰 피해를 입을 수 있으니까요.

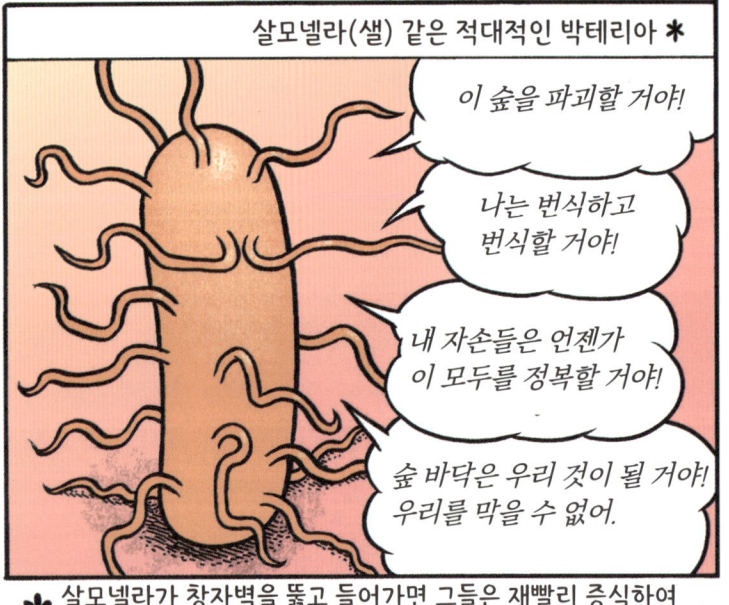

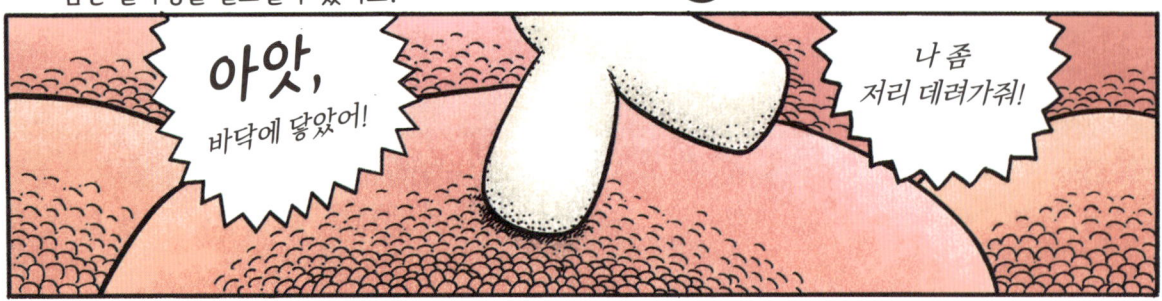

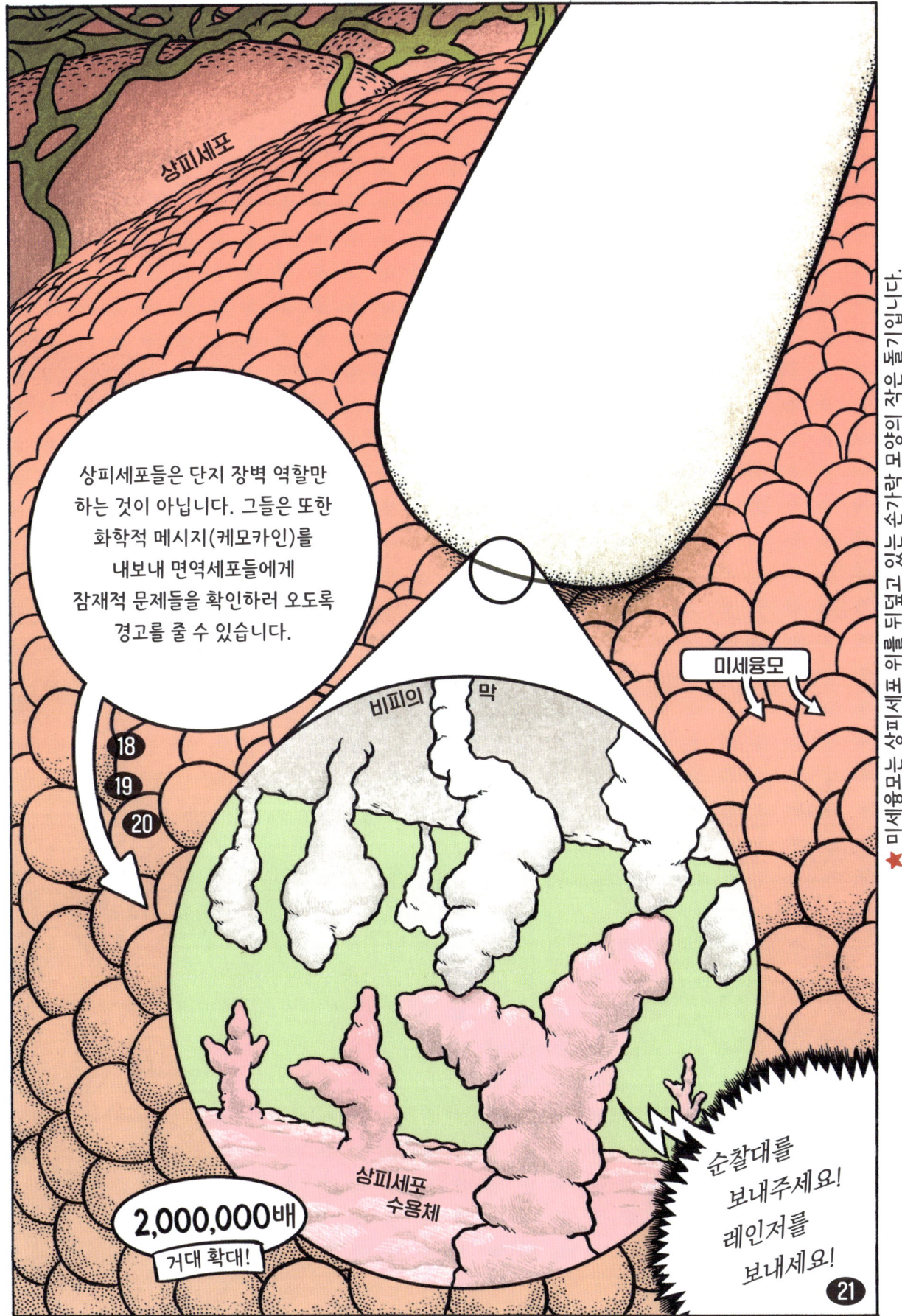

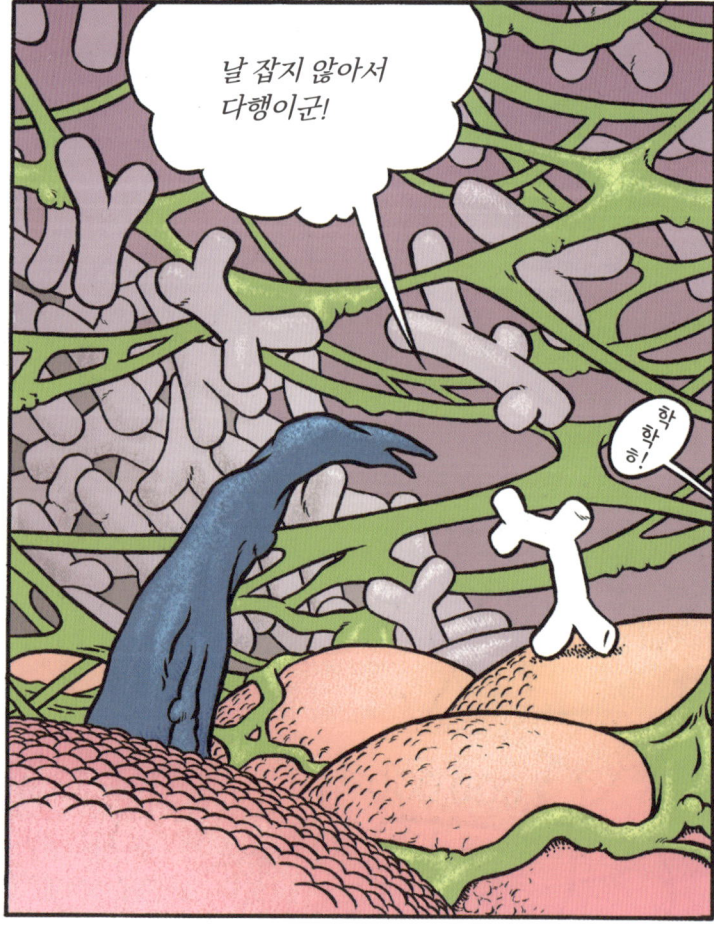

"악, 도와줘!"

"잡았다, 이놈!"

레인저

비피들
창자벽
점막밑층(점막고유층, 라미나 프로프리아)
림프관
혈관
창자샘
T세포 & B세포

비피와 샐(살모넬라)은 레인저들에게 붙잡혀 있습니다. 레인저는 면역세포의 한 종류인 수지상세포들입니다. 이들은 장에서 샘플(검체)들을 가져와 면역계를 위한 정보를 수집합니다.

㉒

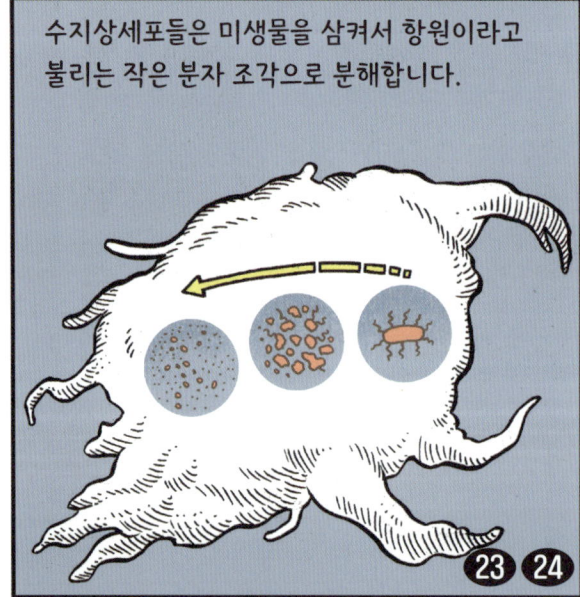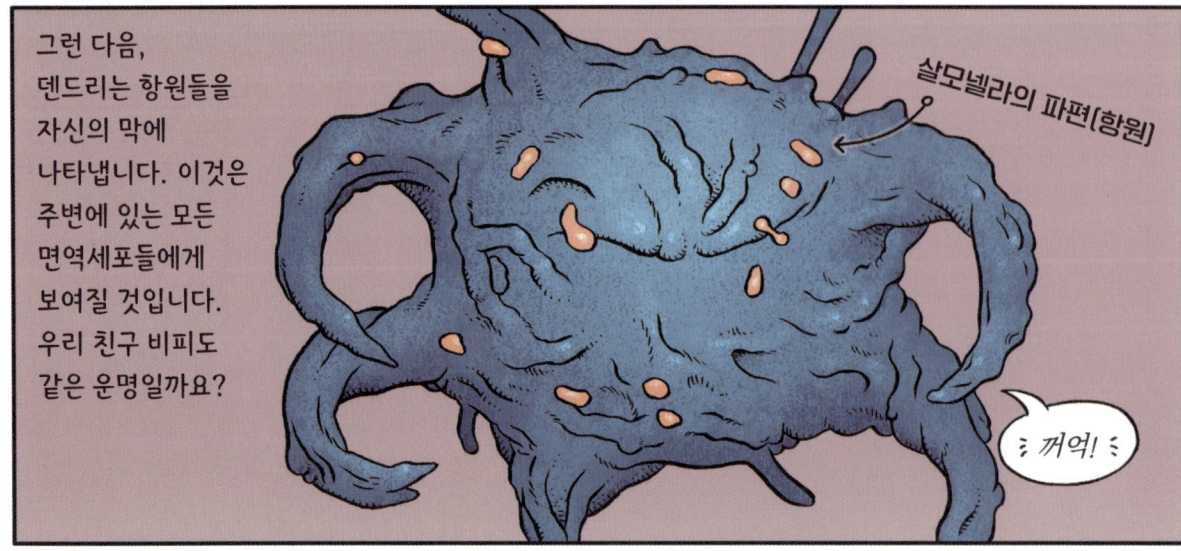

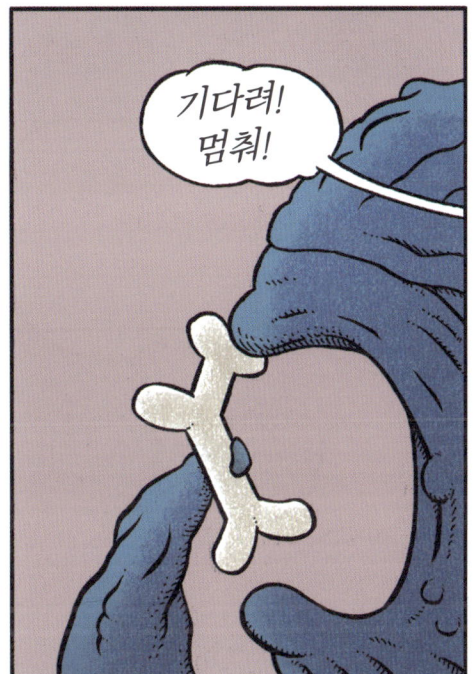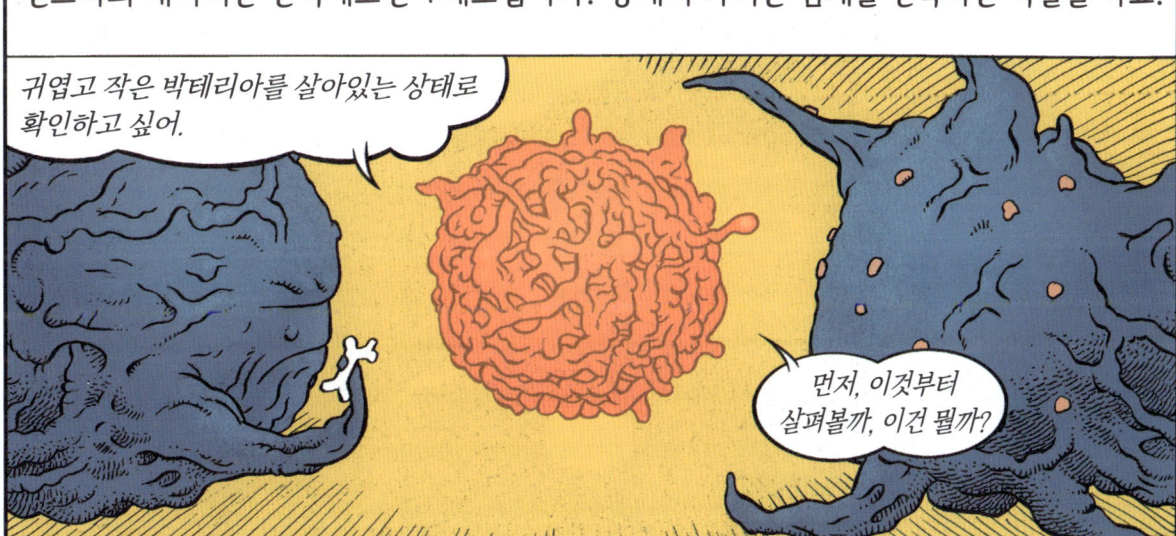

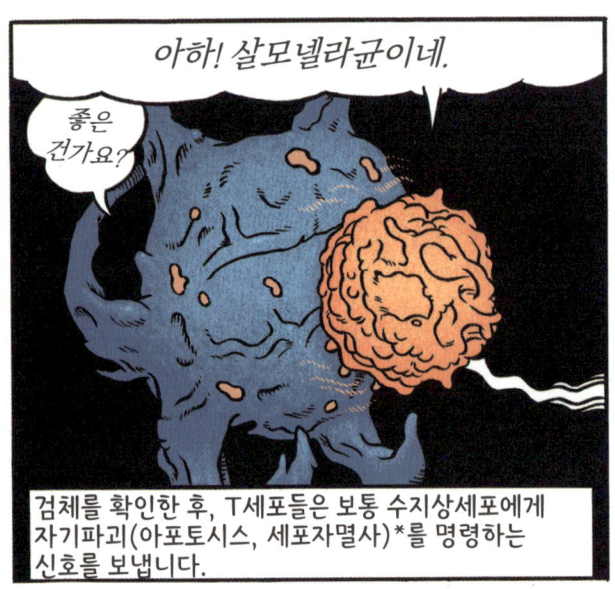
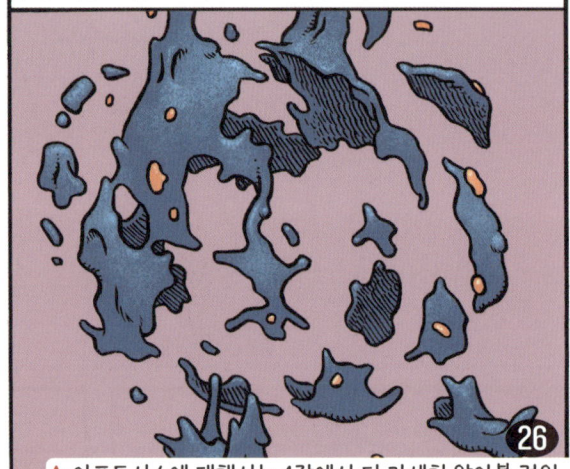

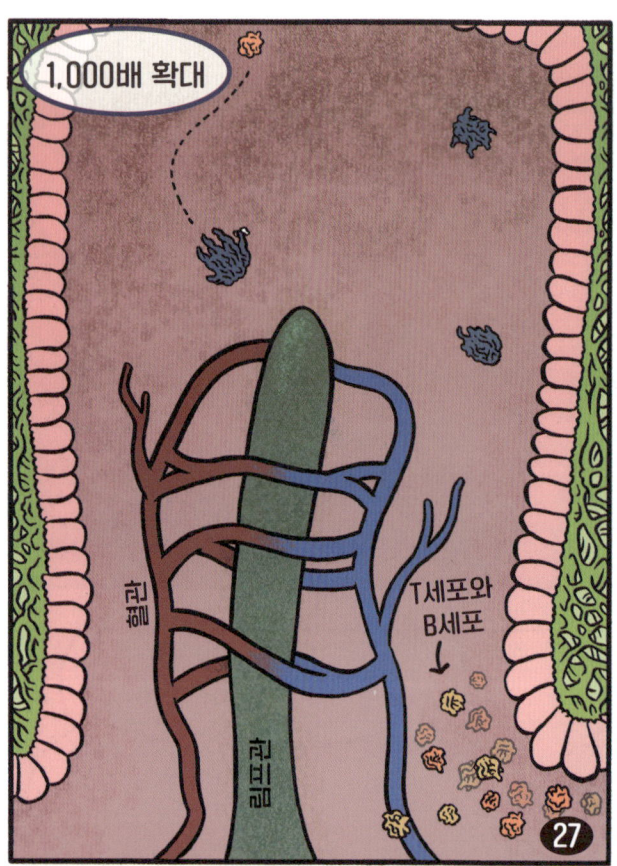

1,000배 확대

T세포와 B세포

덴드리는 아래쪽으로 헤엄쳐서 림프관의 세포들 사이를 비집고 안으로 들어갑니다!

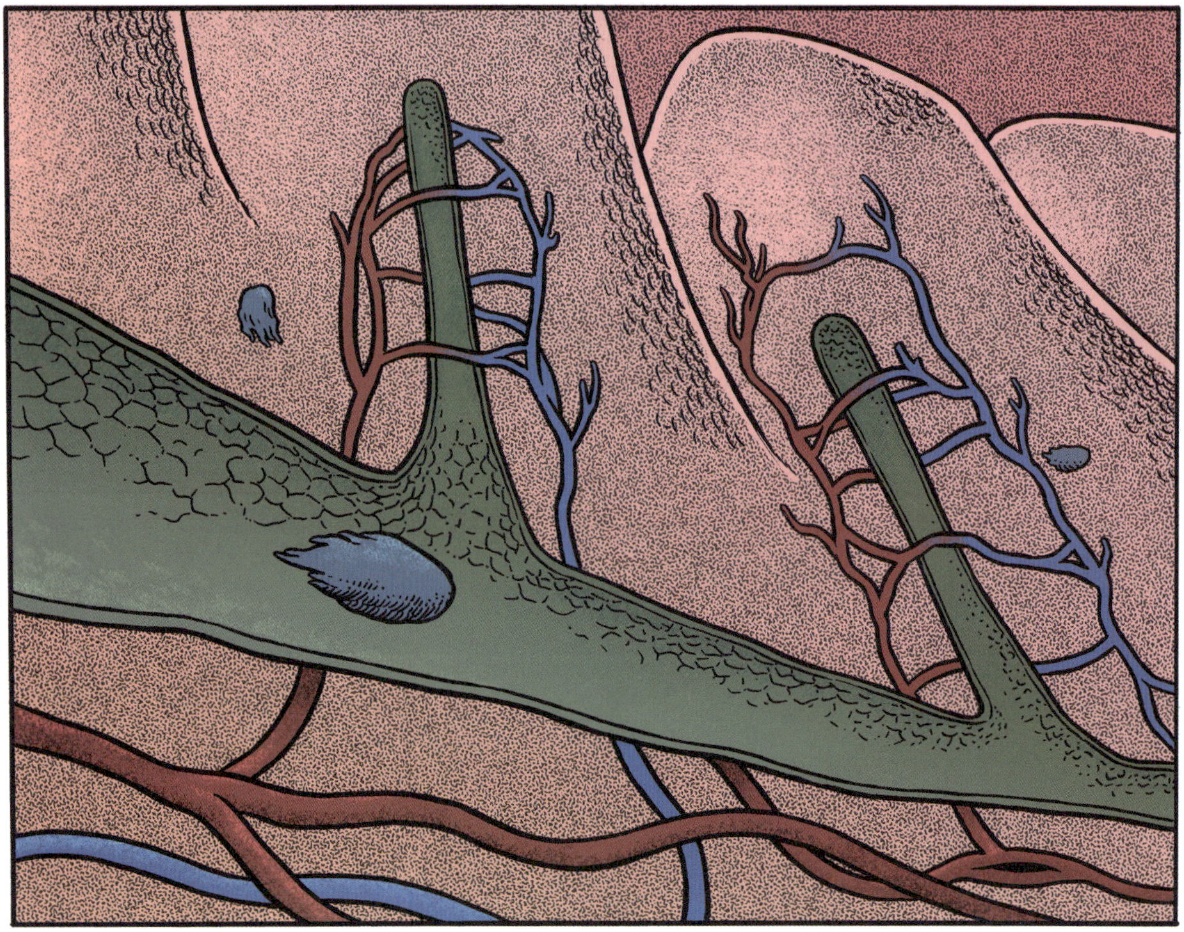

지금 우리가 있는 곳

림프절

덴드리와 비피는 대장(큰창자) 주변의 림프절 중 하나에 접근합니다.

㉘ ㉙

림프절은 주변 장기에서 나온 림프액 속에서 면역세포와 박테리아를 걸러내어 가능한 병원균을 찾아냅니다.

콜라겐 섬유

T세포

B세포

이곳이 결국 나를 죽이는 곳인가??

덴드리와 비피가 림프절 안으로 들어옵니다.

안에서는 T세포, B세포 그리고 덴드리들이 수많은 콜라겐의 백색 줄기를 따라 움직이며, 방을 가로질러 서로를 찾아다닙니다.

림프절(림프샘)은 림프계의 일부로, 순환계와 면역계를 결합하여 독소와 병원체를 감지하고 걸러내어 사람들이 병에 걸리지 않게 합니다.

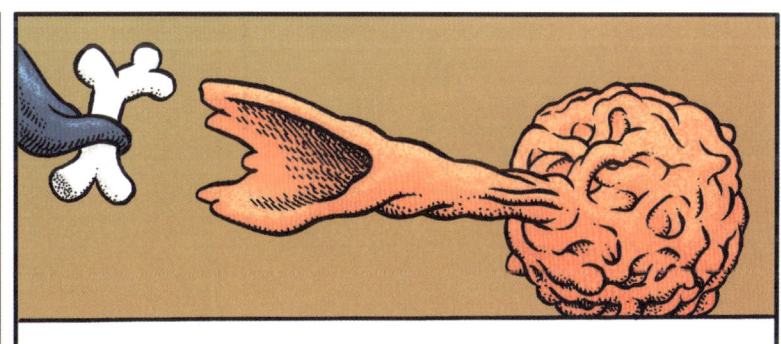
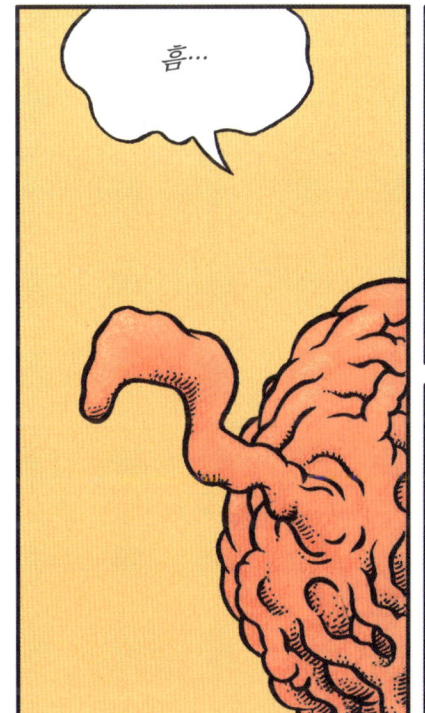
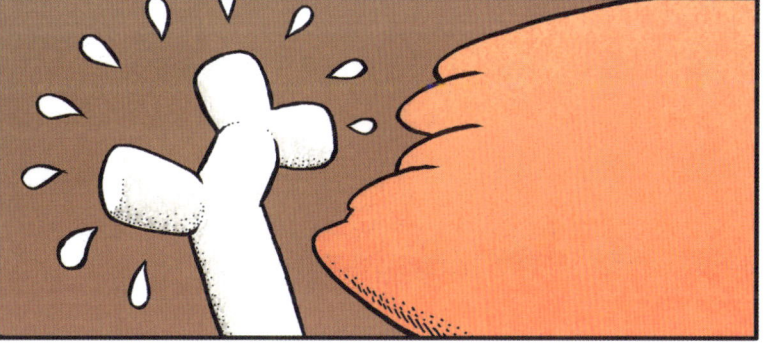

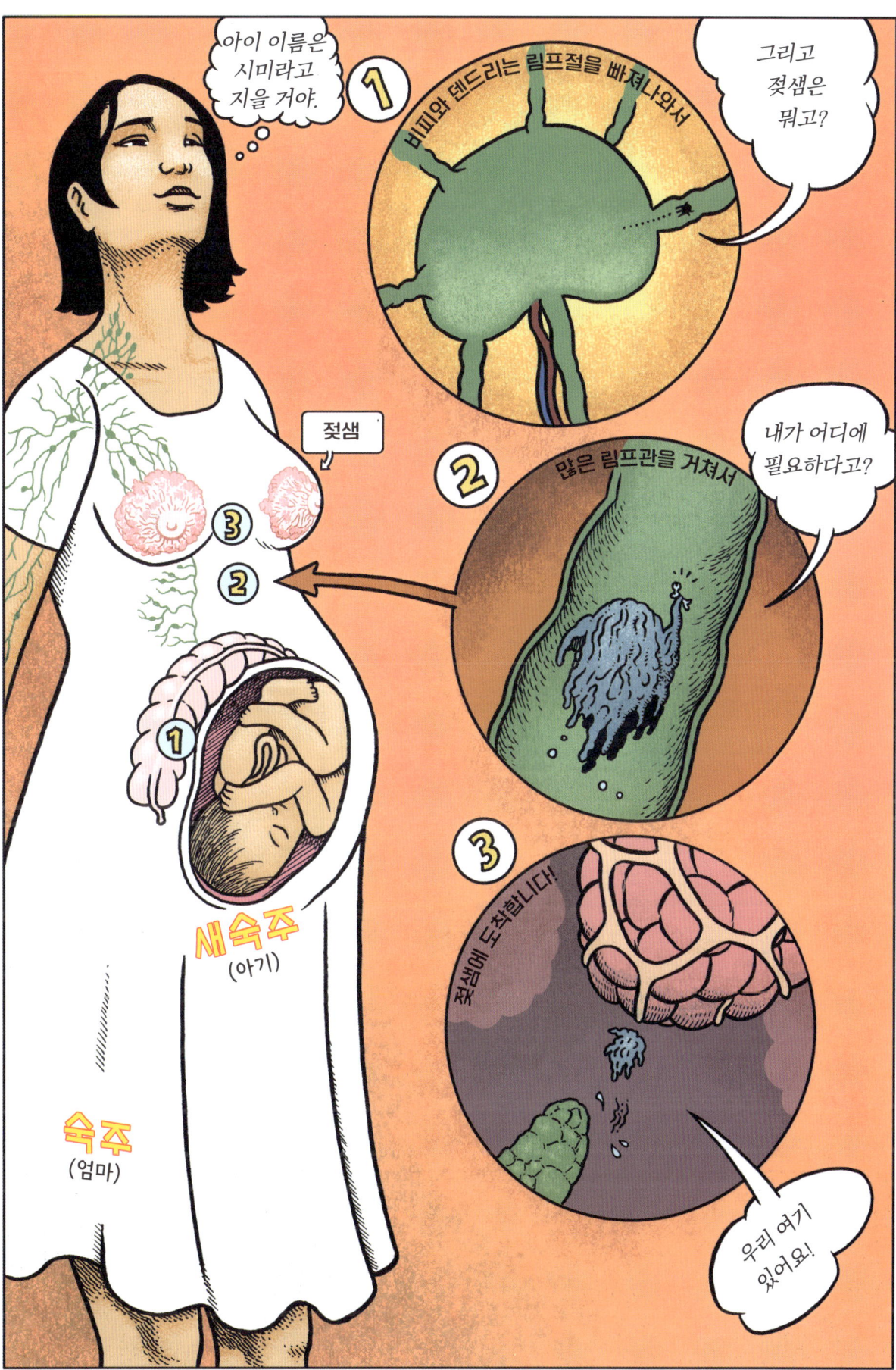

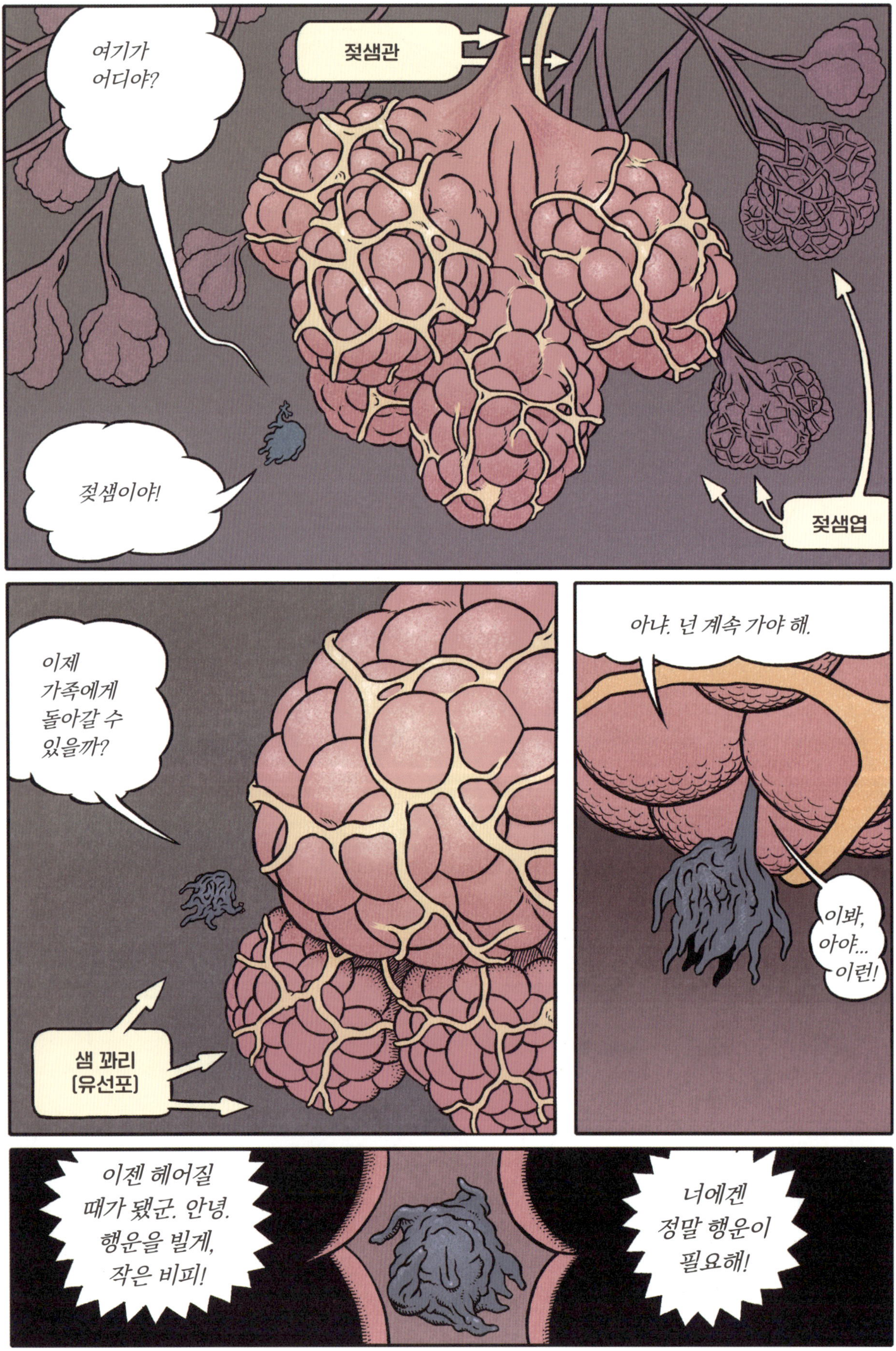

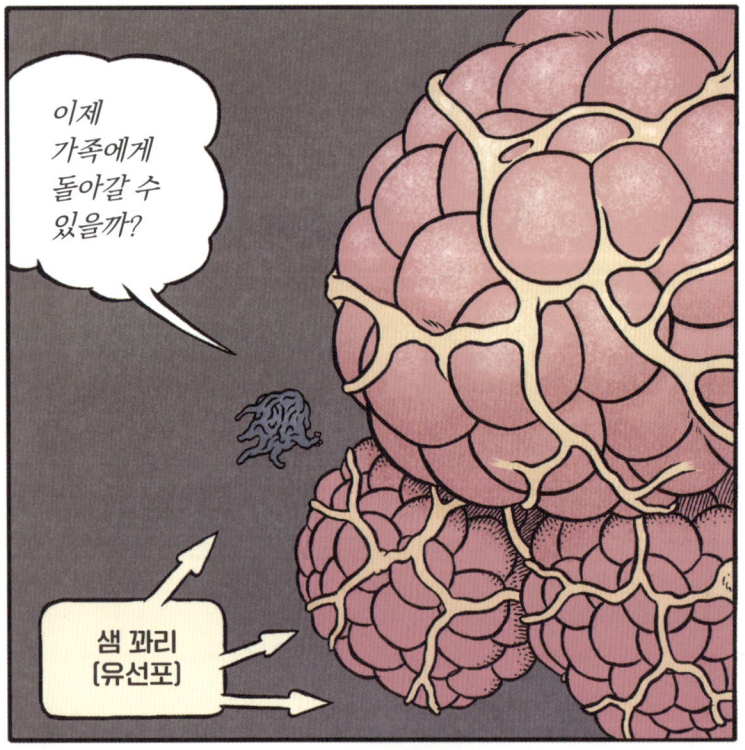

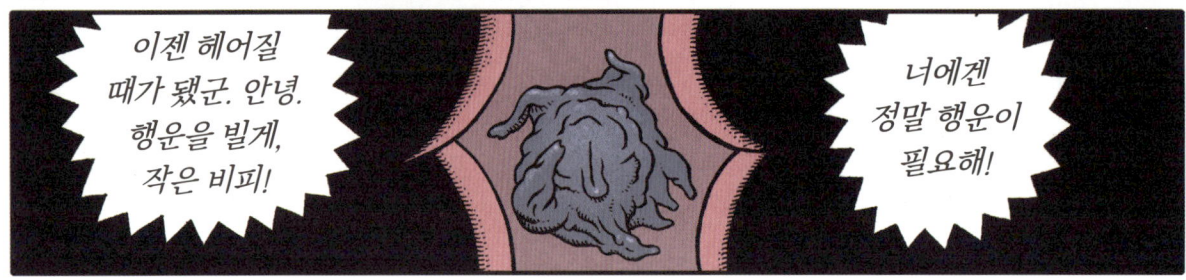

한편,

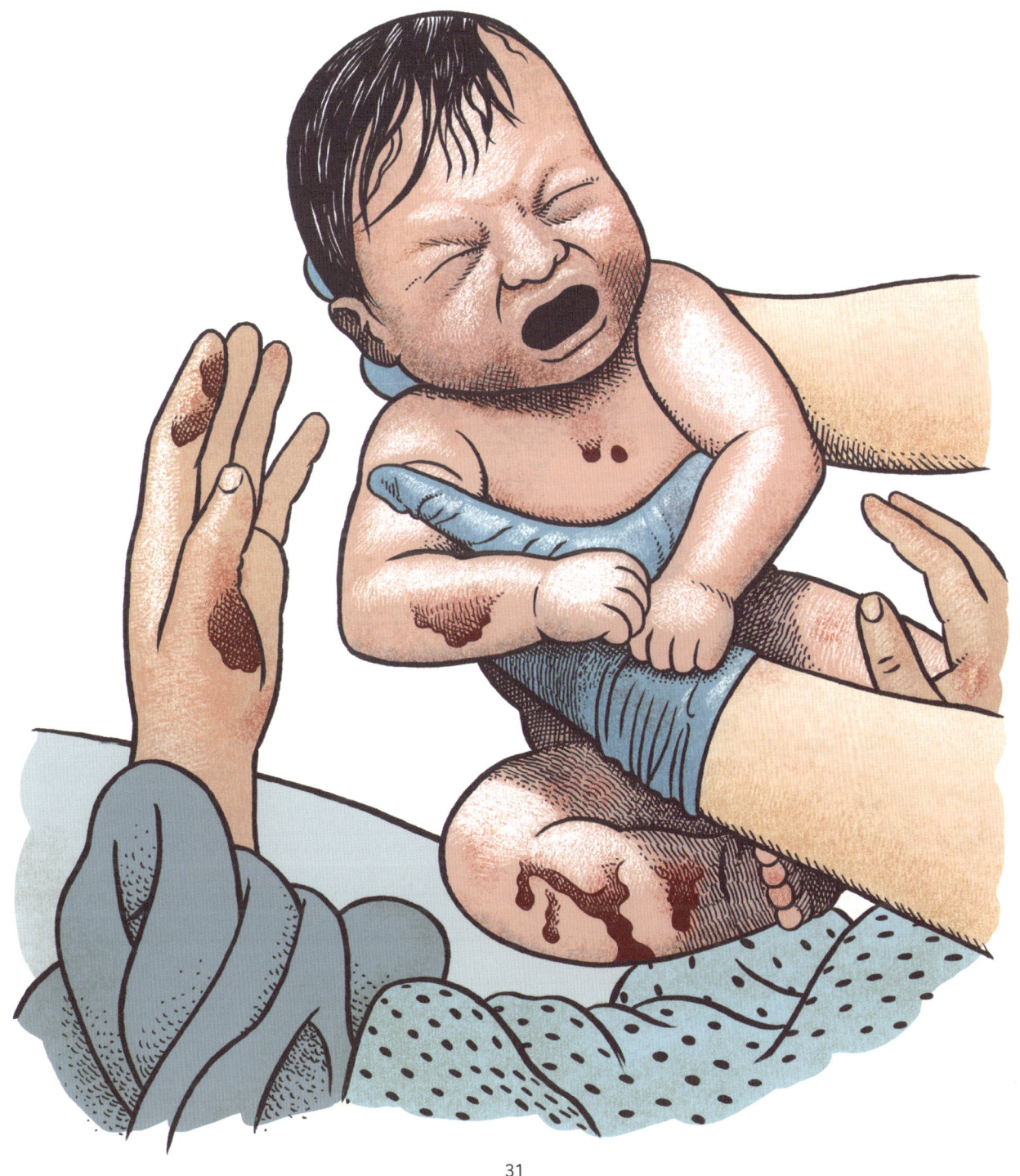

제 3 장

엄마젖의 신비

비피는 젖샘 안으로 밀려들어가서, 놀랍게도 그곳에 먼저
도착한 모험심 강한 사촌 피도를 발견합니다.
그들은 인체 세포들이 젖을 만드는 경이로운 광경을 목격하고,
면역계의 많은 캐릭터들을 만나죠.
그리고 아기 시미의 입으로 삼켜져서
독성 산소 분자라는 치명적인 위험에 직면합니다.

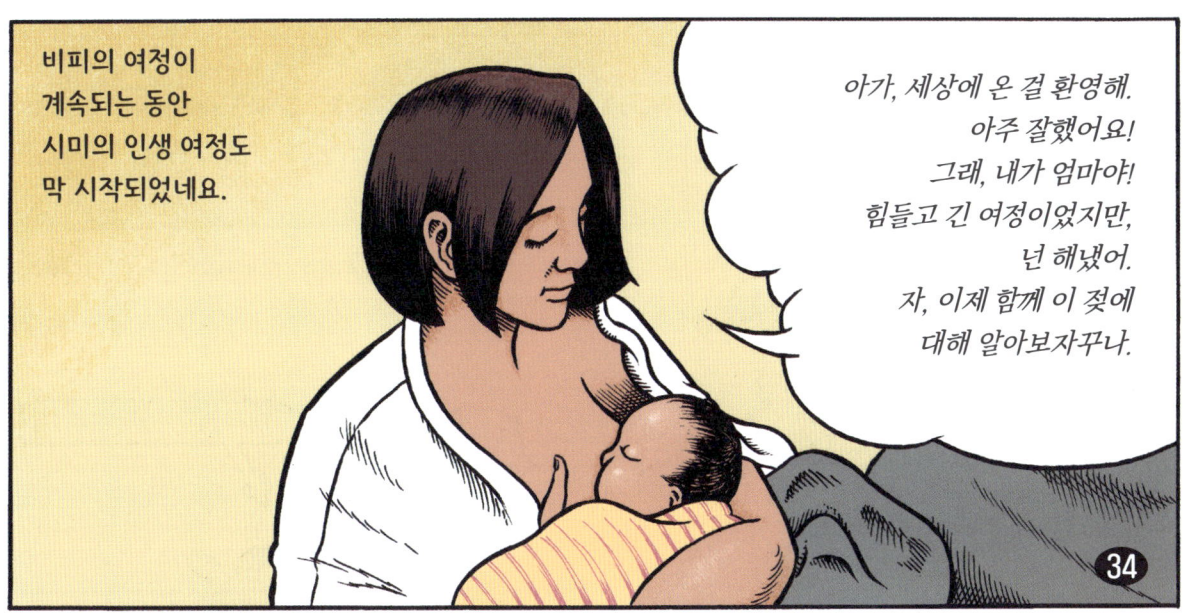

비피의 여정이 계속되는 동안 시미의 인생 여정도 막 시작되었네요.

아가, 세상에 온 걸 환영해. 아주 잘했어요! 그래, 내가 엄마야! 힘들고 긴 여정이었지만, 넌 해냈어. 자, 이제 함께 이 젖에 대해 알아보자꾸나.

젖샘이 젖을 만들어요. 각 젖샘엽들은 수백 개의 방(샘 꽈리)으로 이루어져 있어요. 이 방들은 수십 개의 젖 분비 세포들로 둘러싸여 있지요.

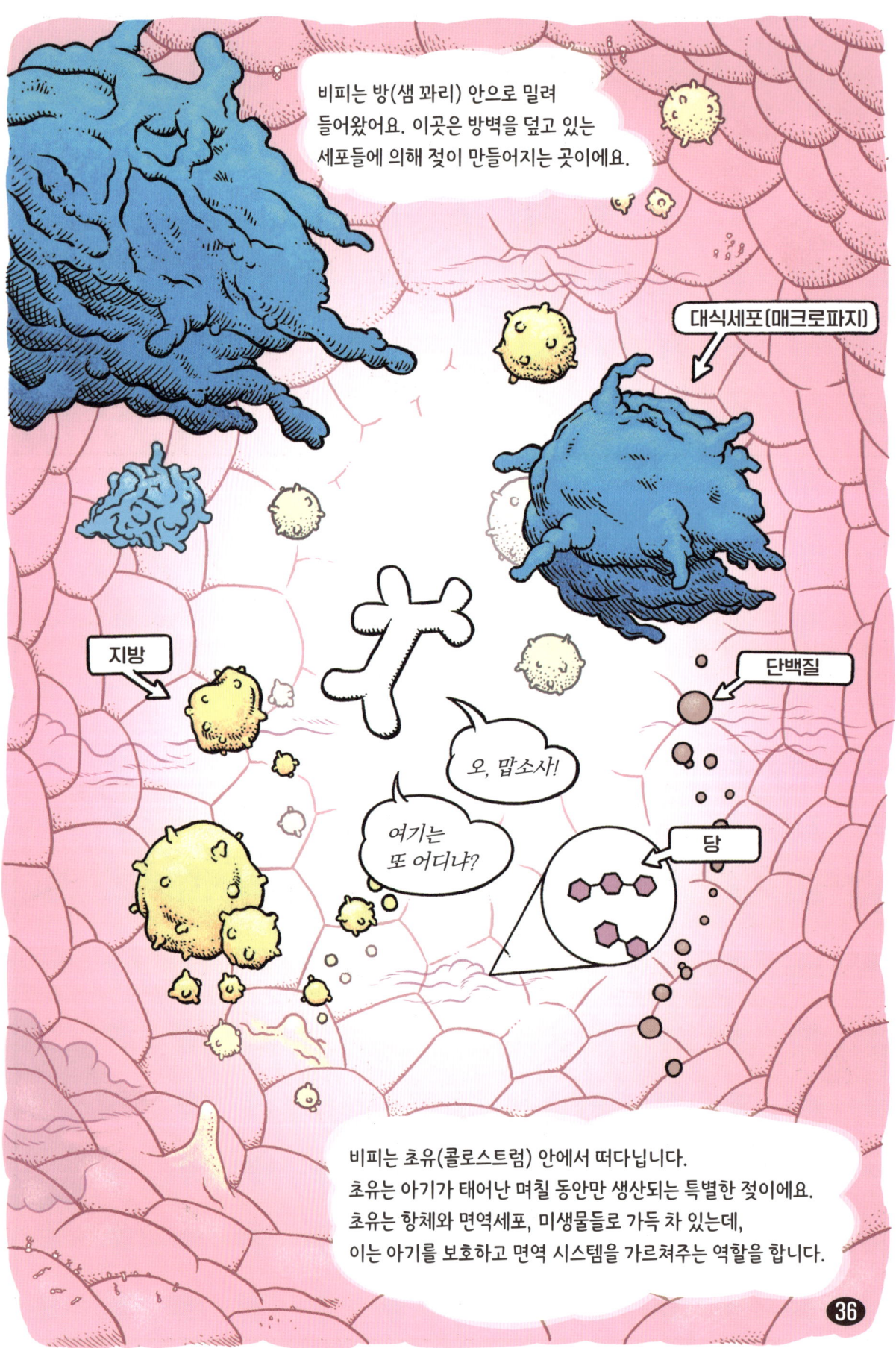

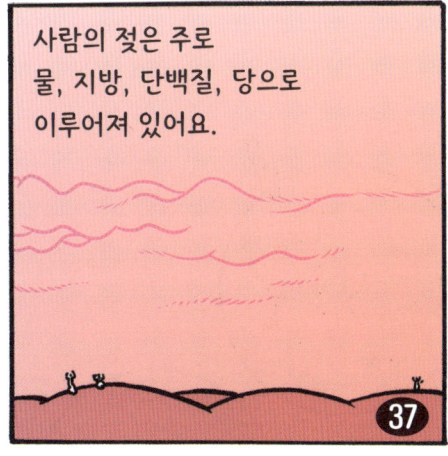

사람의 젖은 주로 물, 지방, 단백질, 당으로 이루어져 있어요.

큰 지방 덩어리가 뭉쳐져 방안으로 들어옵니다.

지방은 중요한 에너지원이에요.

긴사슬지방산은 뇌, 눈, 신경세포들이 자라는 데 필요해요.

단백질은 근육, 연골, 피부를 만드는 중요한 구성 요소입니다.

젖 한 모금마다 수천 개의 면역세포들이 들어있어요. 대식세포는 인체를 지키는 최전선에 있지요, 원치 않는 박테리아를 삼키고 파괴할 준비를 갖추고 말이죠.

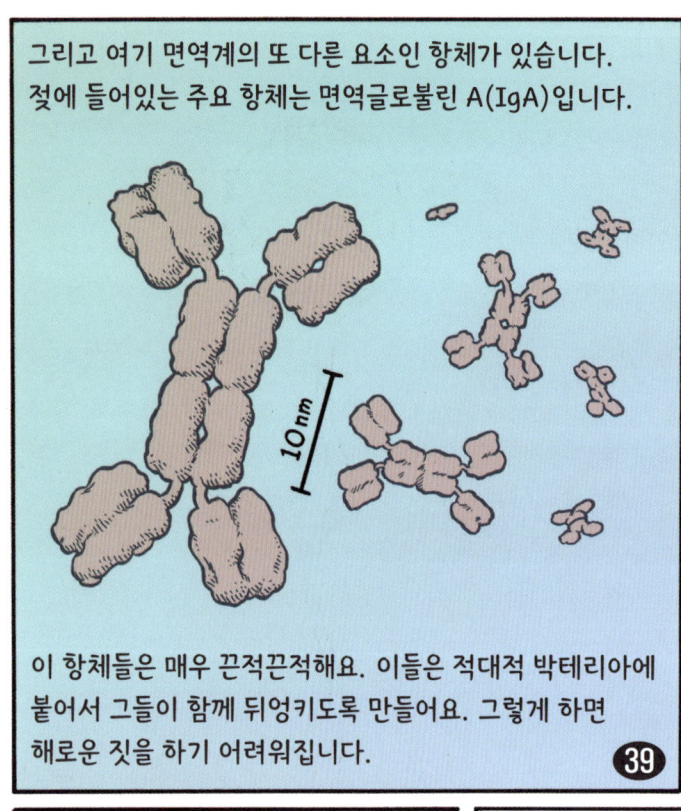

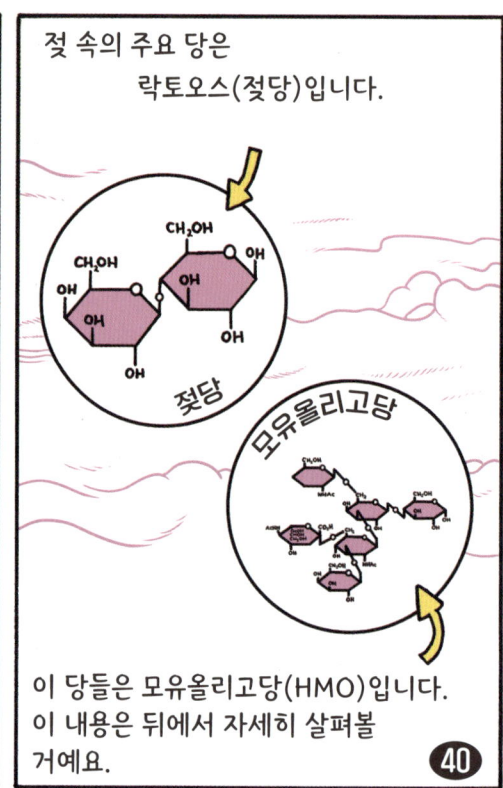

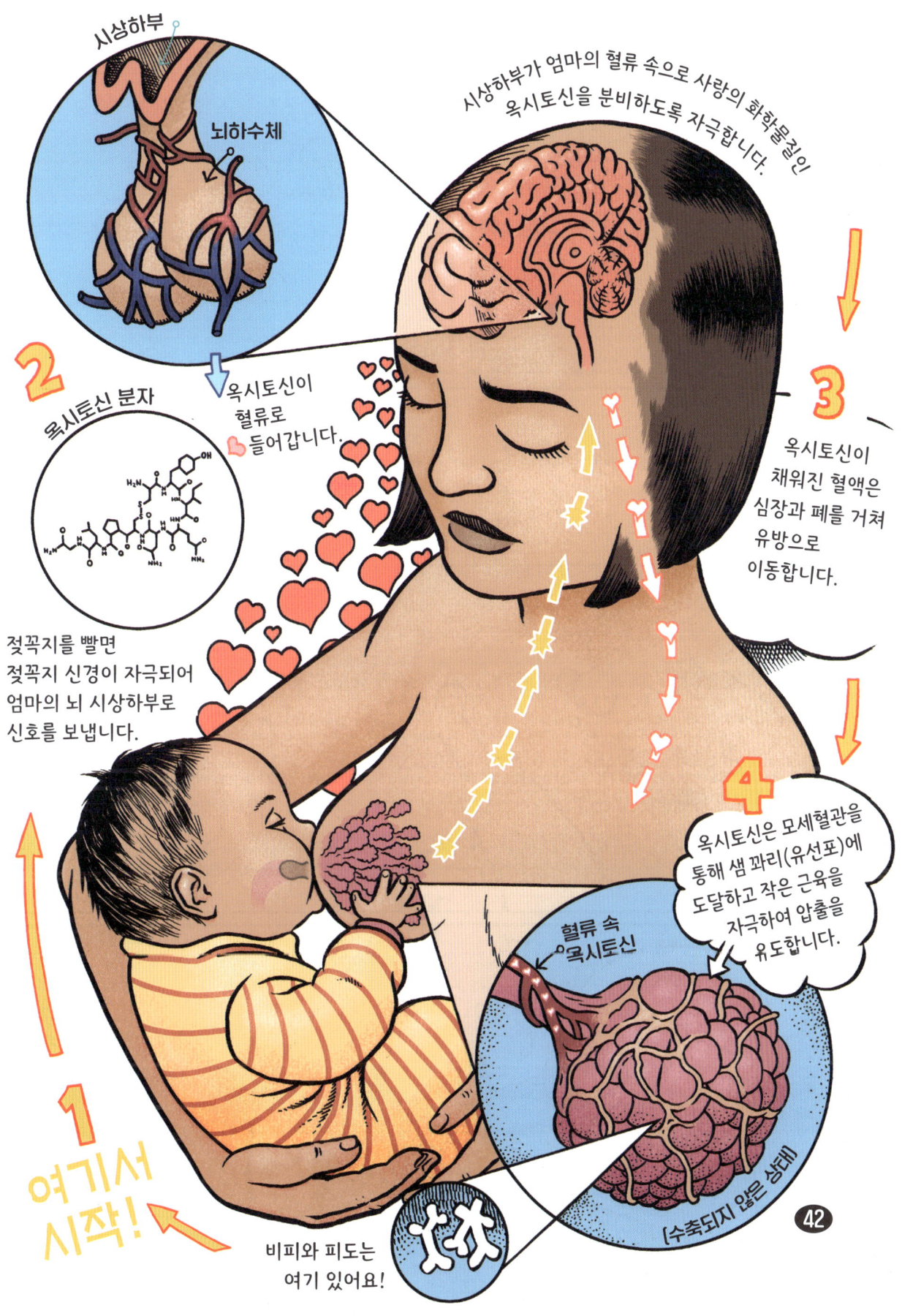

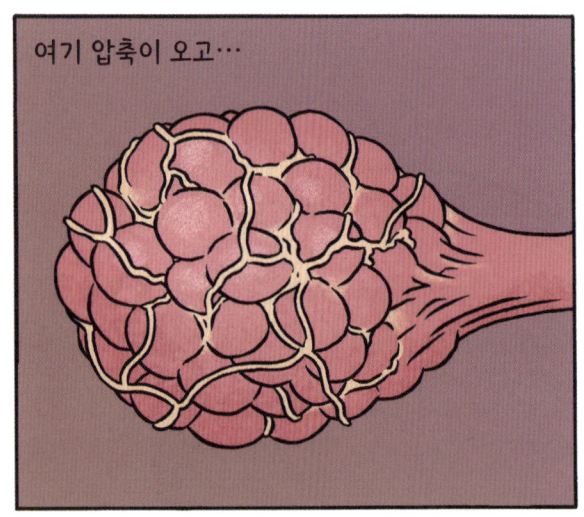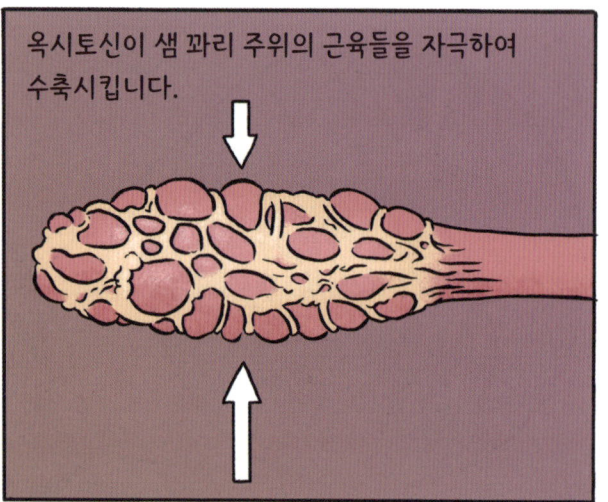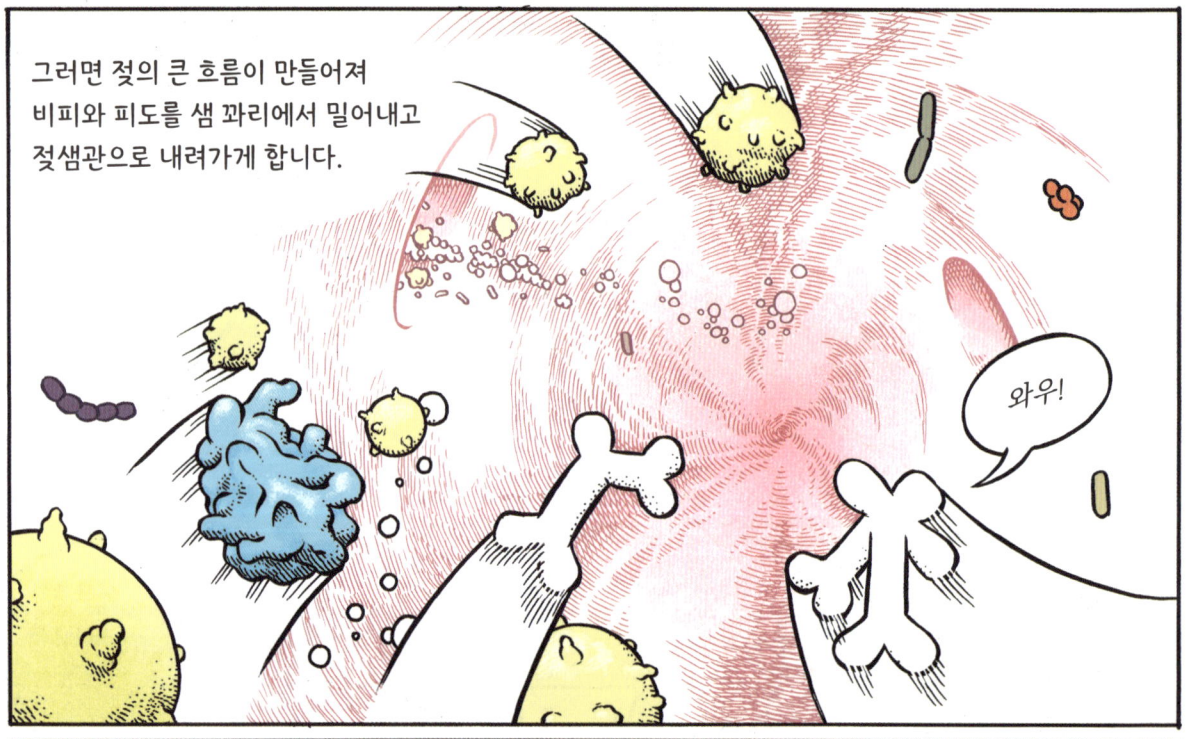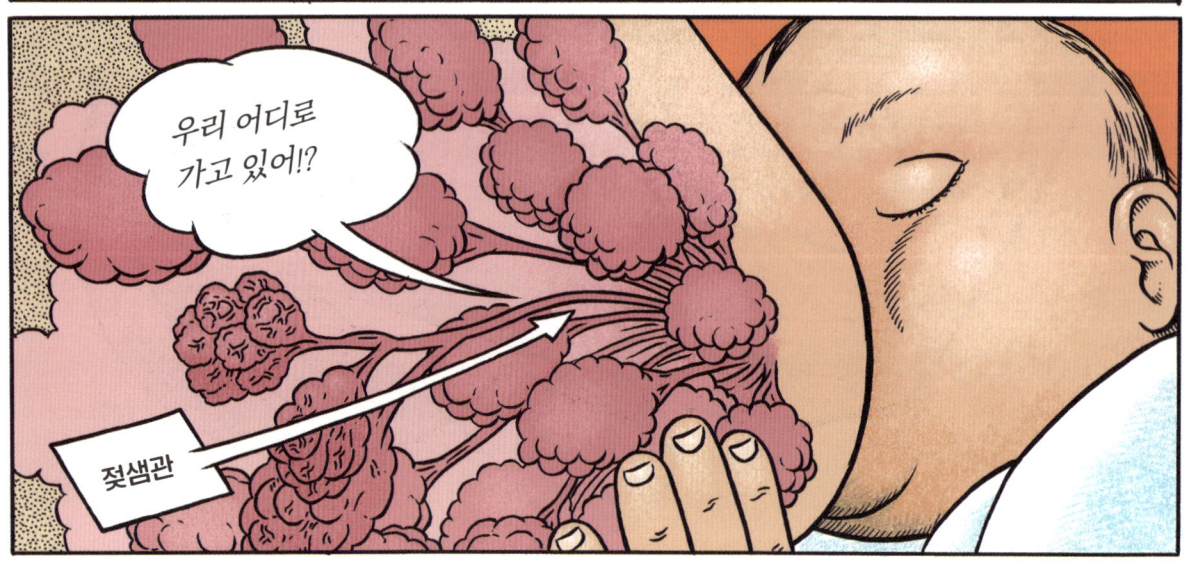

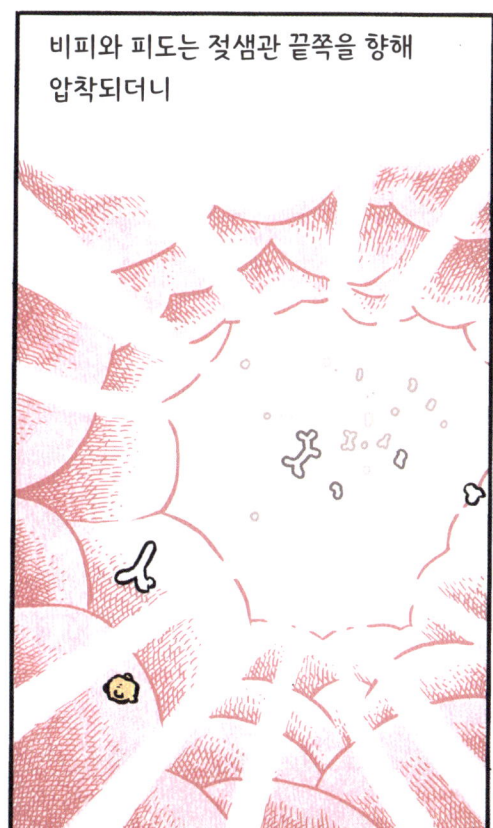
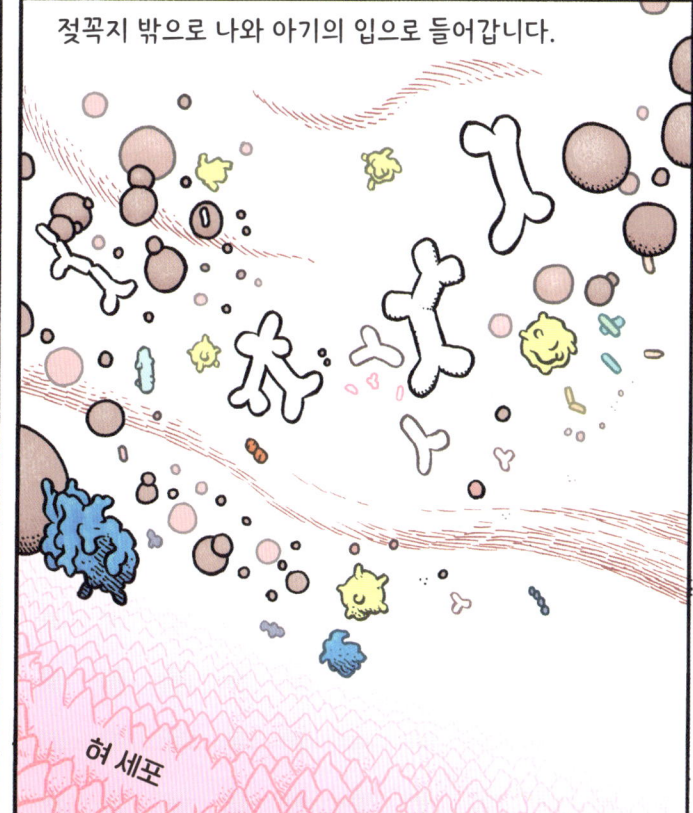
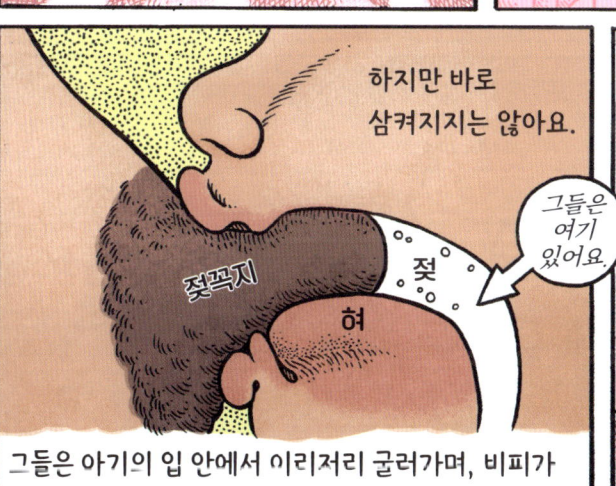

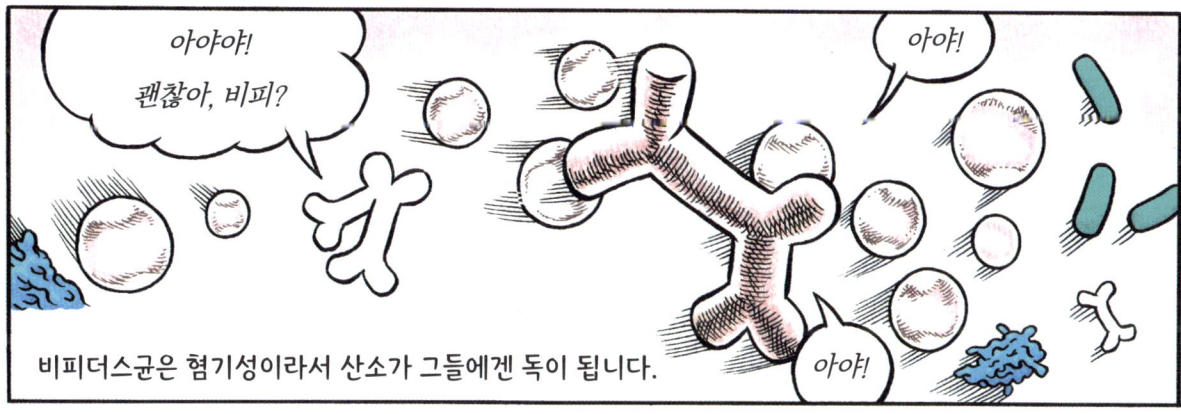

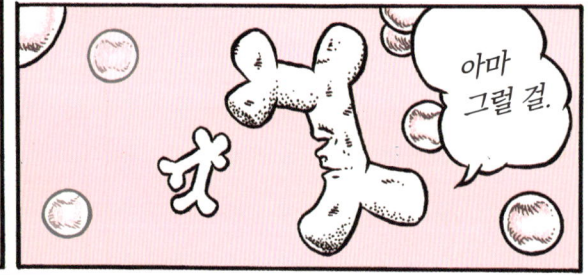
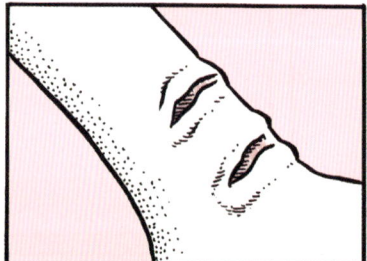

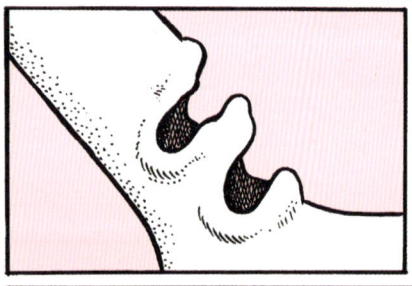

갑자기 비피와 피도는 역류되어 다시 젖샘관 안으로 돌아왔어요. 거기서 그들은 분명 편안한 안식처에서 갓 떠나온 것으로 보이는 다른 유형의 두 박테리아와 합류하게 되죠.

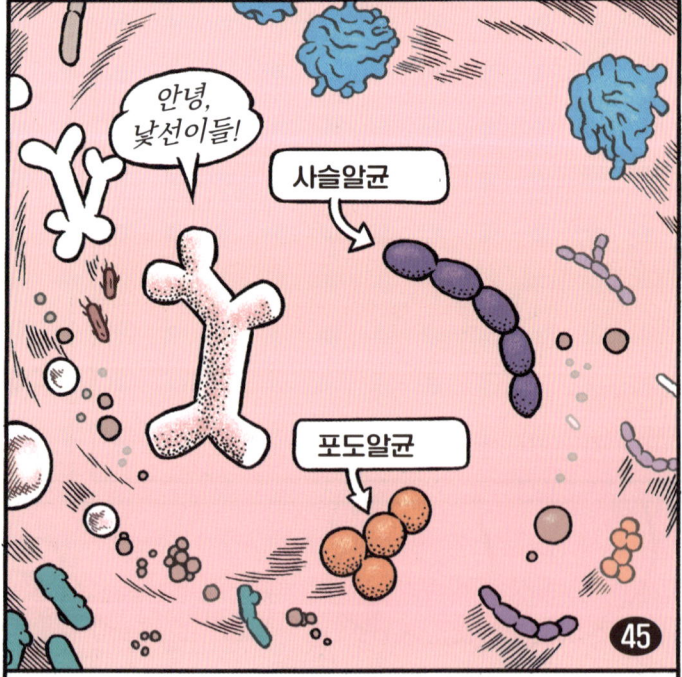
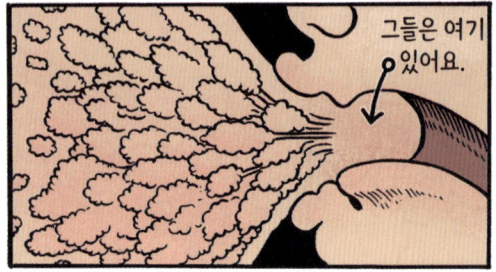

포도알균(Staphylococcus)과 사슬알균(Streptococcus)은 대부분 사람의 젖에서 흔히 볼 수 있는 우호적인 박테리아입니다. 수십억 개의 이들 박테리아는 우리 입과 피부에 서식하며, 특정한 상황에서는 감염을 일으킬 수도 있어요.

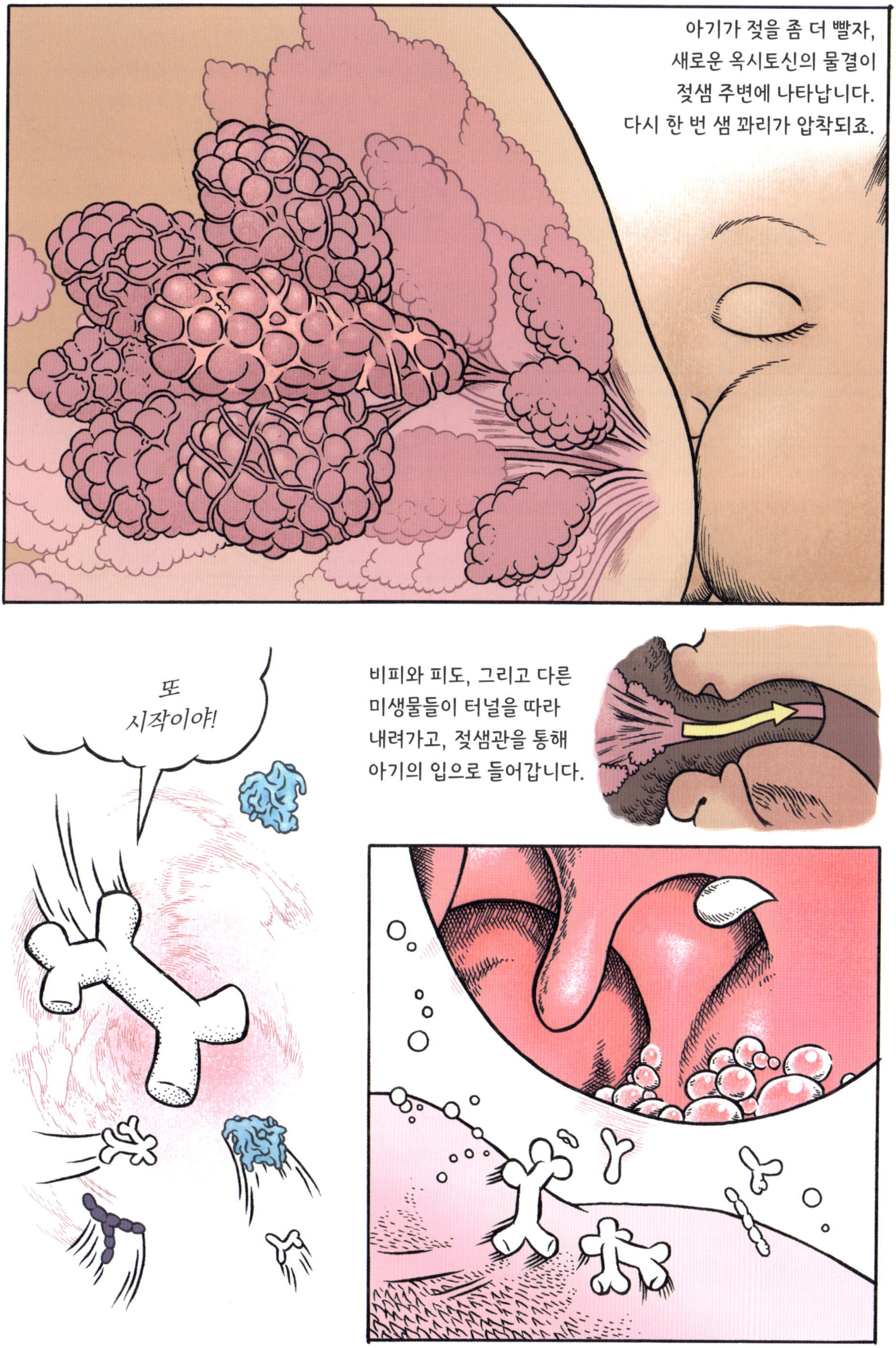

아기가 젖을 좀 더 빨자, 새로운 옥시토신의 물결이 젖샘 주변에 나타납니다. 다시 한 번 샘 꽈리가 압착되죠.

비피와 피도, 그리고 다른 미생물들이 터널을 따라 내려가고, 젖샘관을 통해 아기의 입으로 들어갑니다.

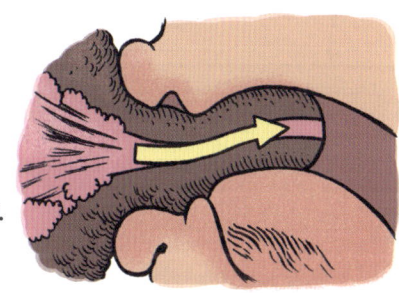

또 시작이야!

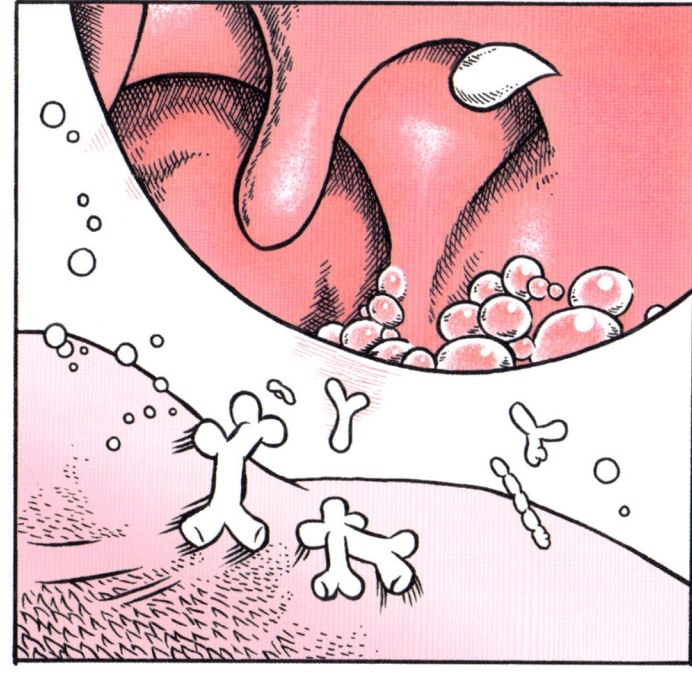

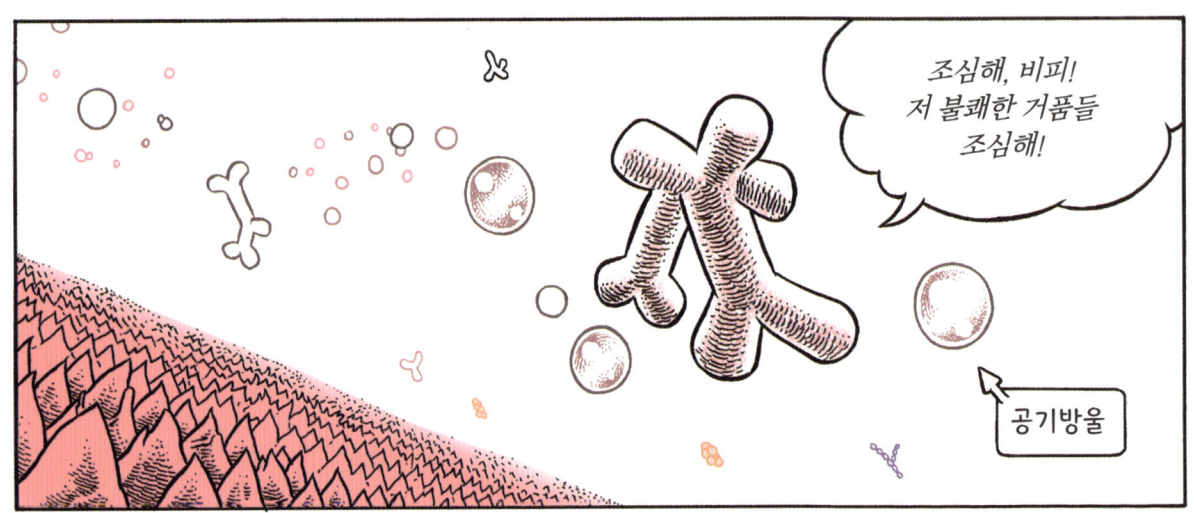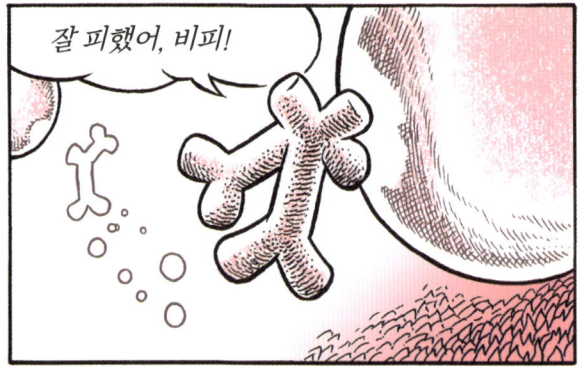

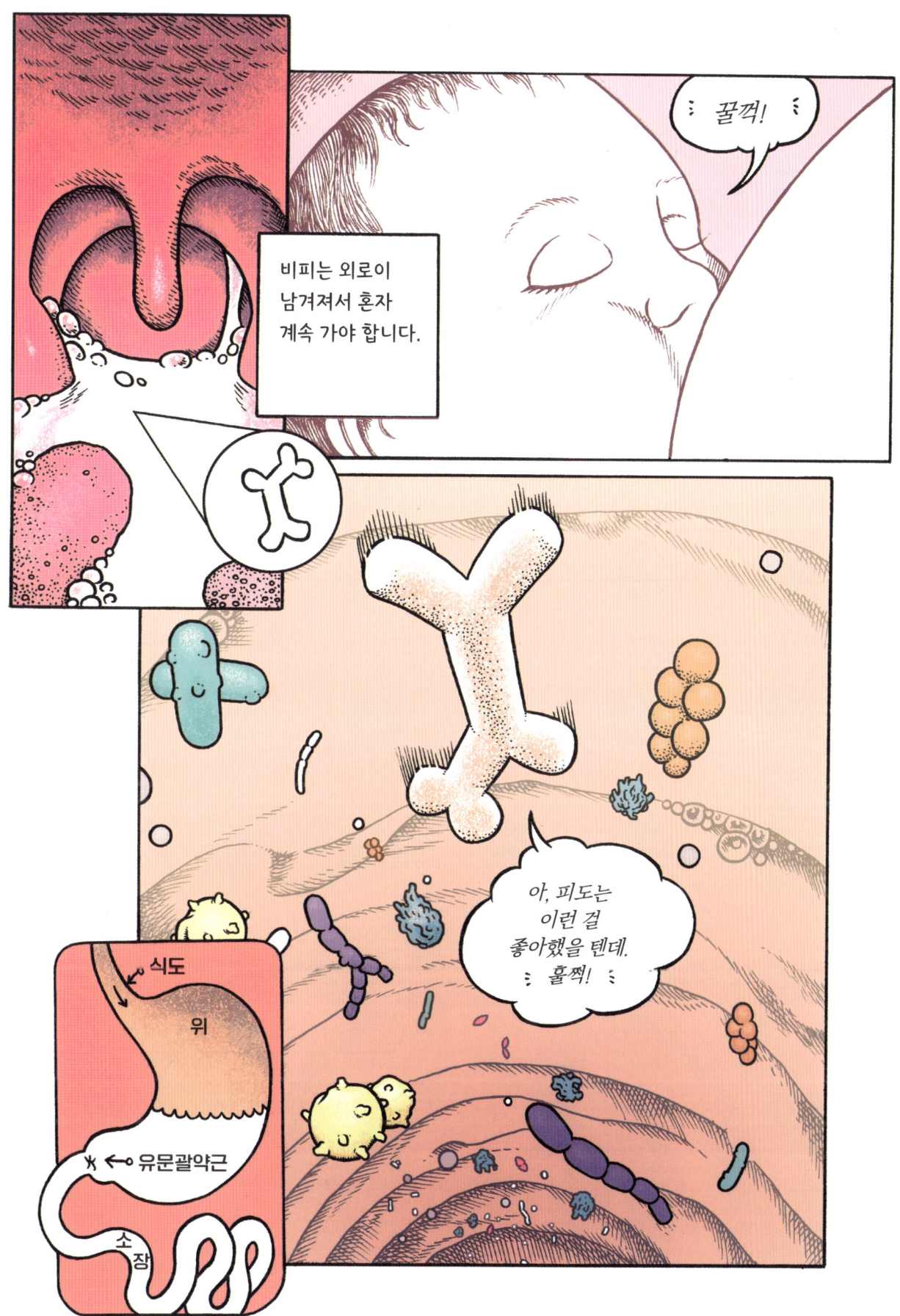

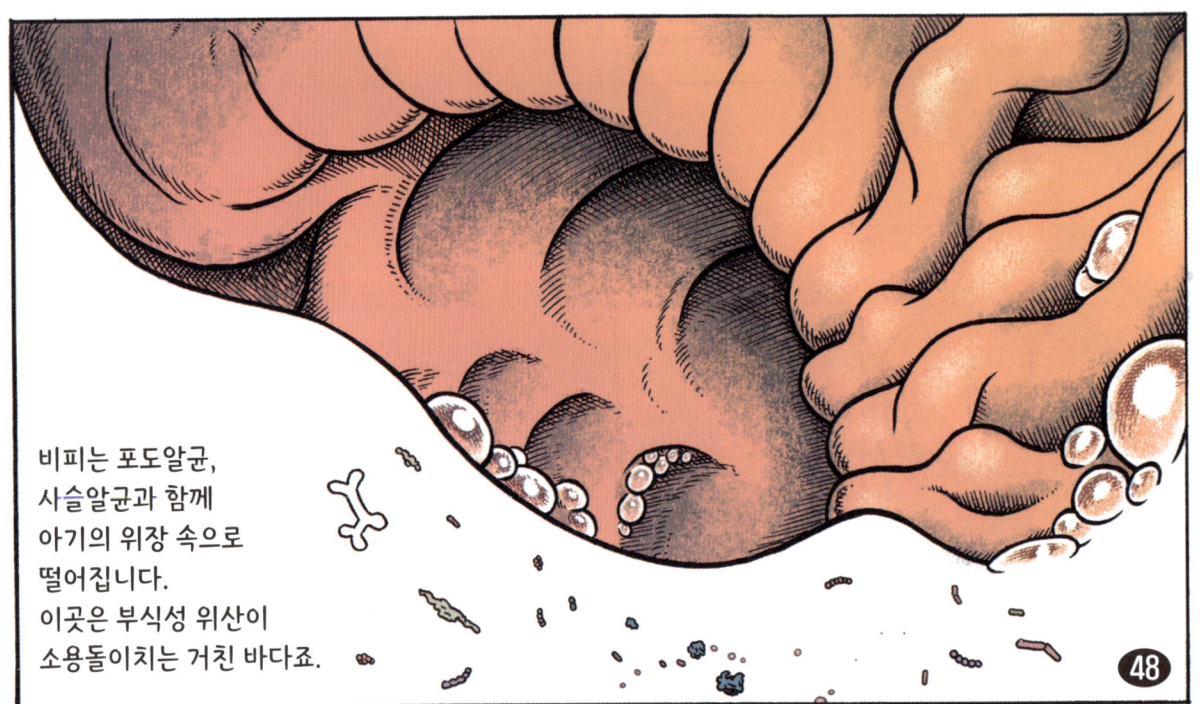

비피는 포도알균, 사슬알균과 함께 아기의 위장 속으로 떨어집니다. 이곳은 부식성 위산이 소용돌이치는 거친 바다죠.

우웃! 여기 찌릿해. 어떻게 나가지?

위는 음식을 소화하고 박테리아를 죽이기 위해 염산을 분비합니다. 하지만 갓난아기의 경우 산도가 그렇게 강하진 않아요.

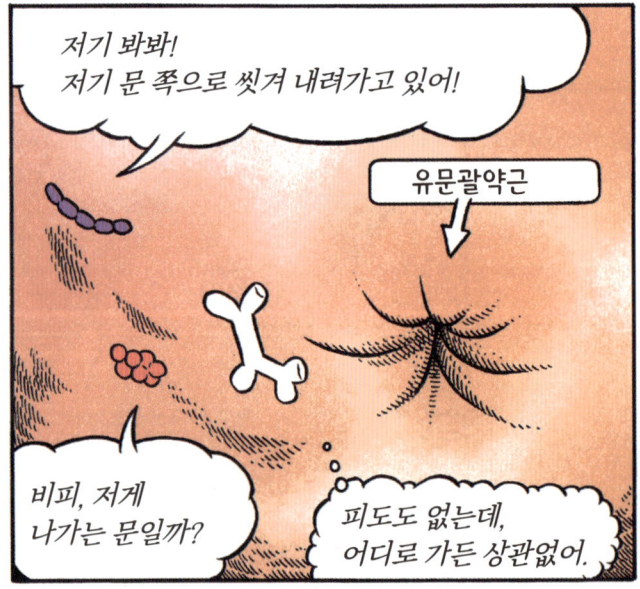

저기 봐봐! 저기 문 쪽으로 씻겨 내려가고 있어!

유문괄약근

비피, 저게 나가는 문일까?

피도도 없는데, 어디로 가든 상관없어.

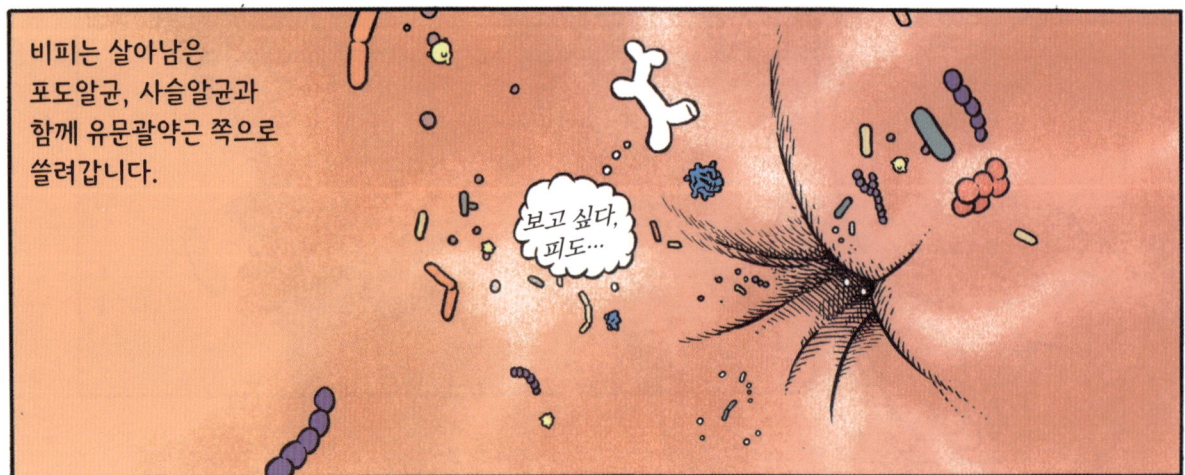

비피는 살아남은 포도알균, 사슬알균과 함께 유문괄약근 쪽으로 쓸려갑니다.

보고 싶다, 피도…

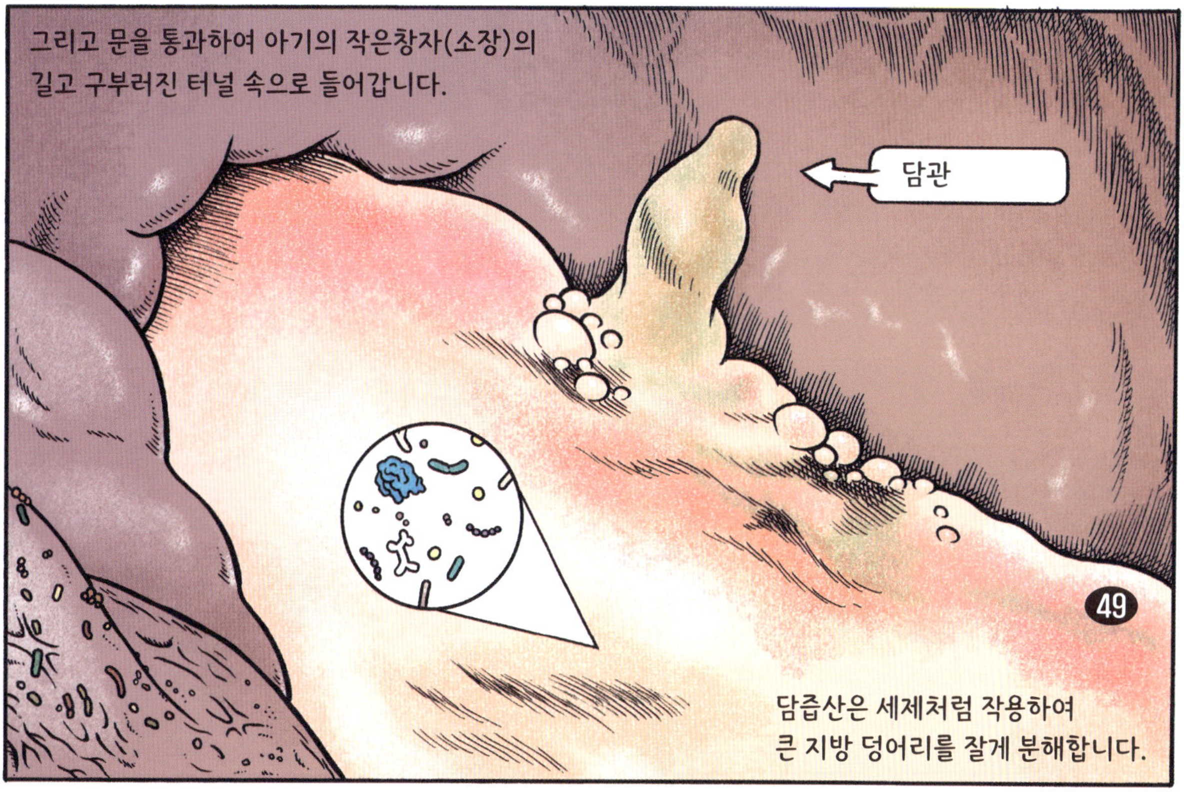

그리고 문을 통과하여 아기의 작은창자(소장)의
길고 구부러진 터널 속으로 들어갑니다.

← 담관

담즙산은 세제처럼 작용하여
큰 지방 덩어리를 잘게 분해합니다.

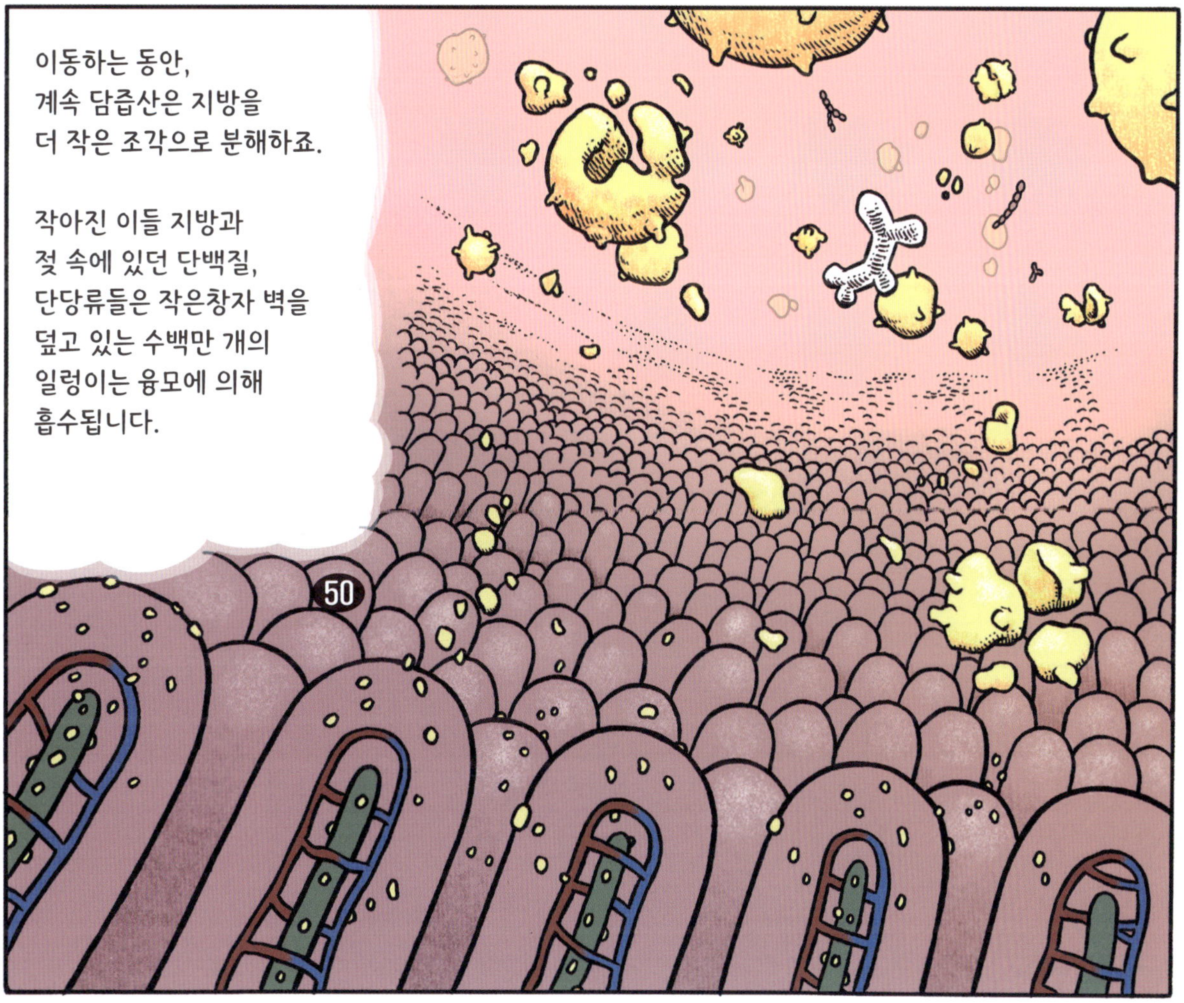

이동하는 동안,
계속 담즙산은 지방을
더 작은 조각으로 분해하죠.

작아진 이들 지방과
젖 속에 있던 단백질,
단당류들은 작은창자 벽을
덮고 있는 수백만 개의
일렁이는 융모에 의해
흡수됩니다.

하지만 한 가지 성분만은 절대 소화되지 않죠.

HMO 모유올리고당!

비피보다 1,000배 작아요.

이 당들은 인체에 흡수되지 않아요.
대신, 이 모유올리고당은 비피에게 완벽한 음식이죠!

그렇지만 작은창자를 따라 빠르게 휩쓸려 내려가는 중이라 비피가 멈춰 서서 그걸 먹을 방법은 없어요, 아직은요.

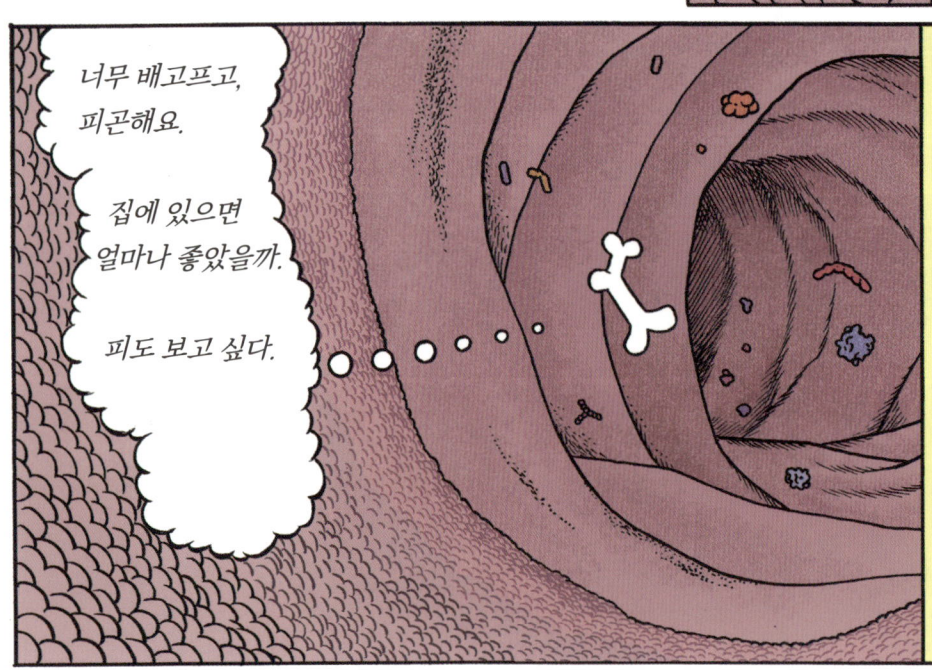

너무 배고프고, 피곤해요.

집에 있으면 얼마나 좋았을까.

피도 보고 싶다.

비피는 이제까지 상상도 못한 거리를 여행했어요.

돌아갈 길은 없어요.

오로지 선택은 계속 가는 것뿐….

제 4 장

달콤함과 우정

비피가 아기 시미의 큰창자(대장)에 도착합니다.
그곳은 점액 숲이 이제 막 자라기 시작했어요.
점액에 매달린 소규모의 비피더스균들이 비피를
환영하고 먹이도 나눠줍니다. 이게 무슨 마법일까요?
이건 비피가 한 번도 먹어본 적이 없는 유형의 당이군요...
그리고 이것이 모든 것을 바꿀 겁니다.

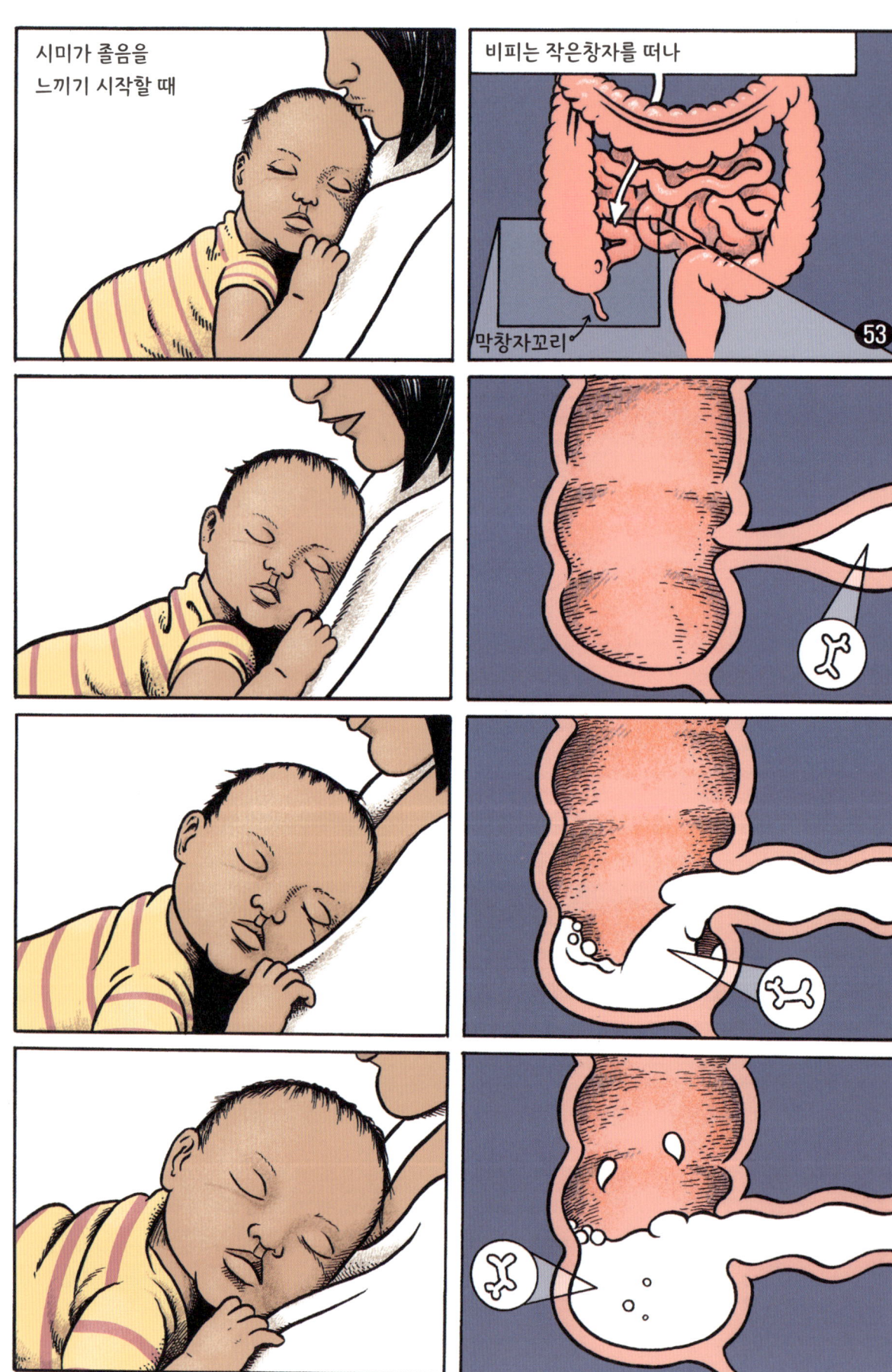

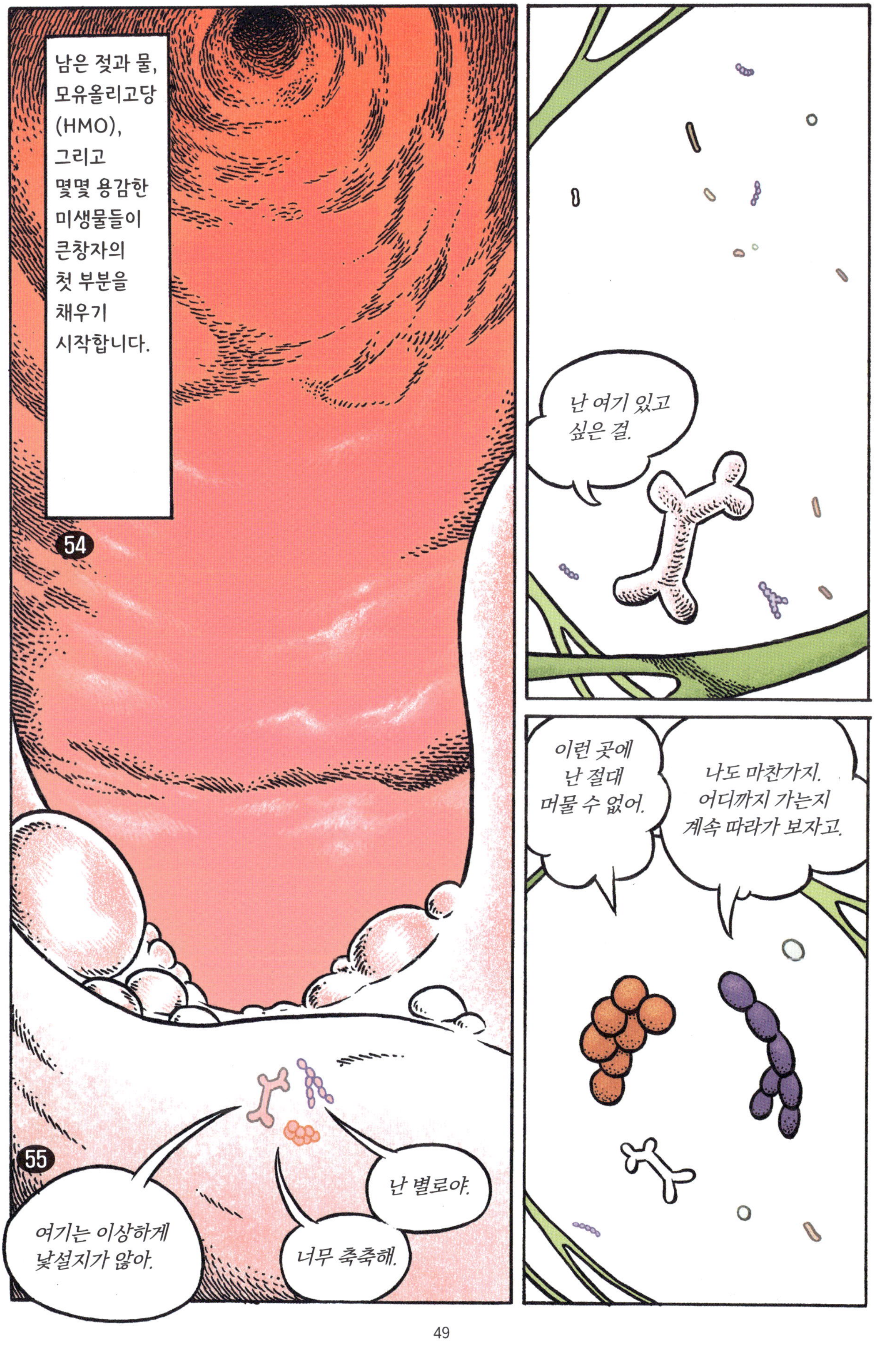

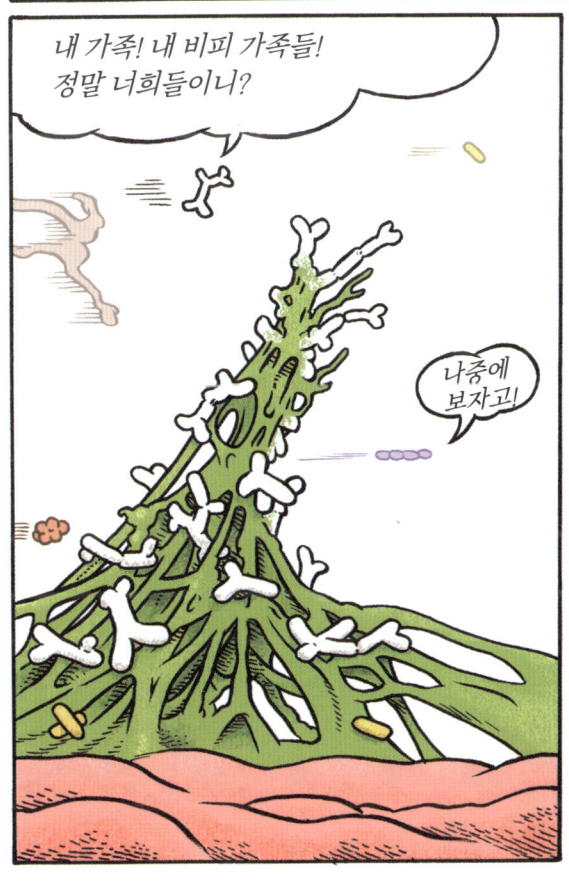

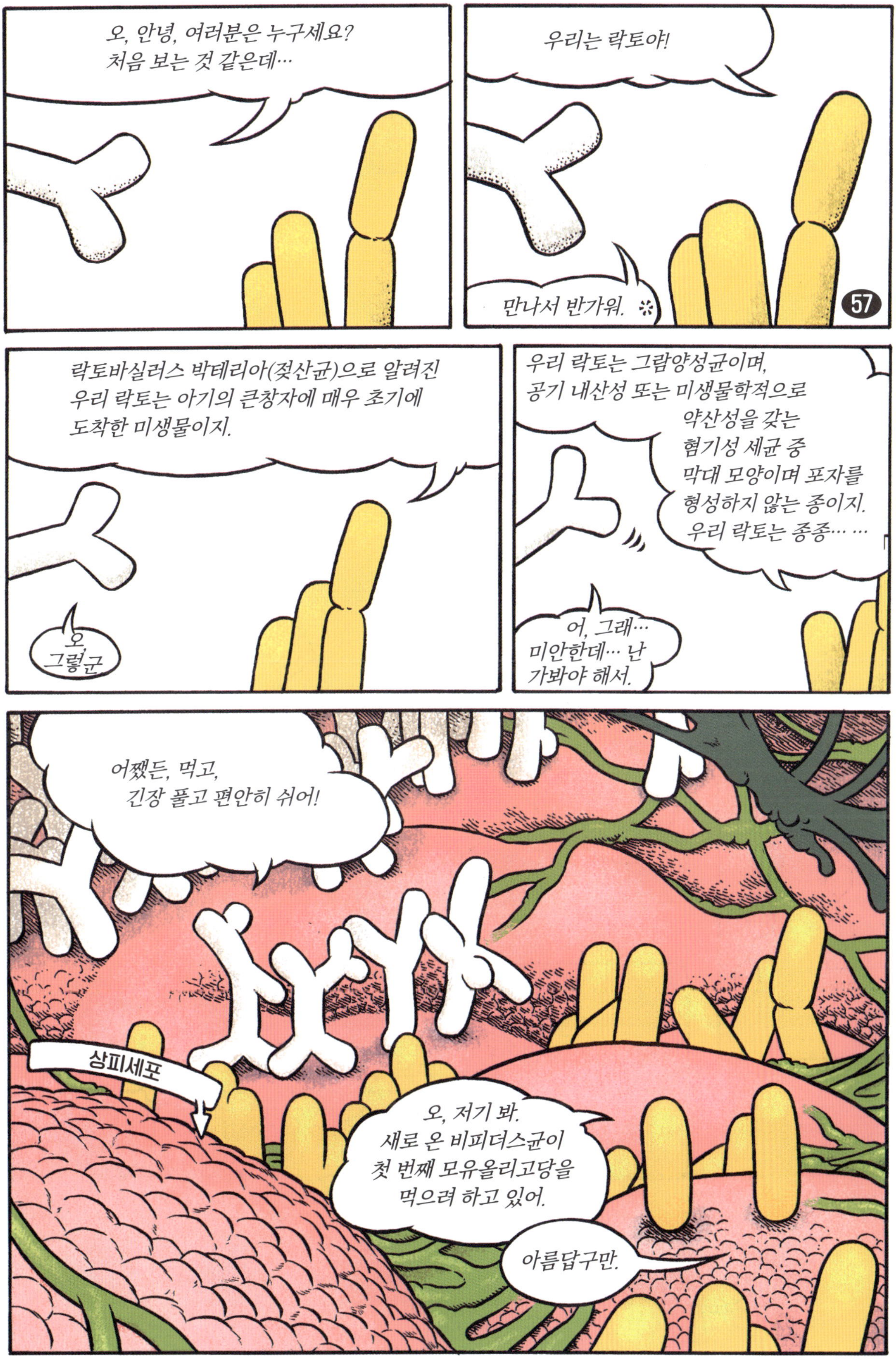

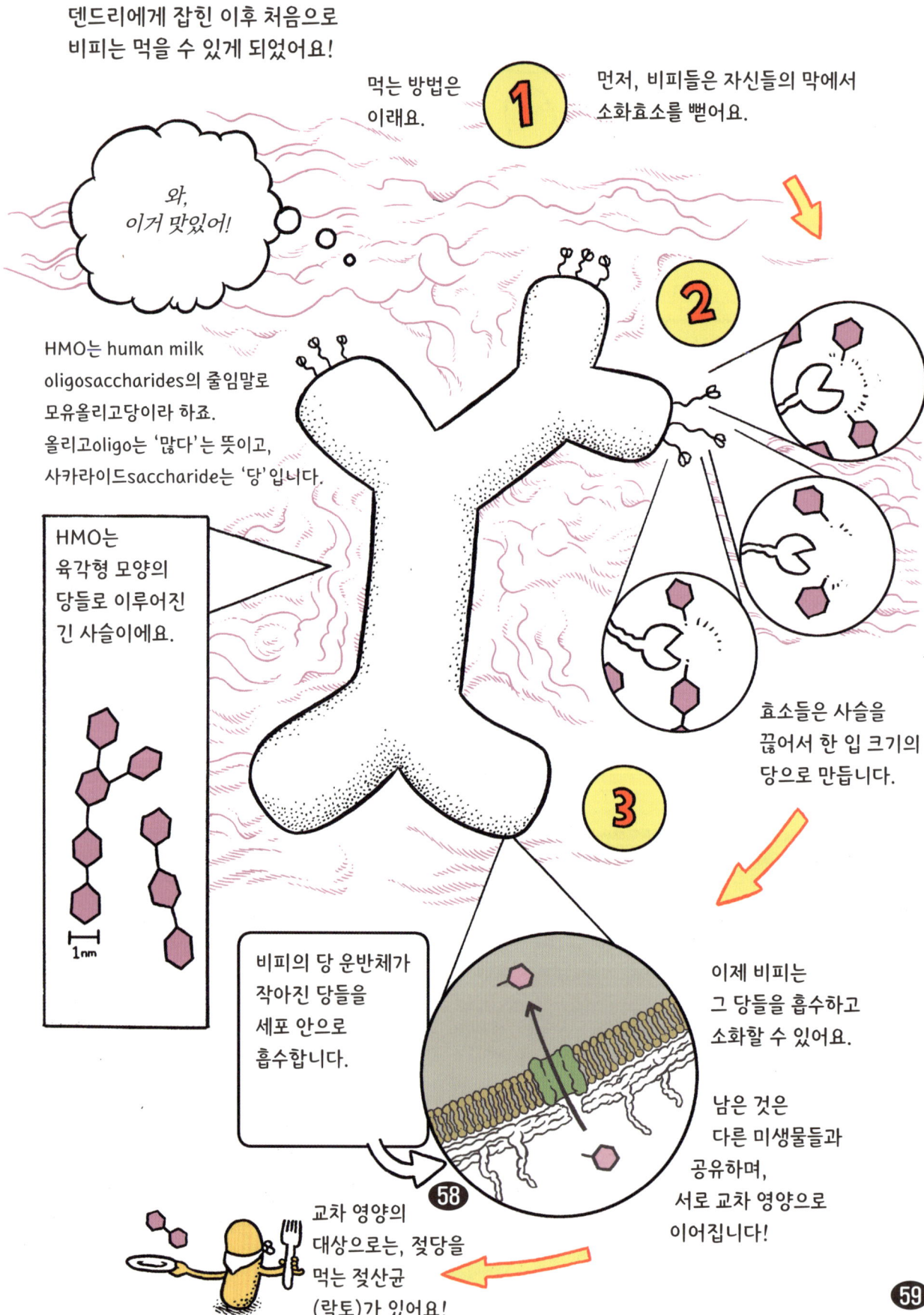

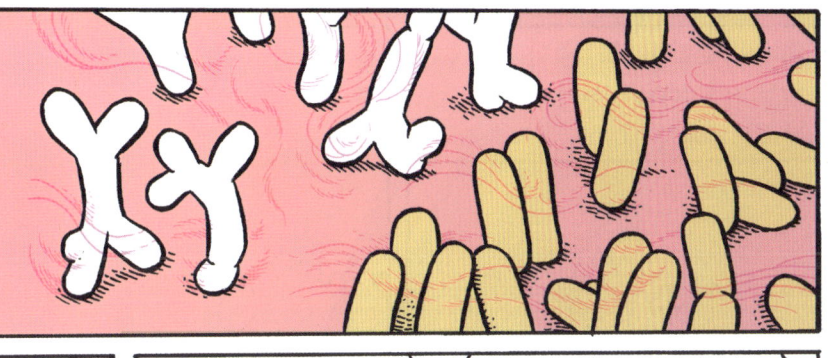

비피더스균과 젖산균이 당을 소화할 때 발효라는 과정을 통해 에너지를 얻습니다.

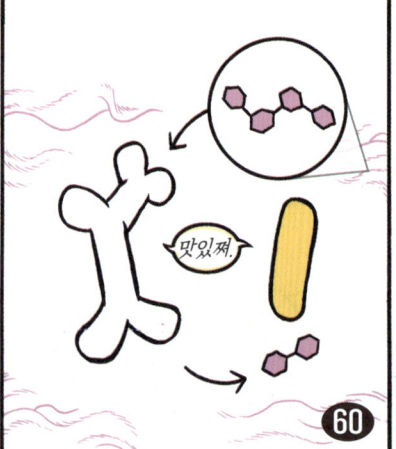

이후 그들은 다양한 배설 폐기물 분자를 세포 밖으로 배출합니다.

하지만 이 배설물은 버려지는 게 아니에요! 오히려, 이 분자들은 우리 몸의 다른 부분에서 유용하게 사용될 수 있어요.

비피와 락토의 배설물들이 떠돌아다니다가 일부가 상피세포에 닿습니다.

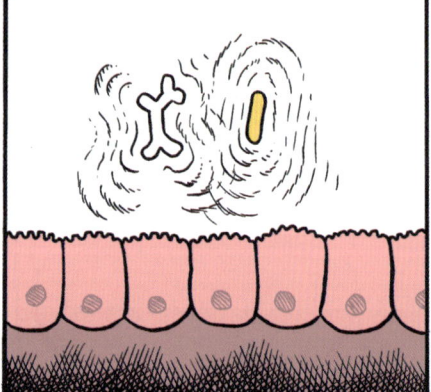

상피세포는 재빨리 이들을 흡수하죠.

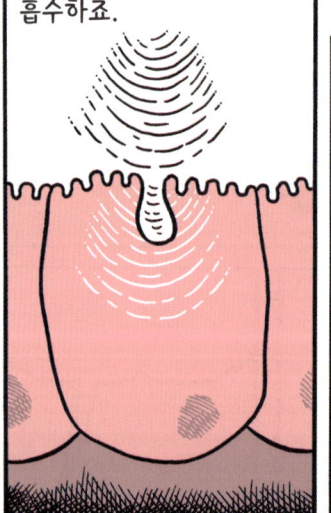

이것들은 우리 몸에서 어디에 쓰일까요?

아세트산염은 상피세포에서 항염증 신호를 활성화시킵니다.

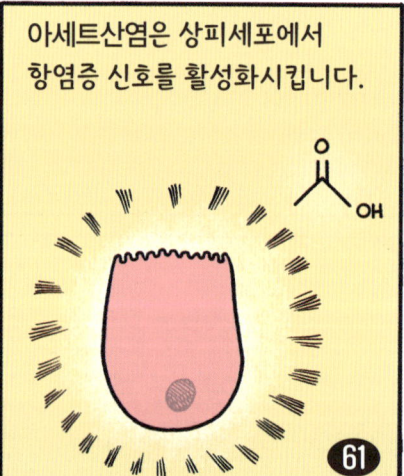

상피세포는 이 분자들을 사용하여 점막고유층에 있는 T세포와 B세포를 진정시키는데,

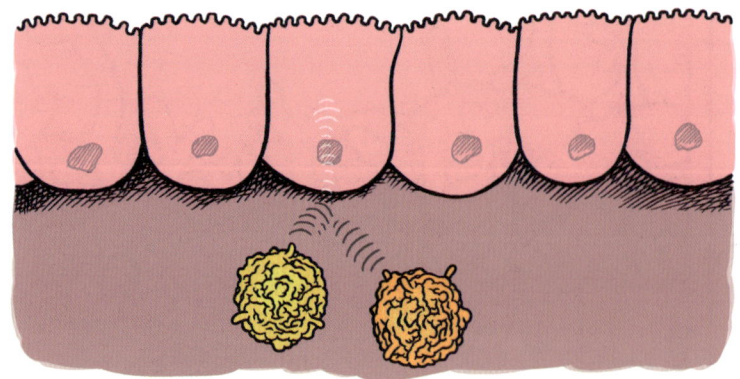

이는 나중에 천식과 기타 알레르기를 예방하는 역할을 하는 것으로 보입니다.

또한 아세트산염은 특정 상피세포를 자극하여 호르몬을 생성하고 혈액 속에 방출하게 합니다.

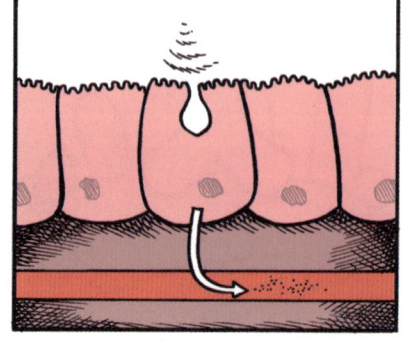

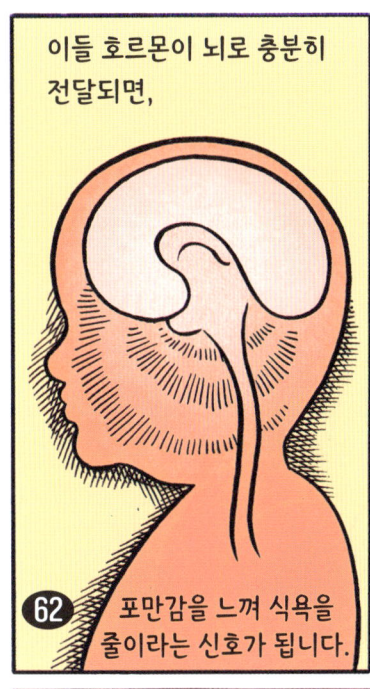
이들 호르몬이 뇌로 충분히 전달되면, 포만감을 느껴 식욕을 줄이라는 신호가 됩니다.
62

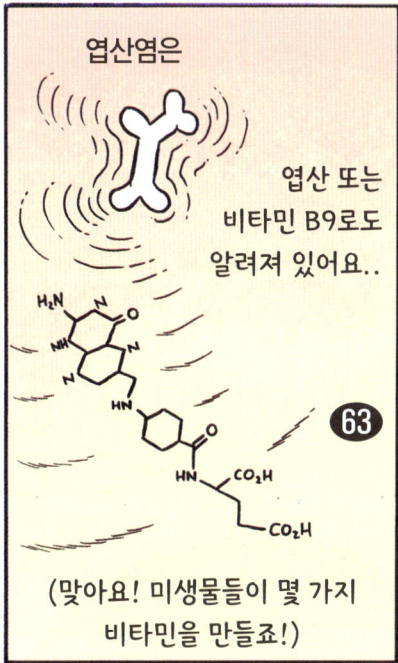
엽산염은 엽산 또는 비타민 B9로도 알려져 있어요..
63
(맞아요! 미생물들이 몇 가지 비타민을 만들죠!)

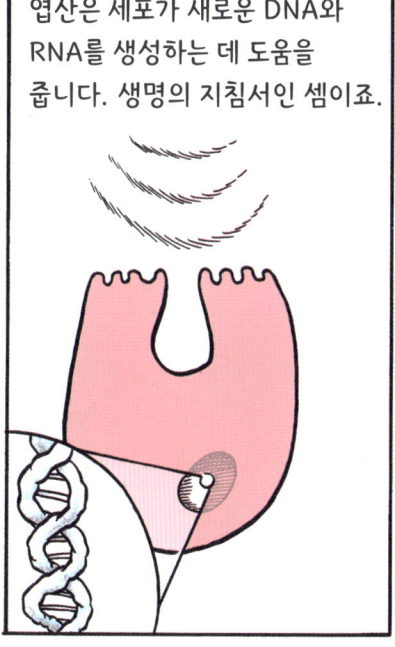
엽산은 세포가 새로운 DNA와 RNA를 생성하는 데 도움을 줍니다. 생명의 지침서인 셈이죠.

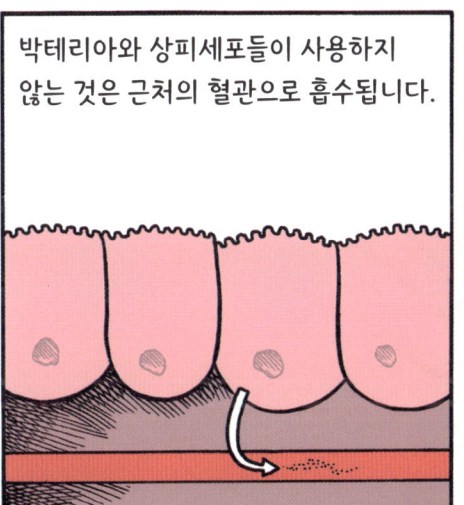
박테리아와 상피세포들이 사용하지 않는 것은 근처의 혈관으로 흡수됩니다.

혈관으로 몸 전체를 여행하며 새로운 혈액 세포를 생성하는 데 도움이 되기도 합니다.

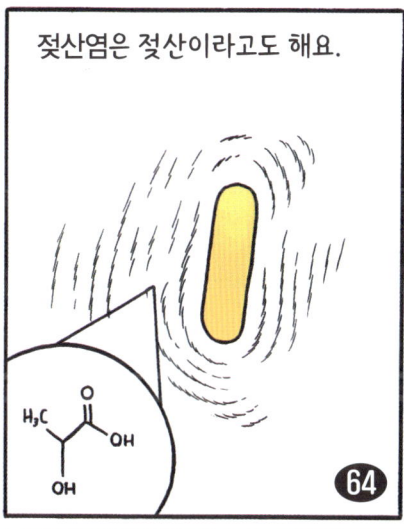
젖산염은 젖산이라고도 해요.
64

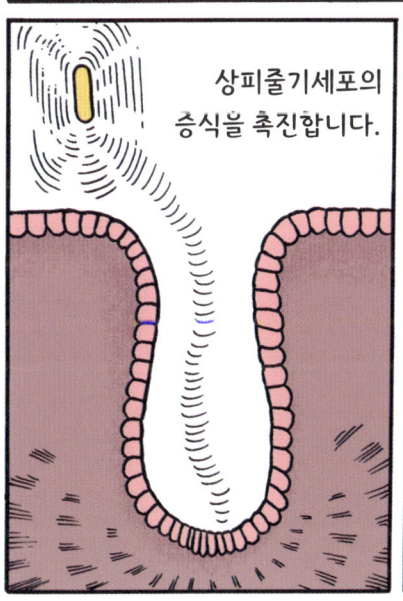
상피줄기세포의 증식을 촉진합니다.

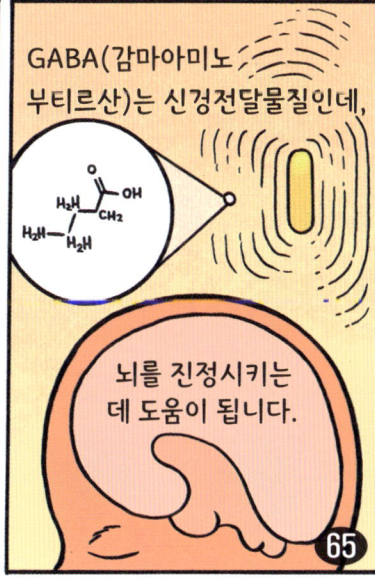
GABA(감마아미노부티르산)는 신경전달물질인데, 뇌를 진정시키는 데 도움이 됩니다.
65

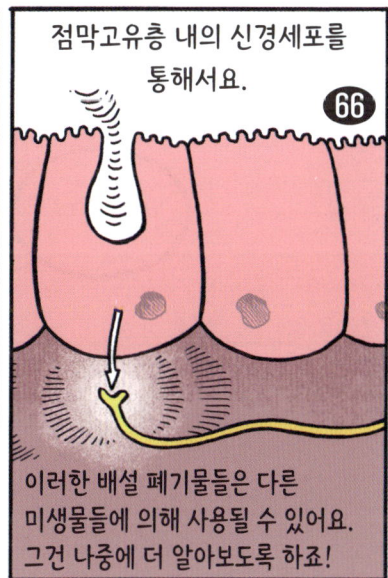
점막고유층 내의 신경세포를 통해서요.
66
이러한 배설 폐기물들은 다른 미생물들에 의해 사용될 수 있어요. 그건 나중에 더 알아보도록 하죠!

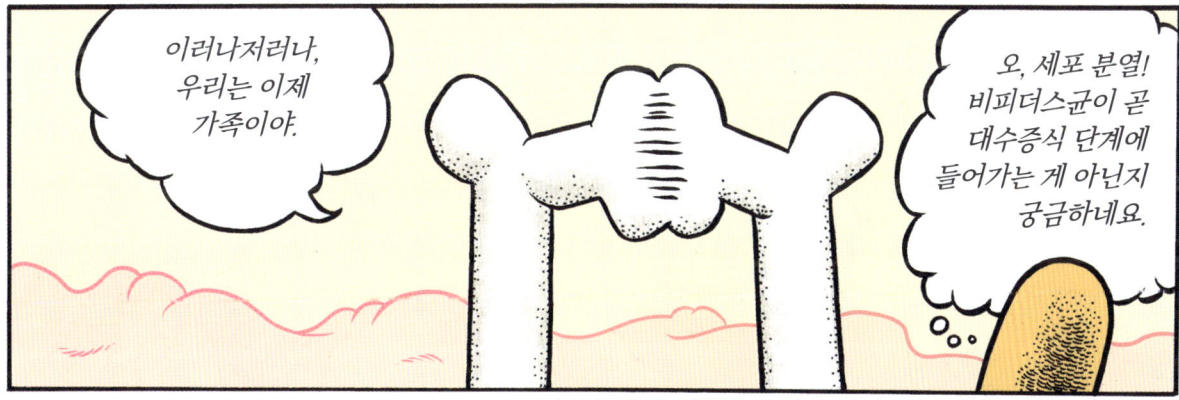

새로운 군집이 성장함에 따라 아기의 면역계는 어떤 미생물이 이곳에 머무를 운명인지 알아가기 시작합니다.

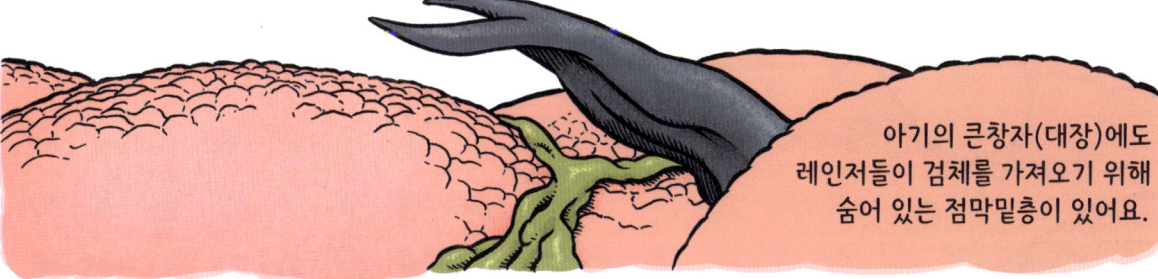

아기의 큰창자(대장)에도 레인저들이 검체를 가져오기 위해 숨어 있는 점막밑층이 있어요.

제 5 장

레인저와 매니저

두 멍청이 수지상세포들이 점막밑층에서
열심히 일하고 있습니다. 그들의 임무는
아기 시미의 몸에 위험한 박테리아를 찾아내는 것이죠.
그들이 큰창자에서 비피를 잡아들이면,
모두가 많은 걸 배우게 되겠죠.

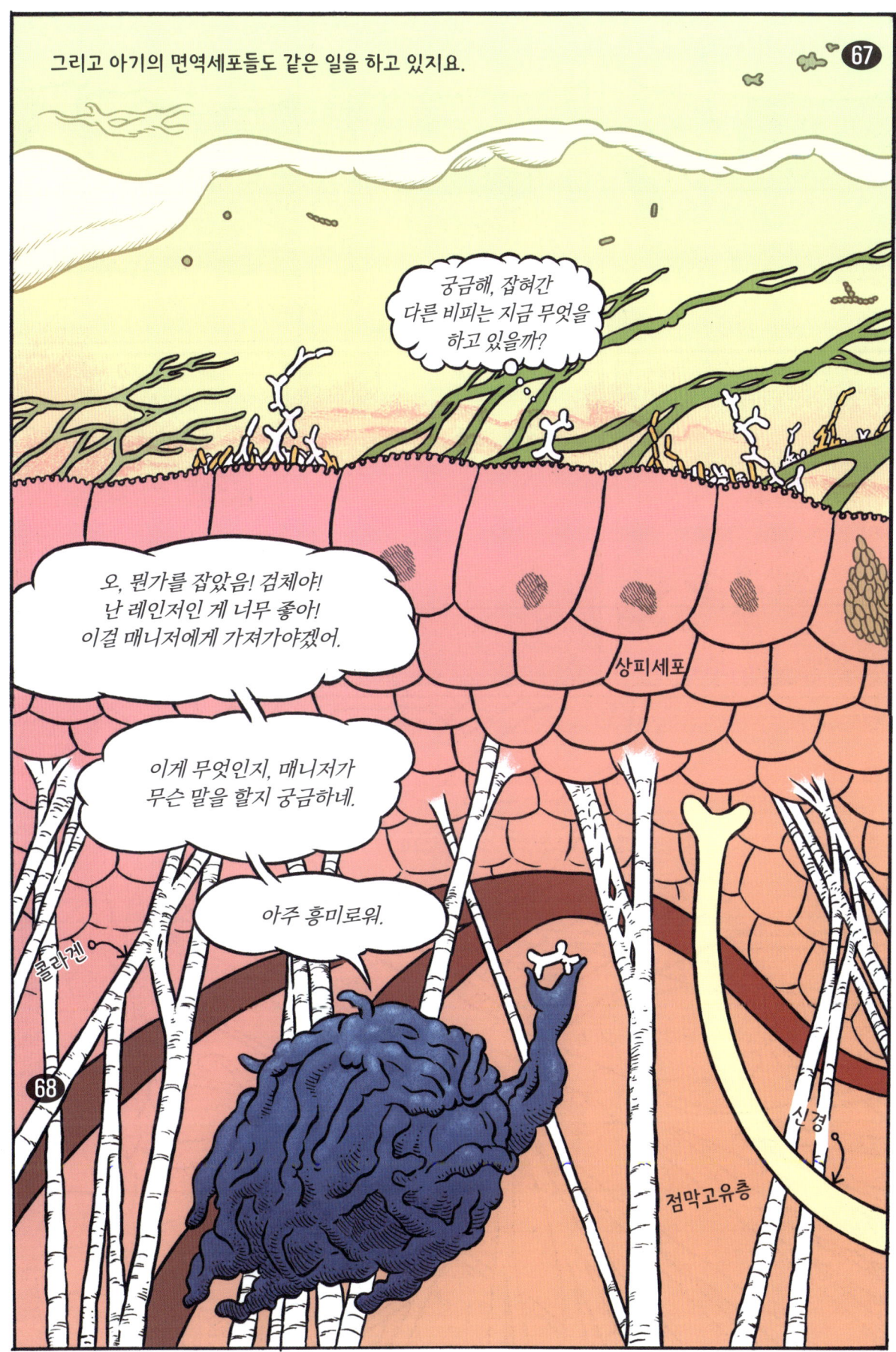

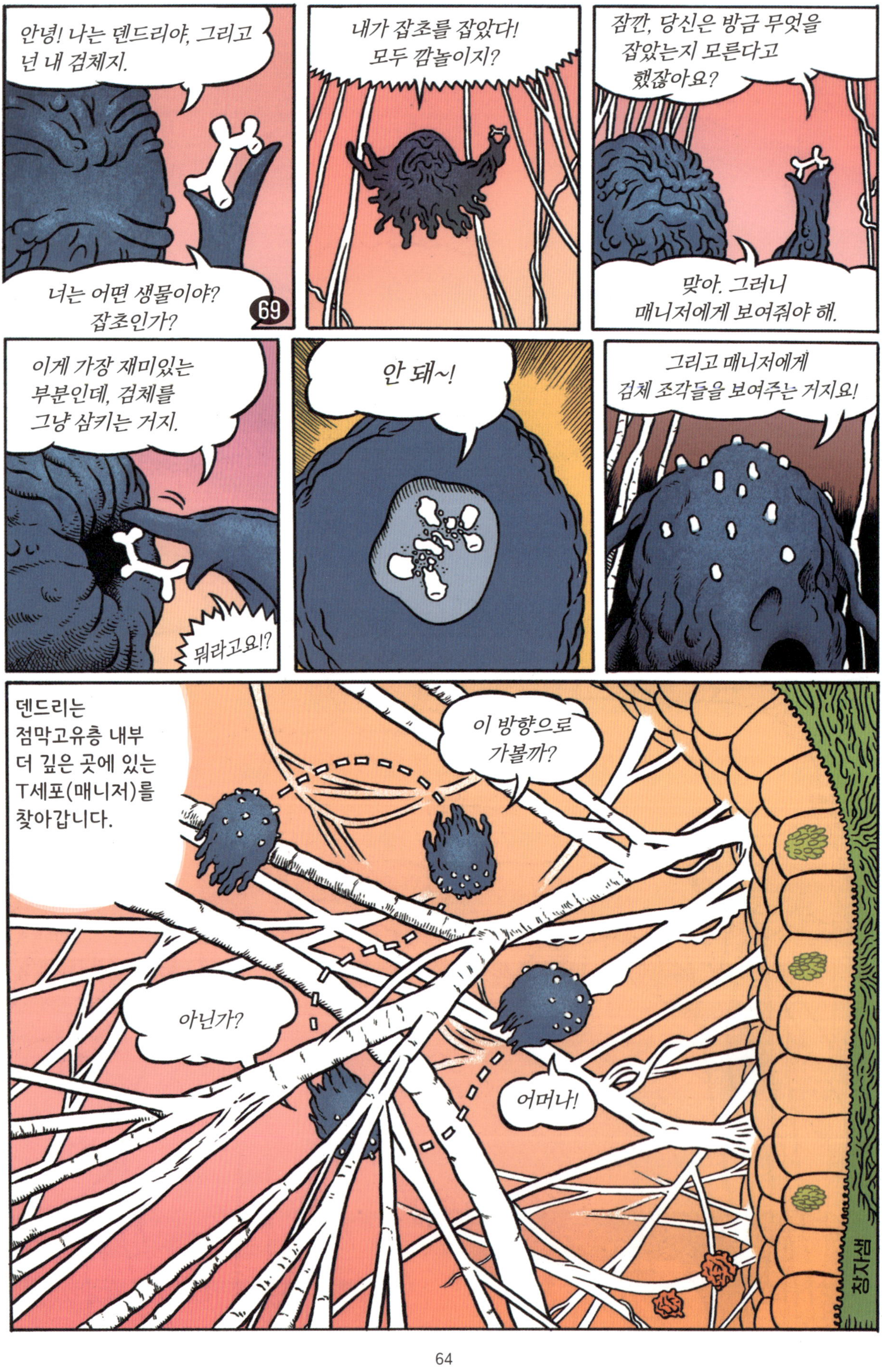

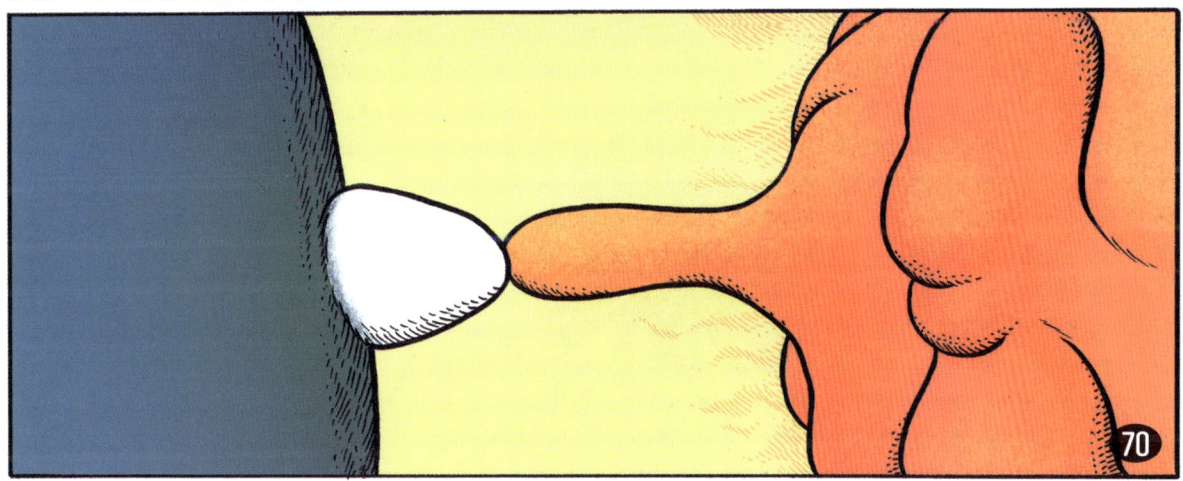

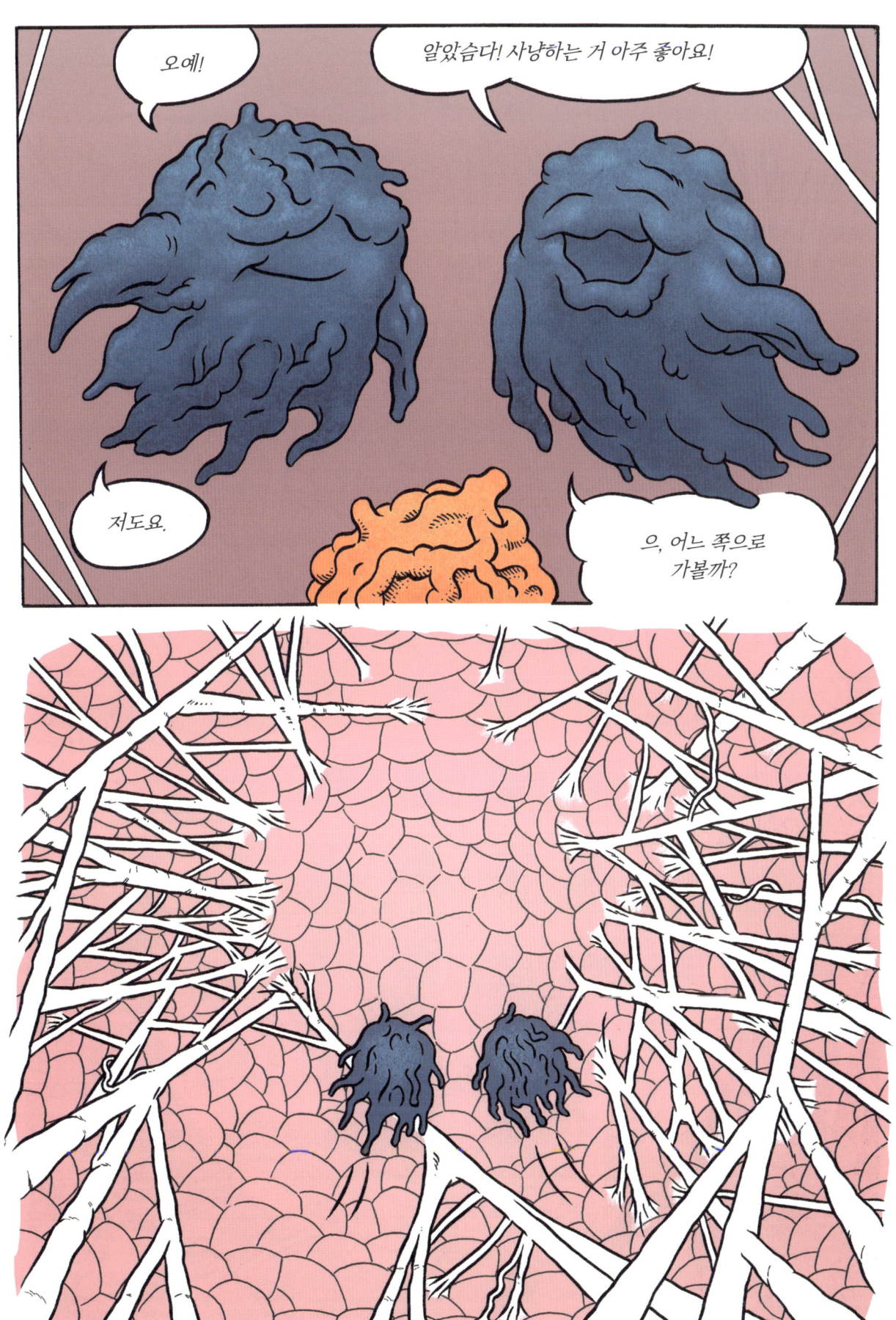

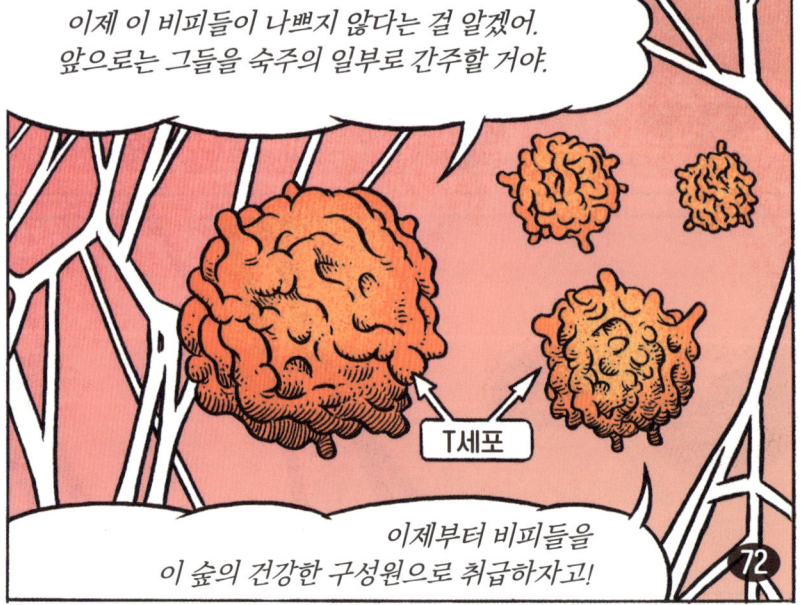

이렇게, 면역계는 비피를 아기의 일부이자 그들 자신의 일부로 받아들이고, 공격하지 않도록 학습합니다.

드디어, 비피는 자신들이 성장하고 번식할 안전한 피난처를 찾았어요. 미생물과 인간은 이렇게 공생으로 한 걸음 나아갔네요.

과연, 어디로 이어질지 지켜봅시다.

제 6 장

대장균 에셔

에셔는 대장균(Escherichia coli)의 줄임말. 주로 큰창자에서 발견되며,
대다수는 유용하게 작용하고 일부는 유해한 세균으로 알려져 있다.

한 무리의 지친 이방인들이 큰창자의 숲에 도착합니다.
에셔들은 시미의 폐에서 벌어진 거친 모험에 대해
이야기합니다. 면역세포들이 외계 바이러스와 싸웠고,
에셔들은 그 혼란에 휘말렸다는군요. 배고픈 에셔들이
비피에게 하던 이야기를 마칠 때쯤, 그들도 큰창자에서
집을 찾을 수 있을지 알게 되겠죠.

이렇게, 비피가 아기의 큰창자에 도착한 지 이틀 정도 지났을 무렵, 낯선 방문객들이 단체로 강 위를 떠다녀요.

대장균

대장균(Escherichia coli / E.coli, 일명 에셔)는 막대 모양의 박테리아입니다.
거의 모든 대장균은 인간에게 이롭지만, 일부 유형이 식중독, 이질에 사망까지 초래하여
(약간 억울하게도) 나쁜 이미지를 갖게 되었어요.

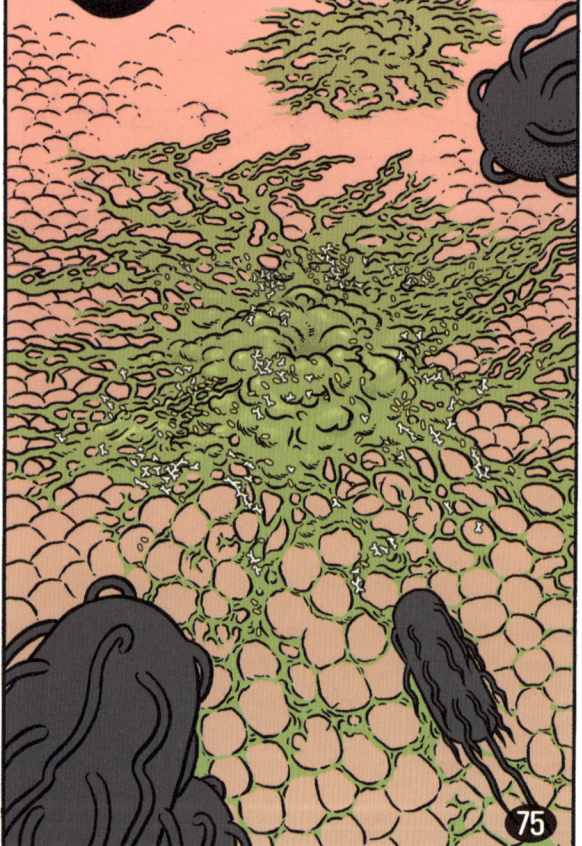
에셔는 시미의 창자벽에 접근합니다. 장벽은 수천 개의 분화구 같은 창자샘으로 이루어져 있으며, 각 창자샘에서 점액이 솟아납니다. 이 점액은 주변 표면 빈 공간으로 서서히 흘러 퍼지죠.

환영해요, 낯선 분들!

안녕하세요!

안녕! 따뜻한 환대, 정말 고마워! 꽤 길고 힘든 여정이었거든.

우리는 비피야! 거긴 누구신가?

우리는 에셔!

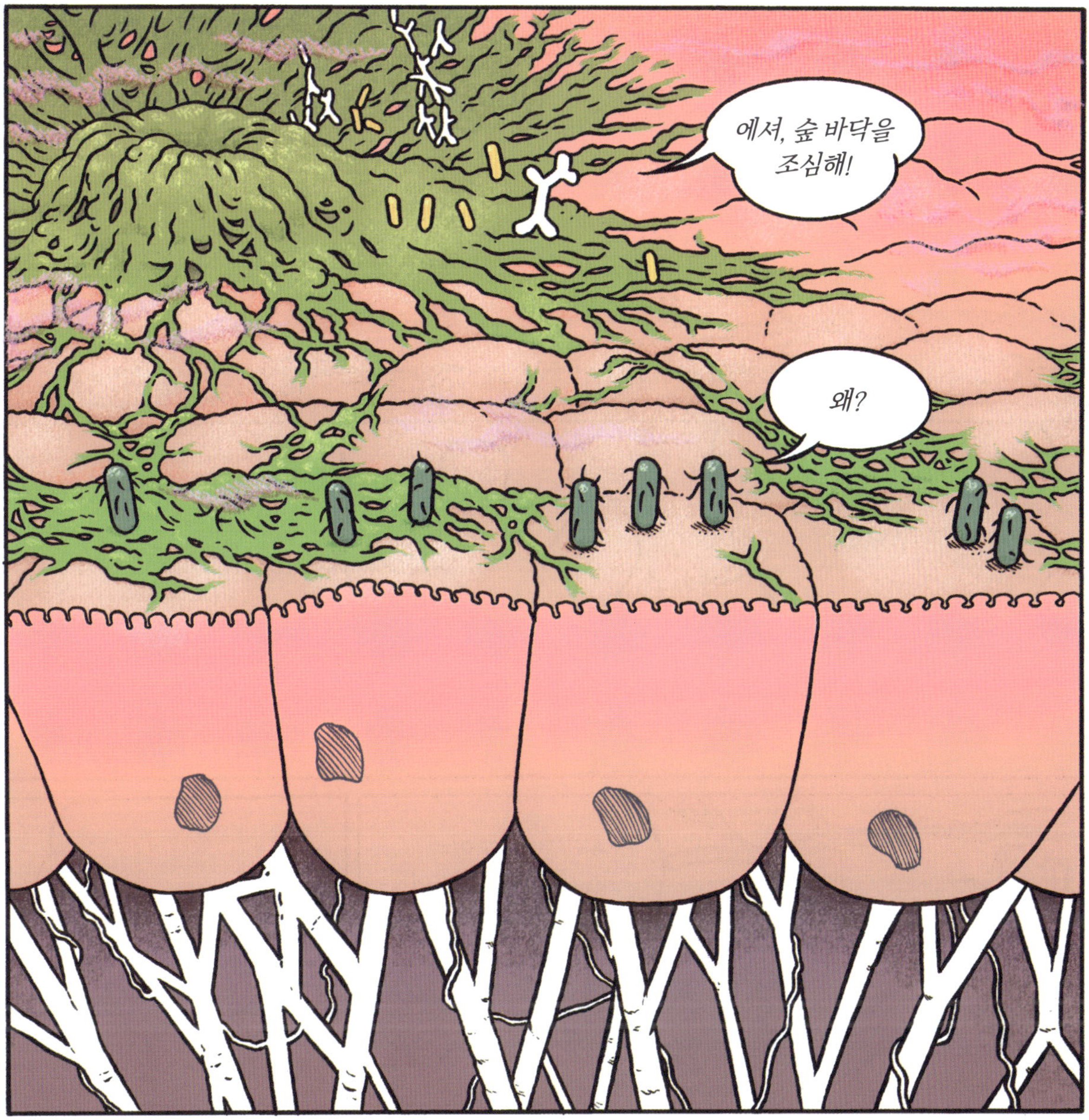

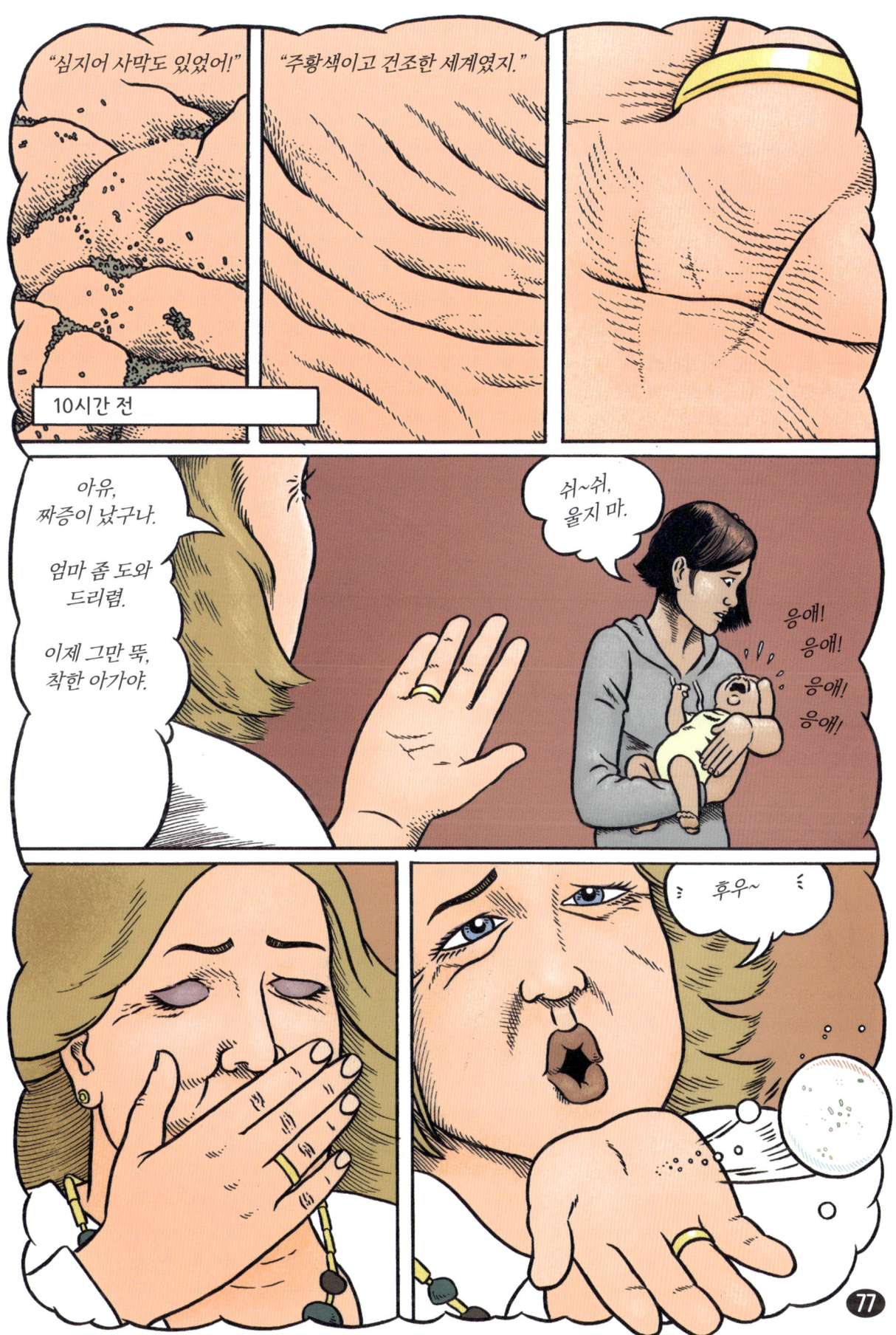

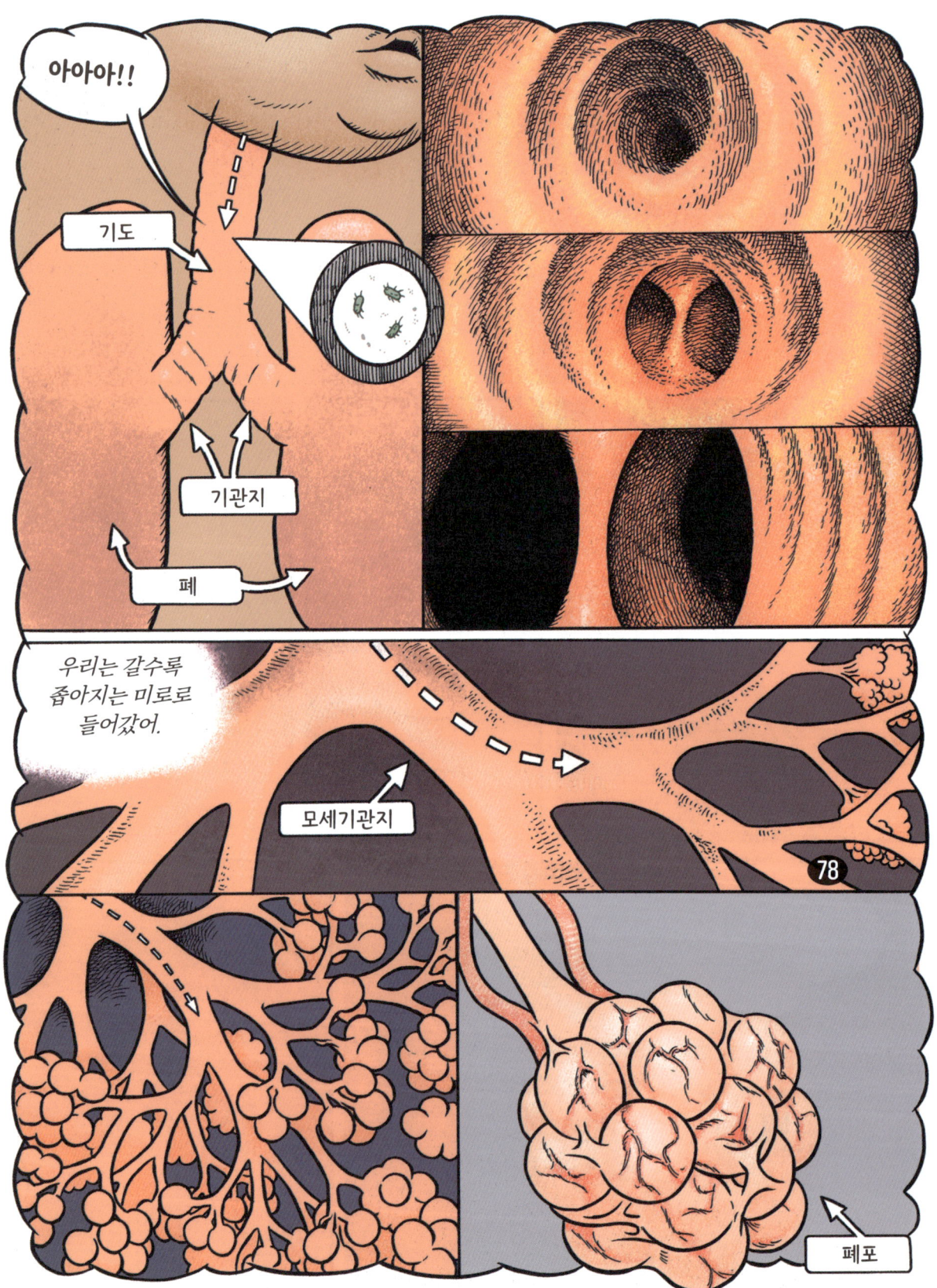

폐는 수백만 개의 폐포로 이루어져 있어요. 아주 얇은 막으로 된 작은 풍선 같은 공간이죠. 여기서 우리 몸은 혈액 속의 이산화탄소와 공기 중의 산소를 교환해요.

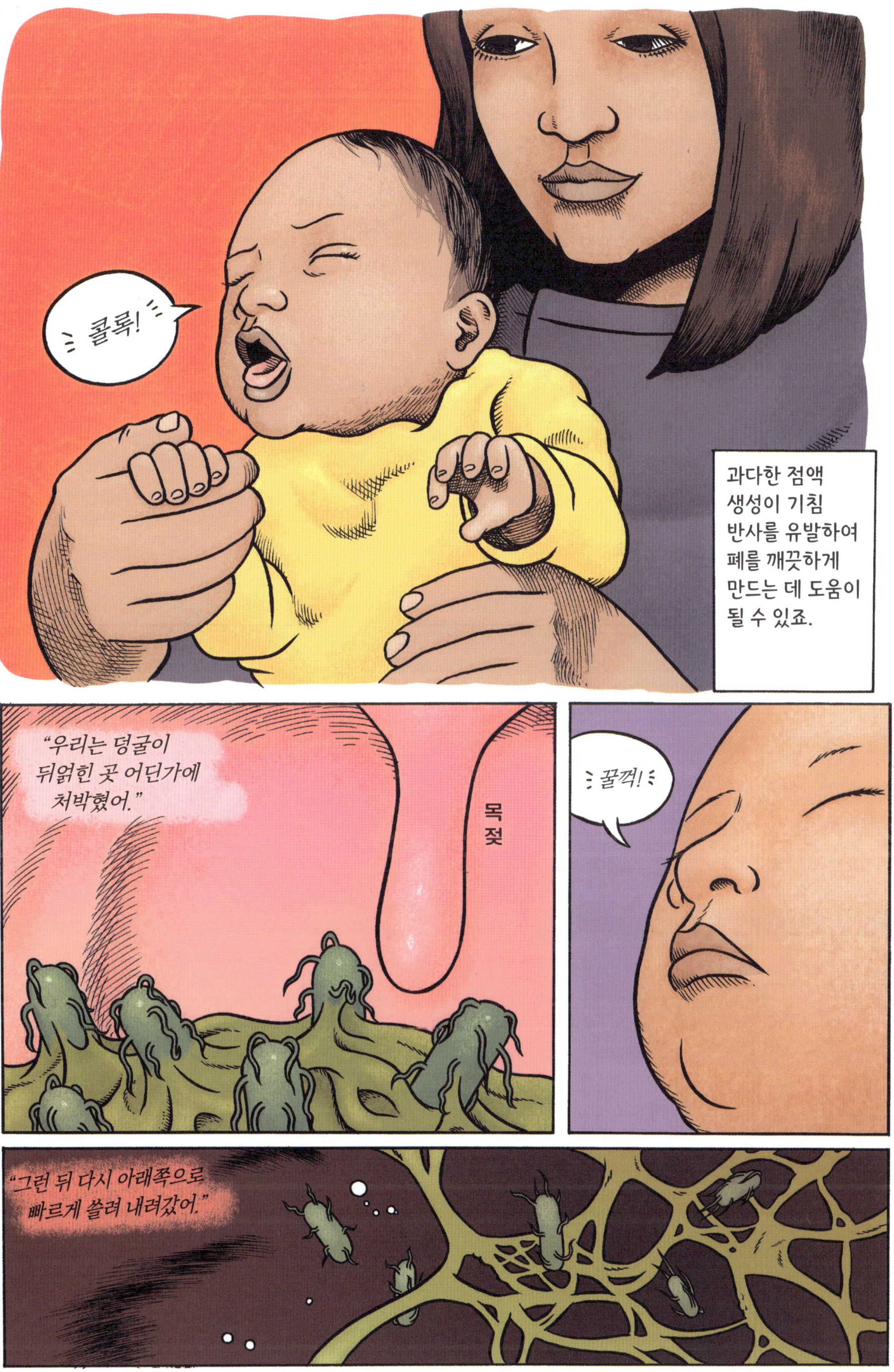

비피의 작은 서식지가 꽤 붐비기 시작합니다.

옛날 집처럼 더 숲이 빽빽해지면, 더 편하게 지낼 공간이 생길 텐데.

비피 생각이 맞아요. 더 울창한 숲은 모두를 위해 더 좋은 거처를 제공할 거예요. 그리고 획기적인 변화를 가져다줄 누군가가 곧 큰창자에 도착할 거 같네요.

제 7 장

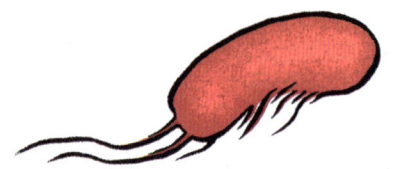

숲 가꾸는 로즈

우리는 아기 시미의 입안으로 들어온, 지금 막 위험에 내던져진 로즈를 만납니다. 하지만 로즈에게는 특별한 생존 기술이 있으며, 우리는 이를 자세히 관찰할 것입니다. 로즈가 시미의 큰창자에 도착하면, 정말로 어마어마한 큰 사건이 벌어집니다.

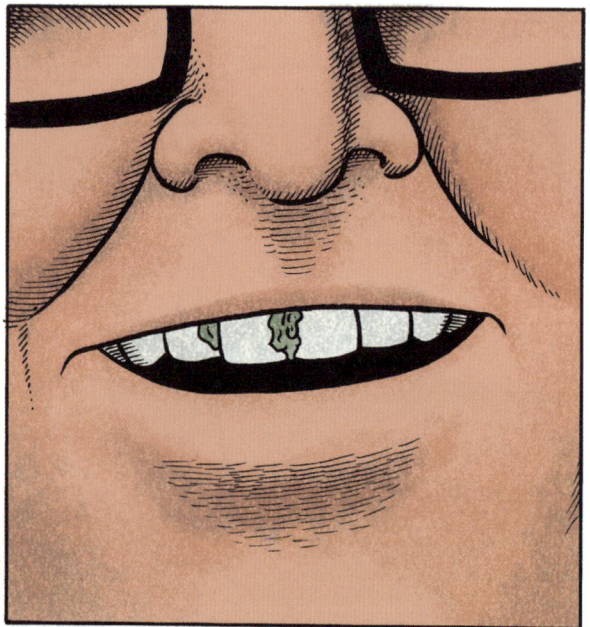
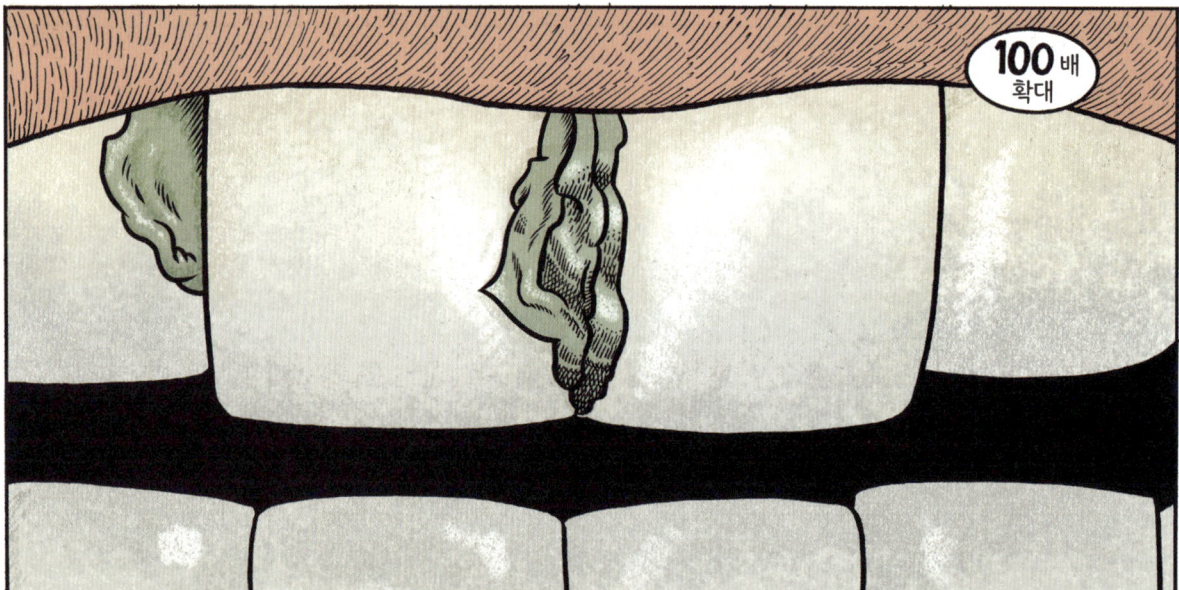
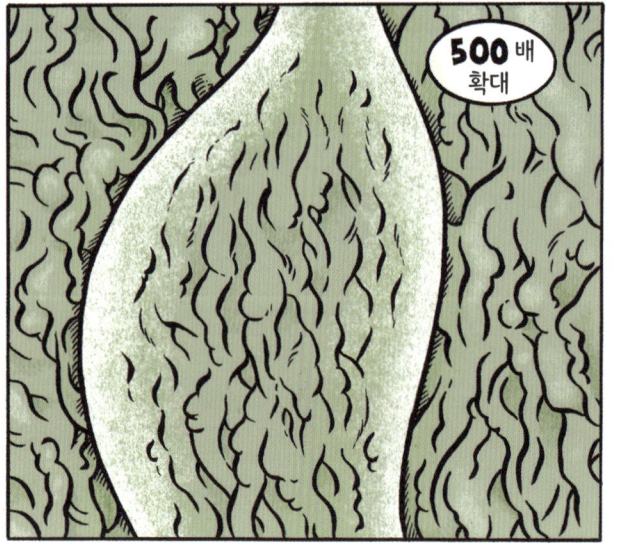

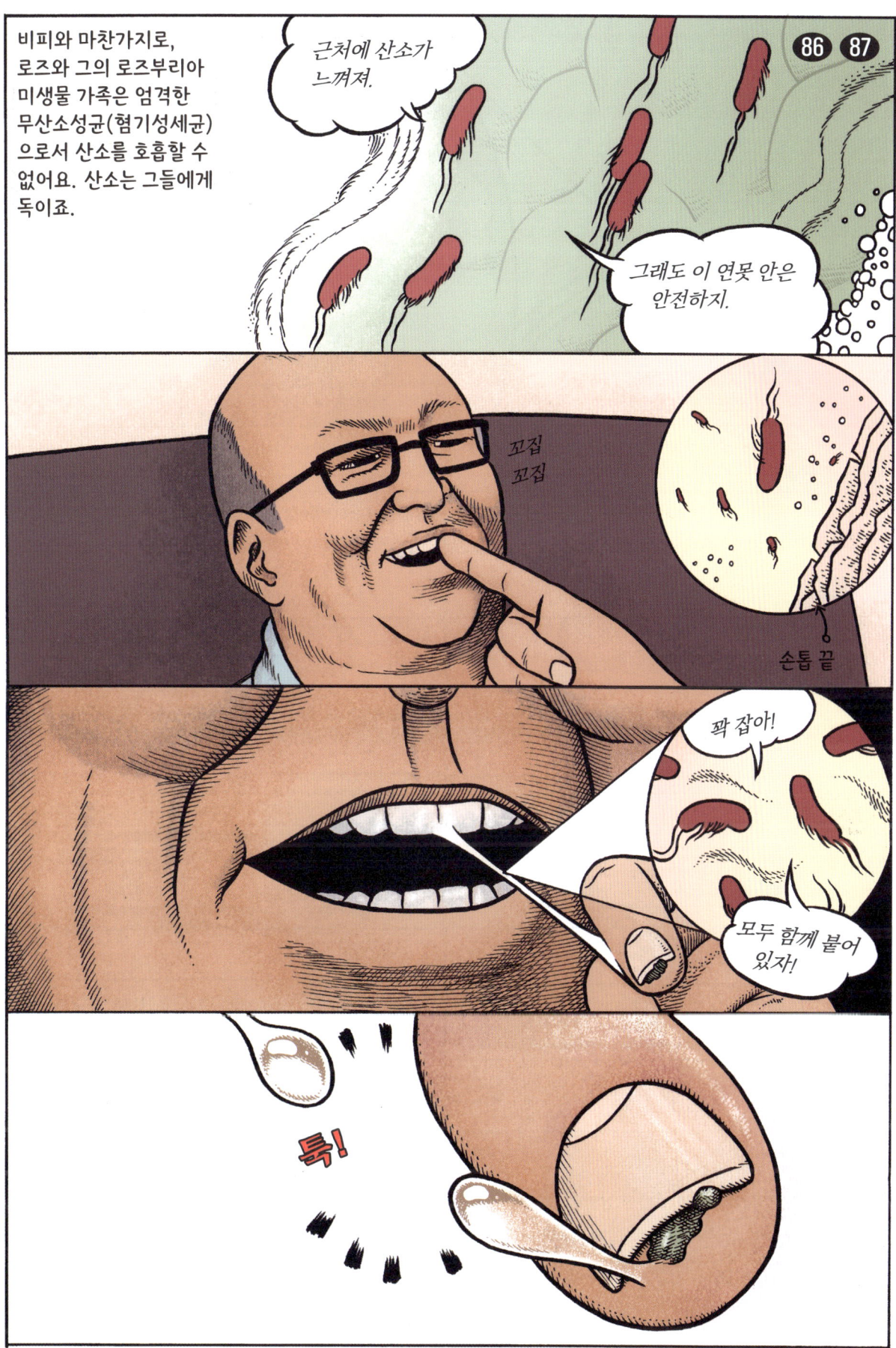

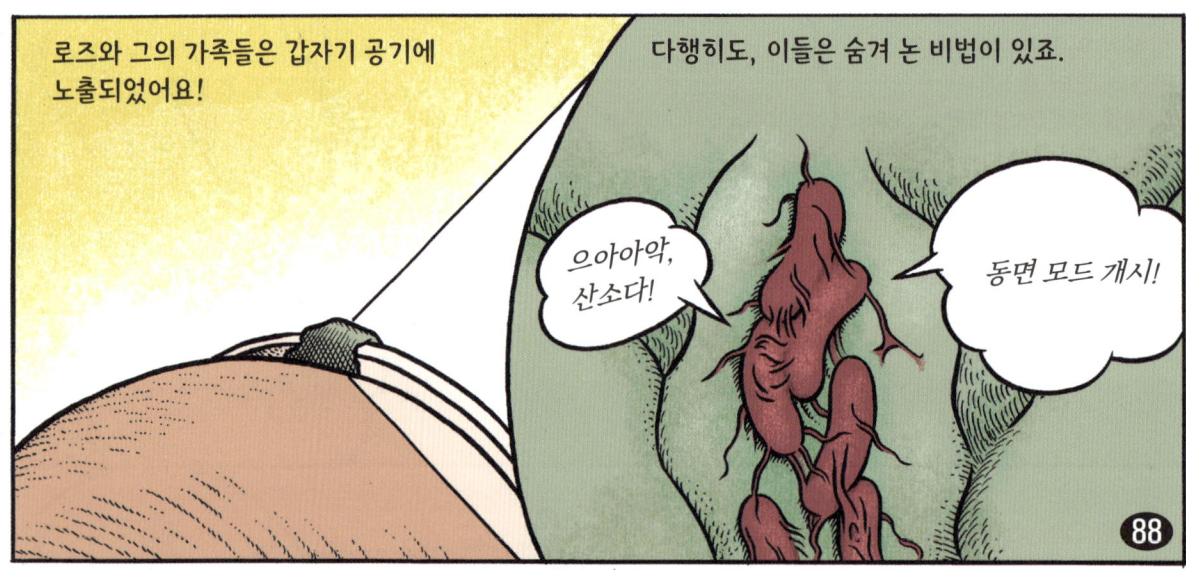

로즈 같은 몇몇 박테리아는 산소나 다른 치명적 위협으로부터 자신을 보호할 수 있는 포자를 형성할 수 있습니다. 이렇게요.

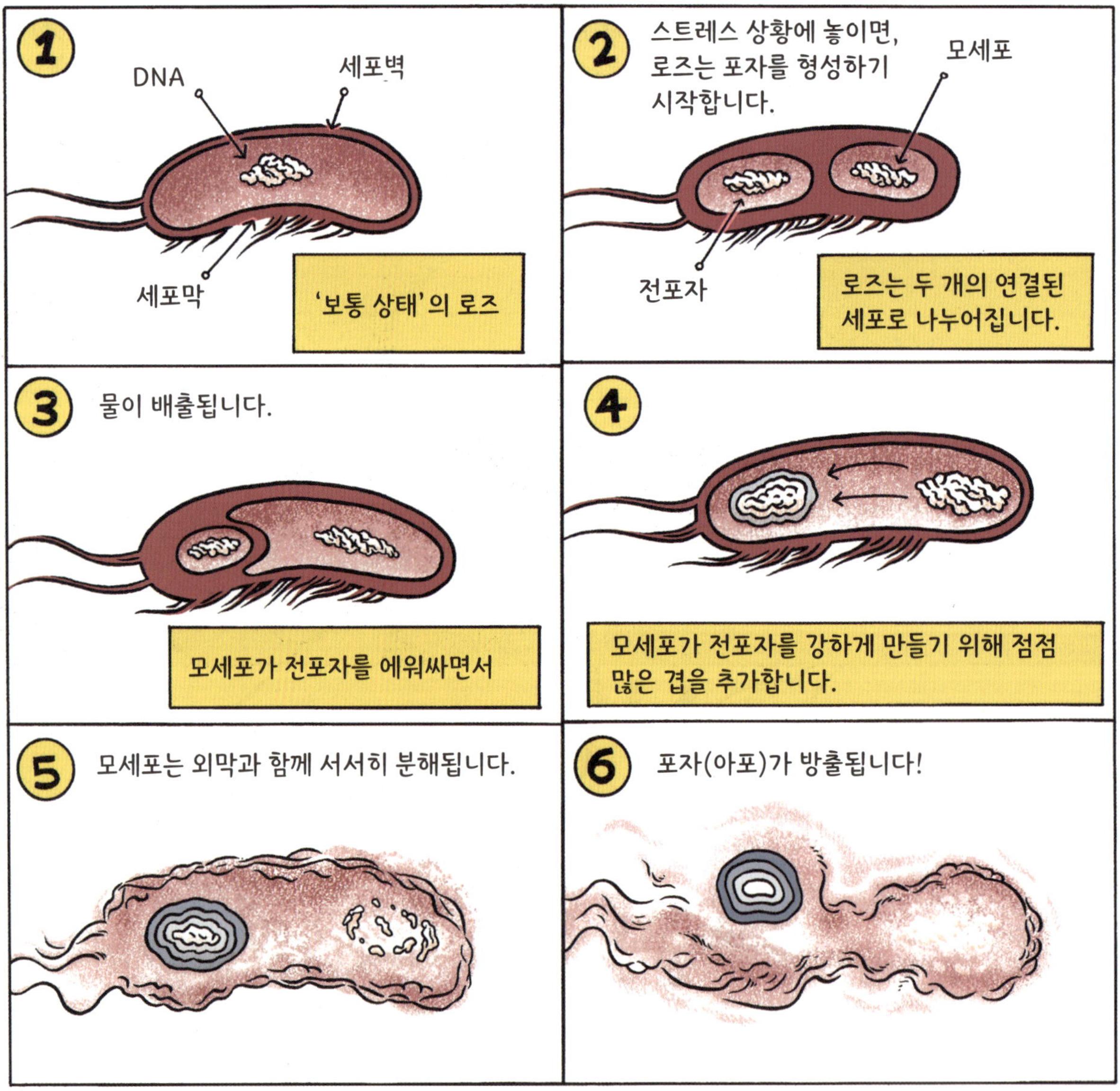

① '보통 상태'의 로즈 — DNA, 세포벽, 세포막

② 스트레스 상황에 놓이면, 로즈는 포자를 형성하기 시작합니다. 로즈는 두 개의 연결된 세포로 나누어집니다. — 모세포, 전포자

③ 물이 배출됩니다. 모세포가 전포자를 에워싸면서

④ 모세포가 전포자를 강하게 만들기 위해 점점 많은 겹을 추가합니다.

⑤ 모세포는 외막과 함께 서서히 분해됩니다.

⑥ 포자(아포)가 방출됩니다!

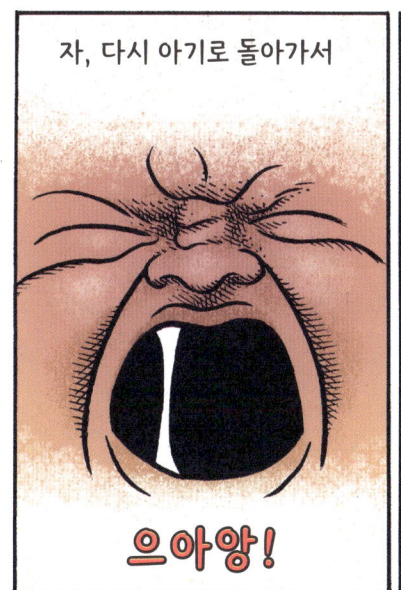

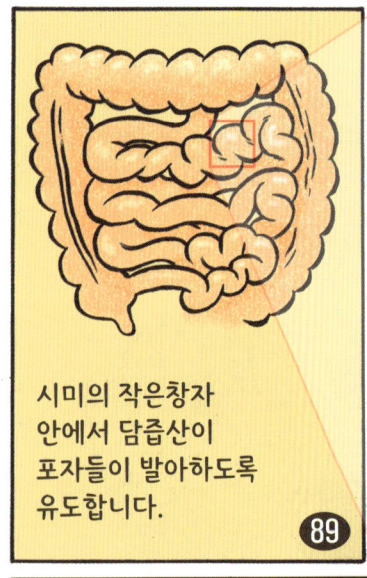

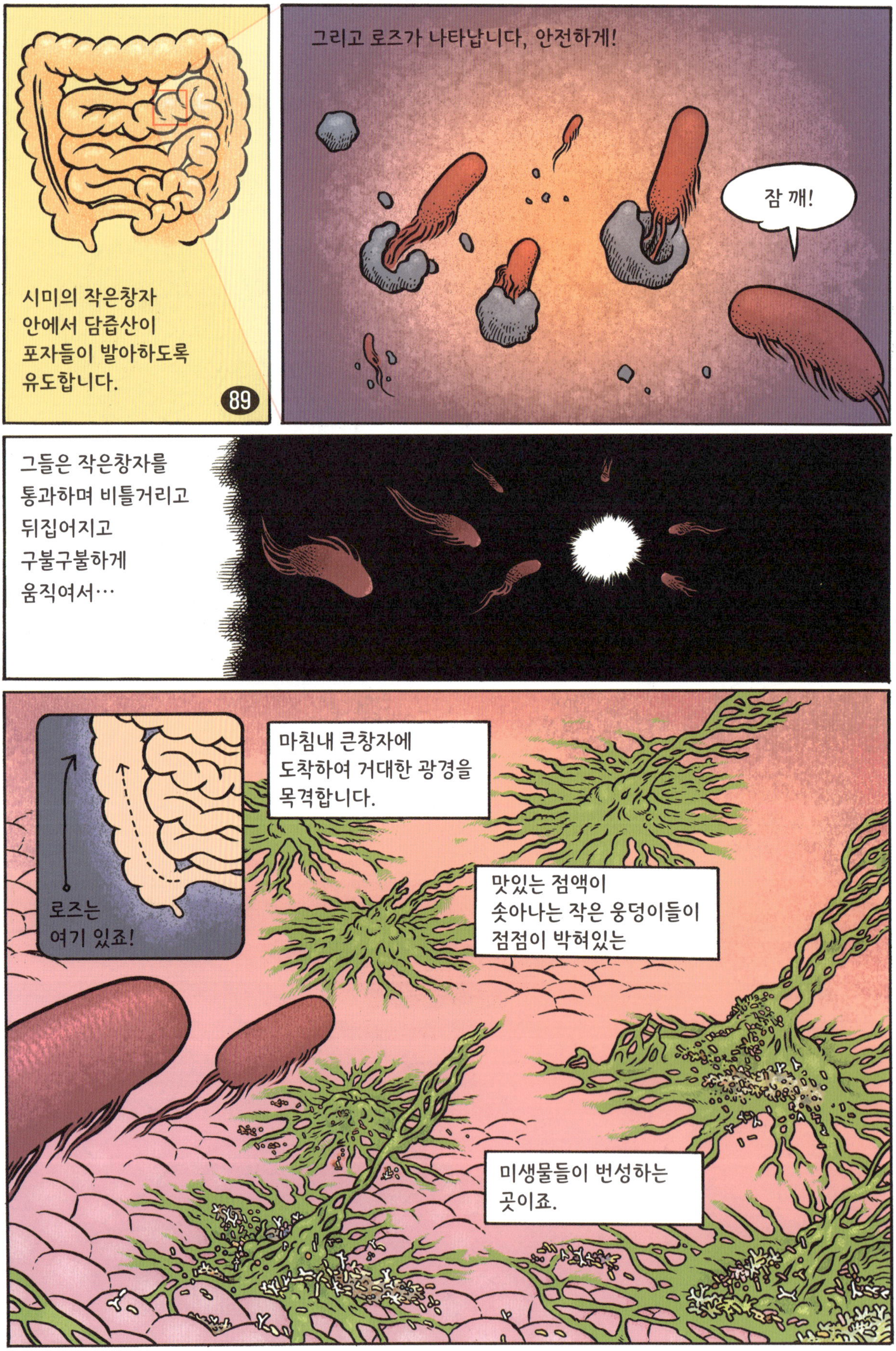

시미의 작은창자 안에서 담즙산이 포자들이 발아하도록 유도합니다.

89

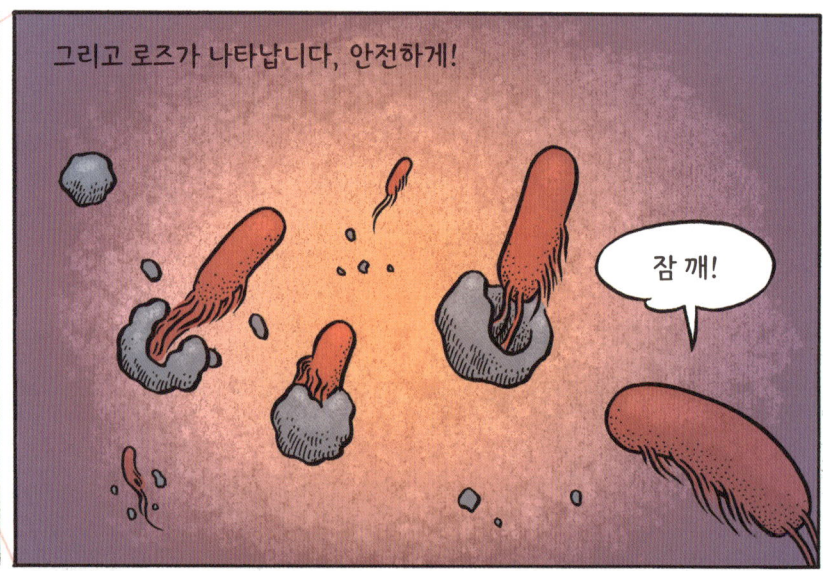

그리고 로즈가 나타납니다, 안전하게!

잠 깨!

그들은 작은창자를 통과하며 비틀거리고 뒤집어지고 구불구불하게 움직여서…

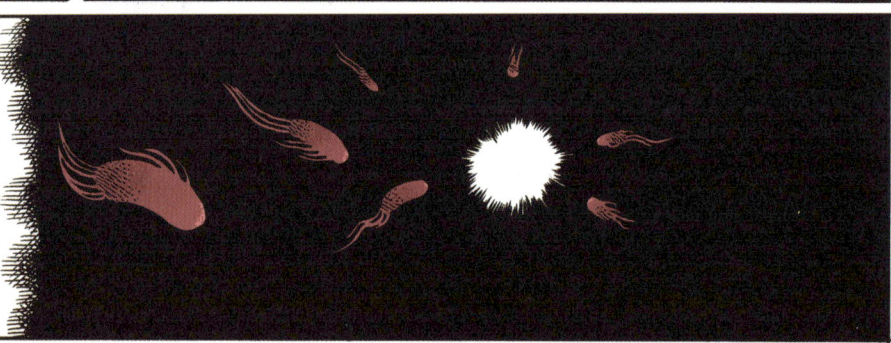

로즈는 여기 있죠!

마침내 큰창자에 도착하여 거대한 광경을 목격합니다.

맛있는 점액이 솟아나는 작은 웅덩이들이 점점이 박혀있는

미생물들이 번성하는 곳이죠.

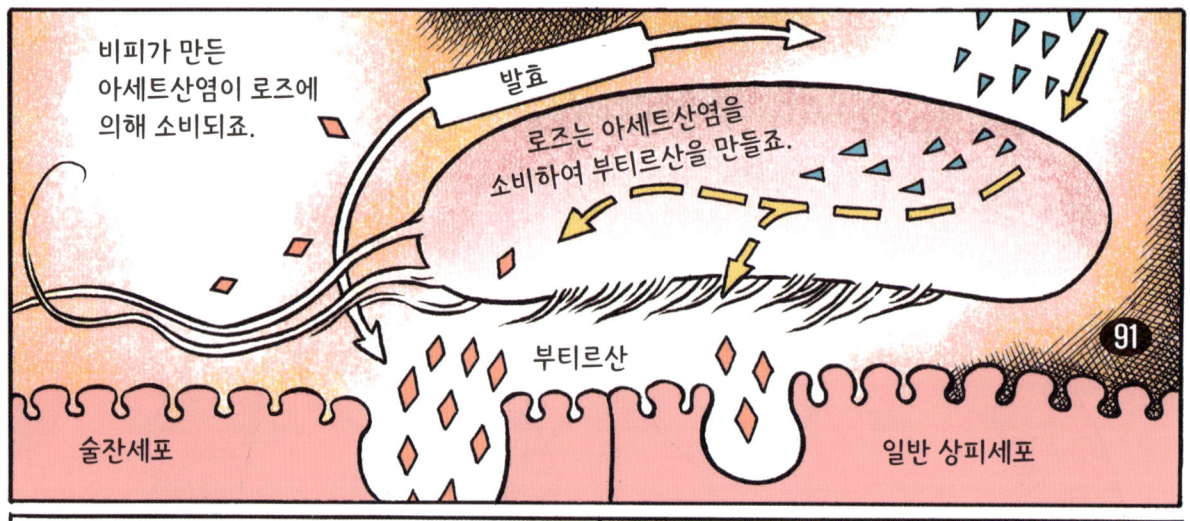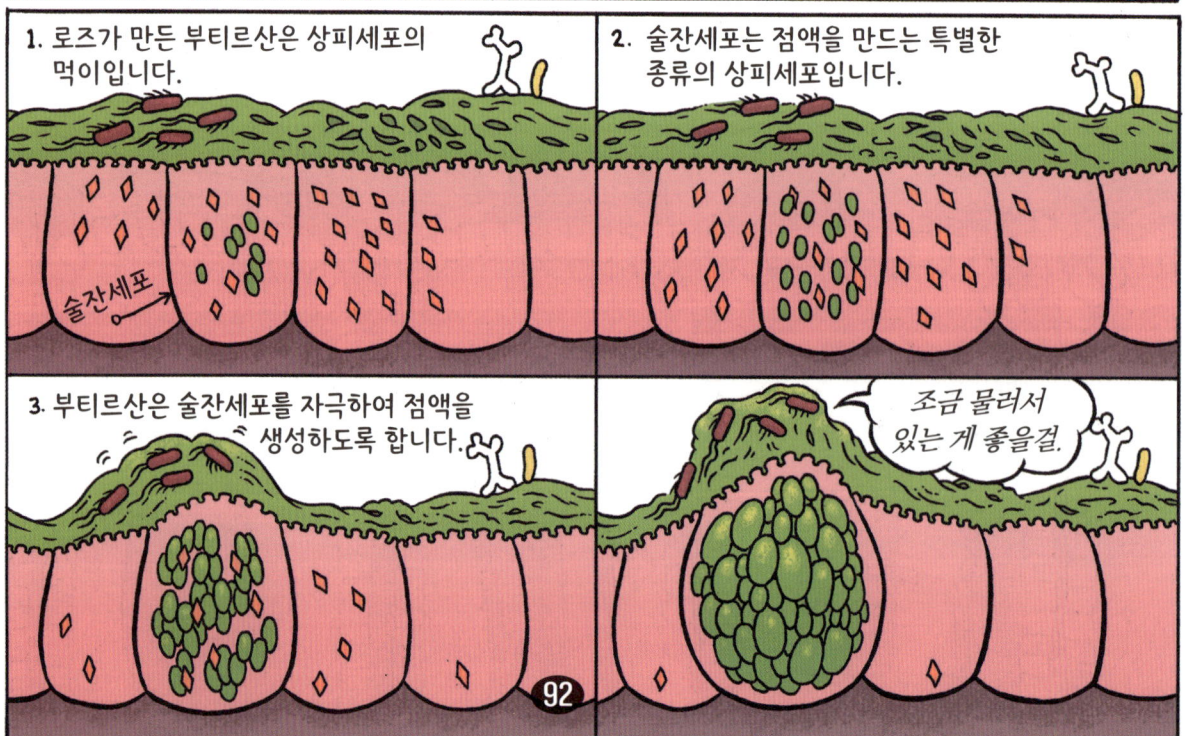

제 8 장

인간과 개의 내장에 함께 사는 박테리아,
로이디

더 많은 이방인들이 시미의 장으로 여행을 합니다.
이번에는 박테리아 로이디가 아주 작은 포식자들과
함께 도착합니다. 때로는 포식자들에 의해
폭파되기도 하지만, 그것이 로이디가 비피 곁에
집을 짓는 것을 막지는 못할 겁니다.

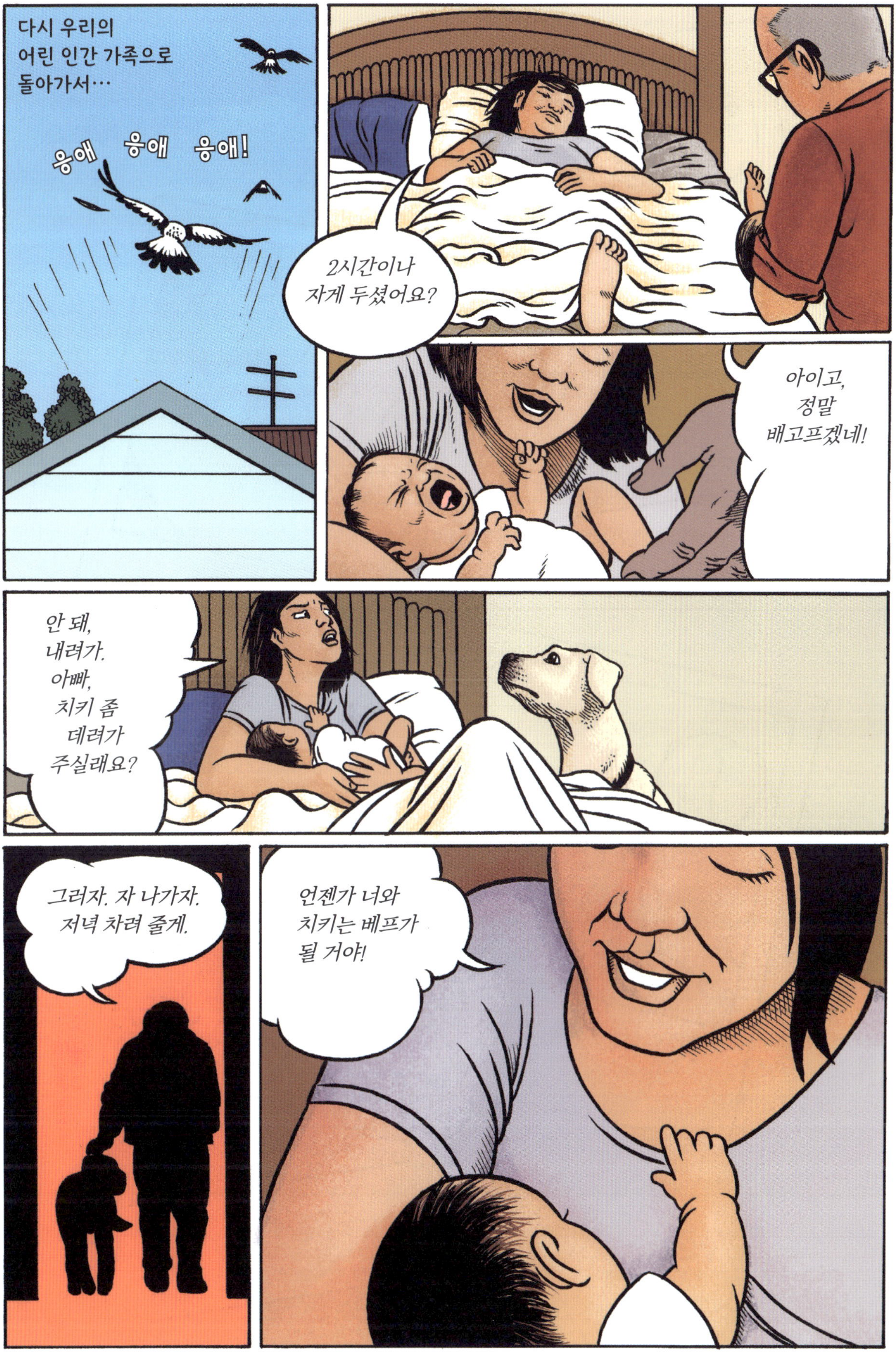

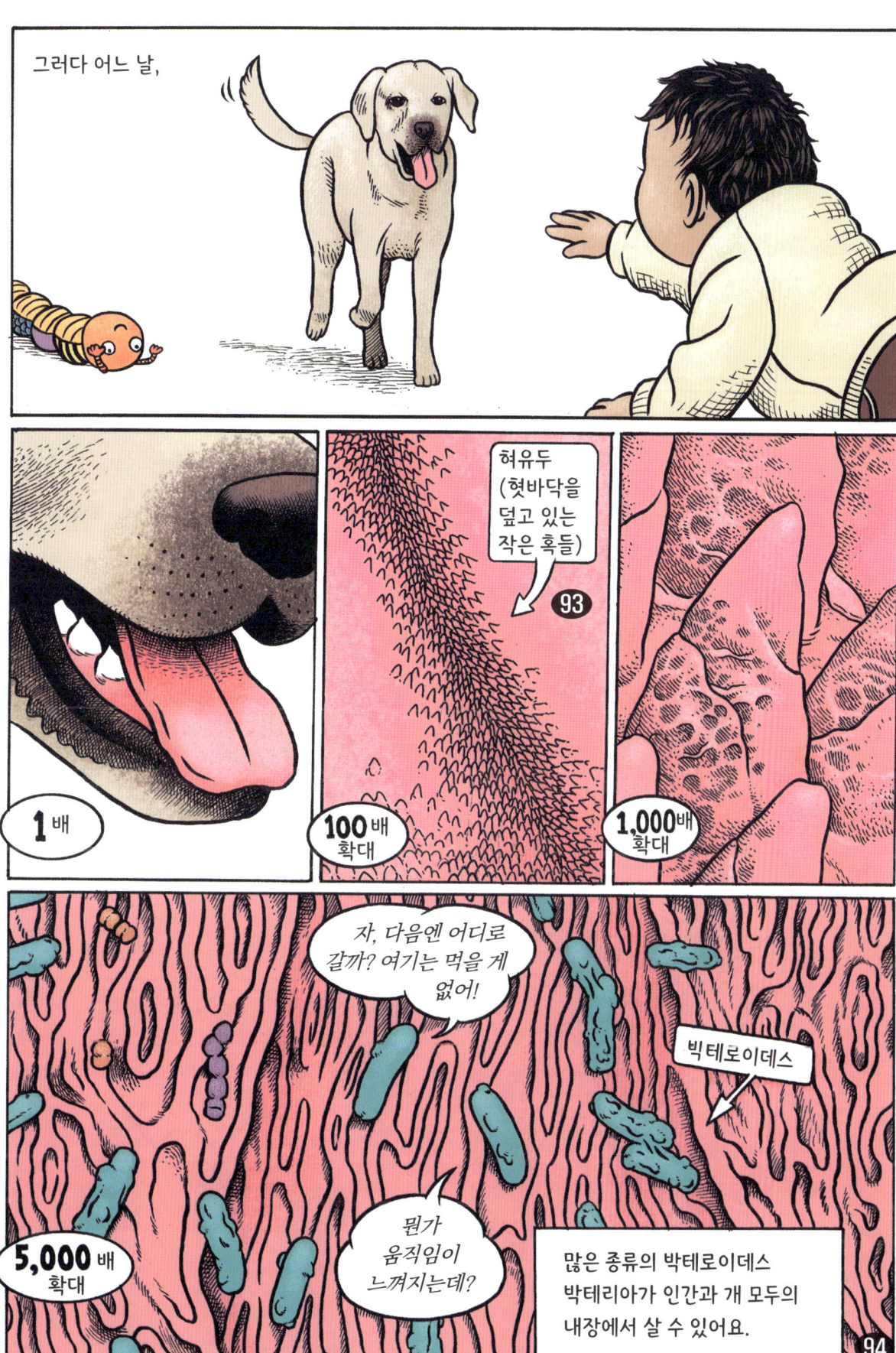

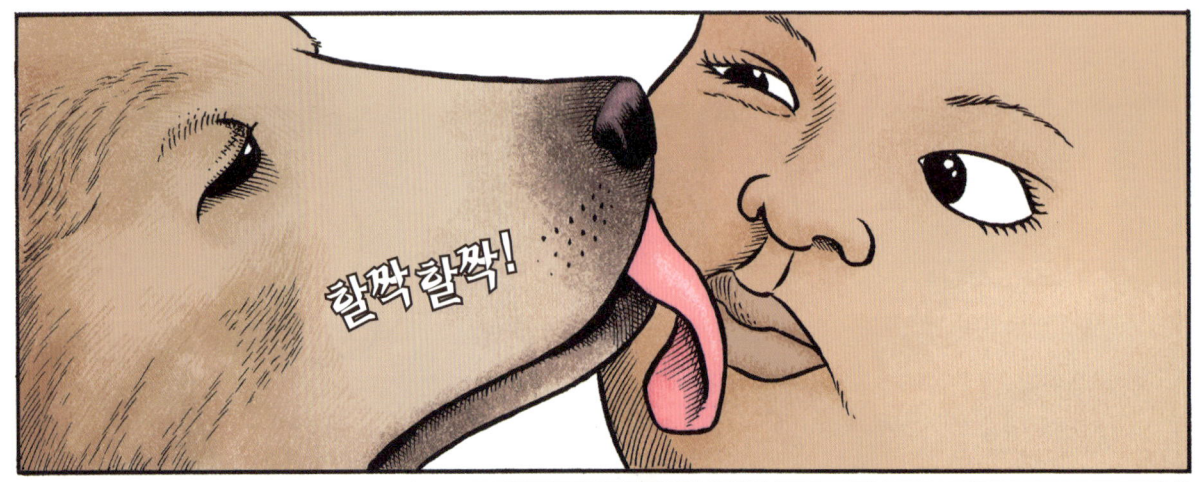

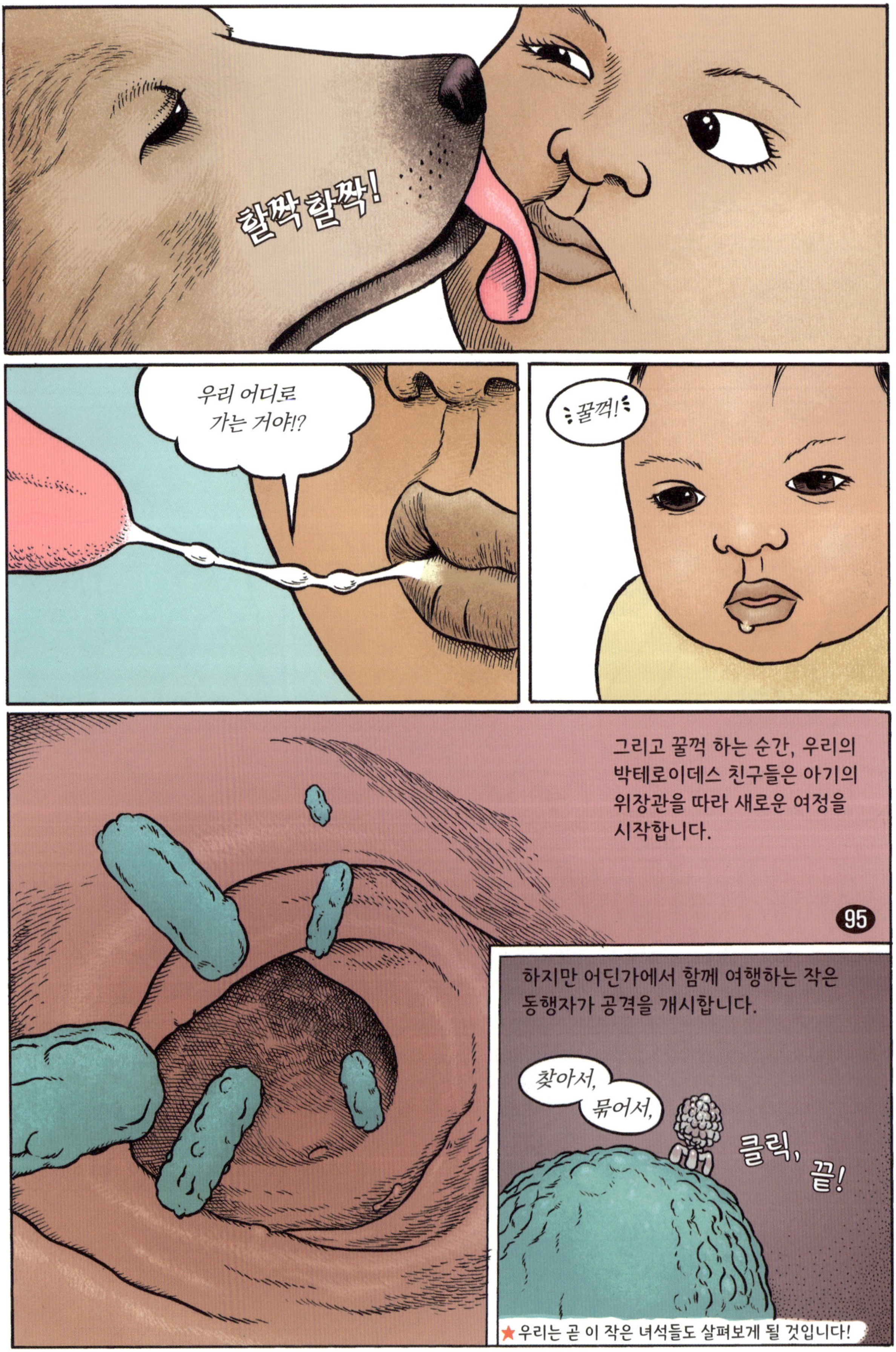

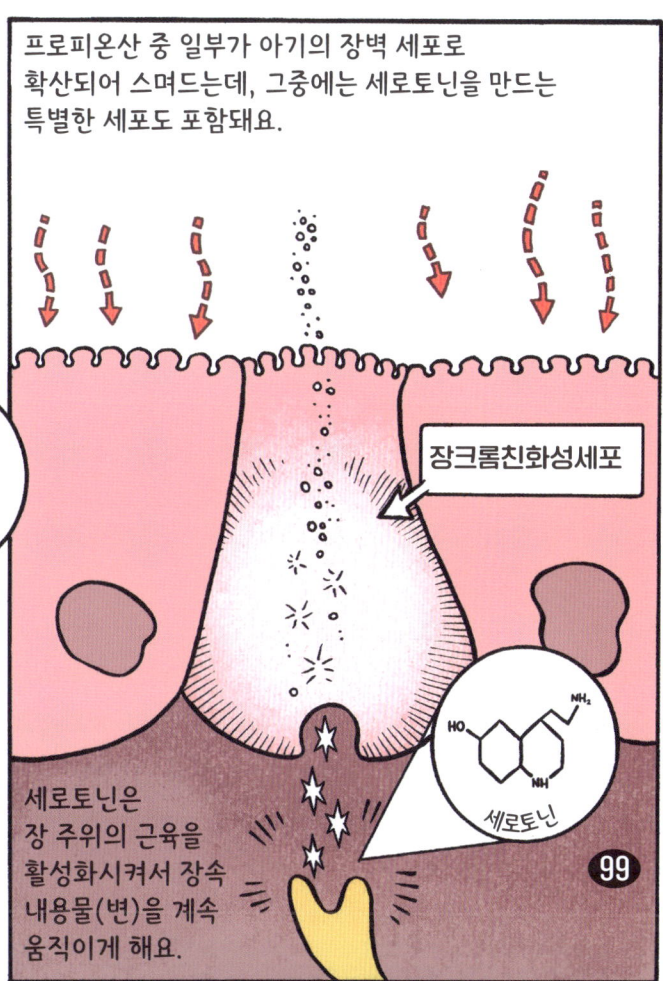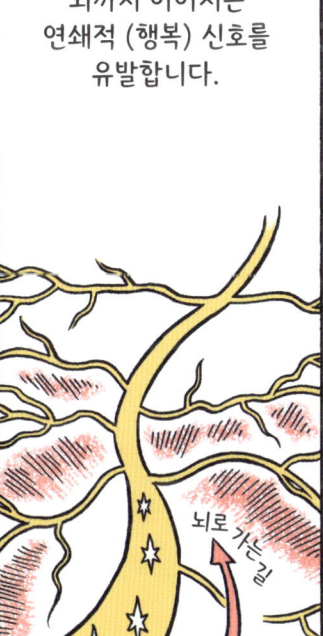

제 9 장

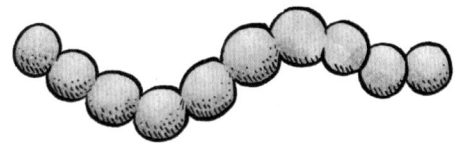

신비한 박테리아,
루미노코쿠스

아기 시미가 고형식을 먹기 시작함에 따라
비피의 서식처는 다시 변화합니다.
우리는 루미라는 신비한 박테리아와 만나게 되는데,
루미는 당근 한 입과 함께 시미의 장에 들어옵니다.
루미와 로이디는 정말 가까워지게 되지만,
우유(젖)을 좋아하는 비피에게는
고난의 시간이 시작되네요.

여섯 달이 지나면서 상황이 많이 변했어요. 시미의 장 안에 여러 친구들이 오거나 갔고, 그들이 사는 집도 커졌습니다.

파지

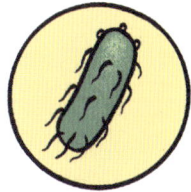

에셔

락토

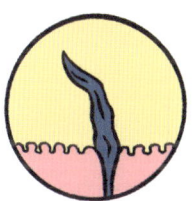

덴드리

비피

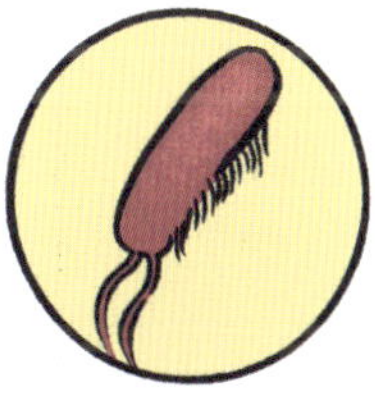

로즈

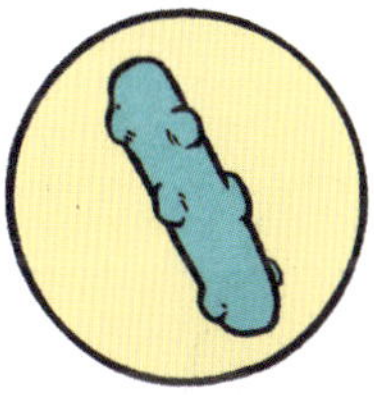

로이디

비피들은 이제껏 겪어보지 못한 큰 변화를 마주하게 될 것인데….

당근을 먹은 지 세 시간 후, 비피 위쪽에 흐르는 강이 변하였다.

이 덩어리들은 다 뭐야?

모르겠어… 락토, 이걸로 뭐라도 할 수 있을까?

락토?

누구 최근 이 주변에서 락토바실러스 본 적 있나?

없어!
없어!
없어!
없어!
없는데!

장내 락토바실러스 박테리아의 수는 아기가 성장함에 따라 점차 감소한다.

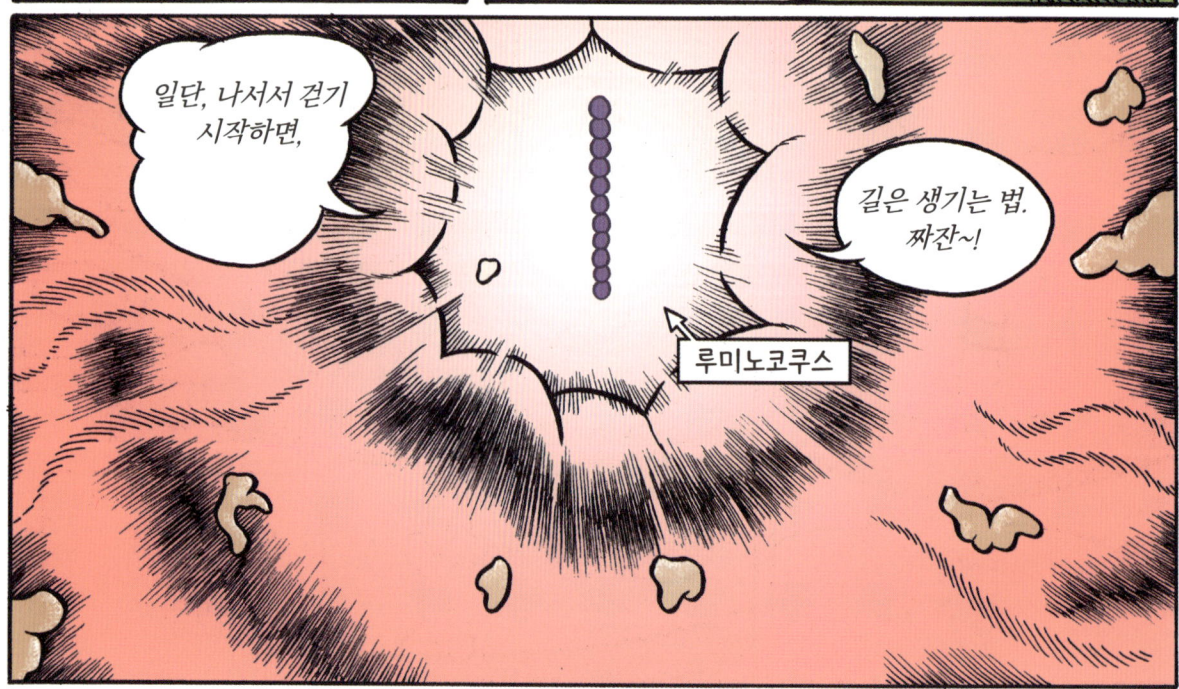

루미노코쿠스 박테리아는 우리 장내에서 식물섬유를 분해하는 데 중요한 역할을 합니다. 루미노코쿠스는 다양한 팔을 가지고 있는데, 몇몇은 셀룰로스 같은 섬유에 부착하는 데 사용되죠.

일부는 셀룰로스를 당으로 잘게 자르는 데 사용되는데, 그들이 이걸 흡수하죠.

그리고 부산물로 아세트산염을 생산해요.

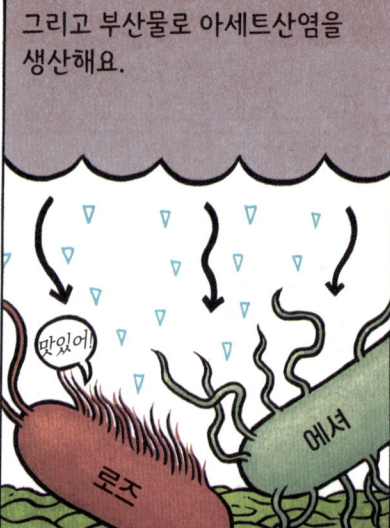

아세트산염 외에도, 루미는 뭔가 다른 것도 공유합니다.

루미가 자신의 DNA를 작은 꾸러미(블렙)에 담아 방출했습니다. 이 블렙은 영양소나 독소뿐만 아니라 DNA 같은 다양한 물질을 운반할 수 있죠. 이 블렙이 로이디를 만났을 때 무슨 일이 벌어지는지 알아봅시다.

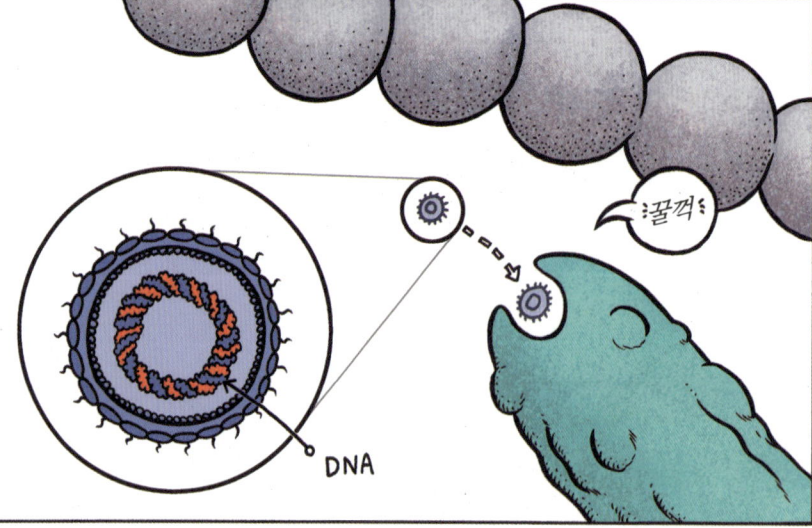

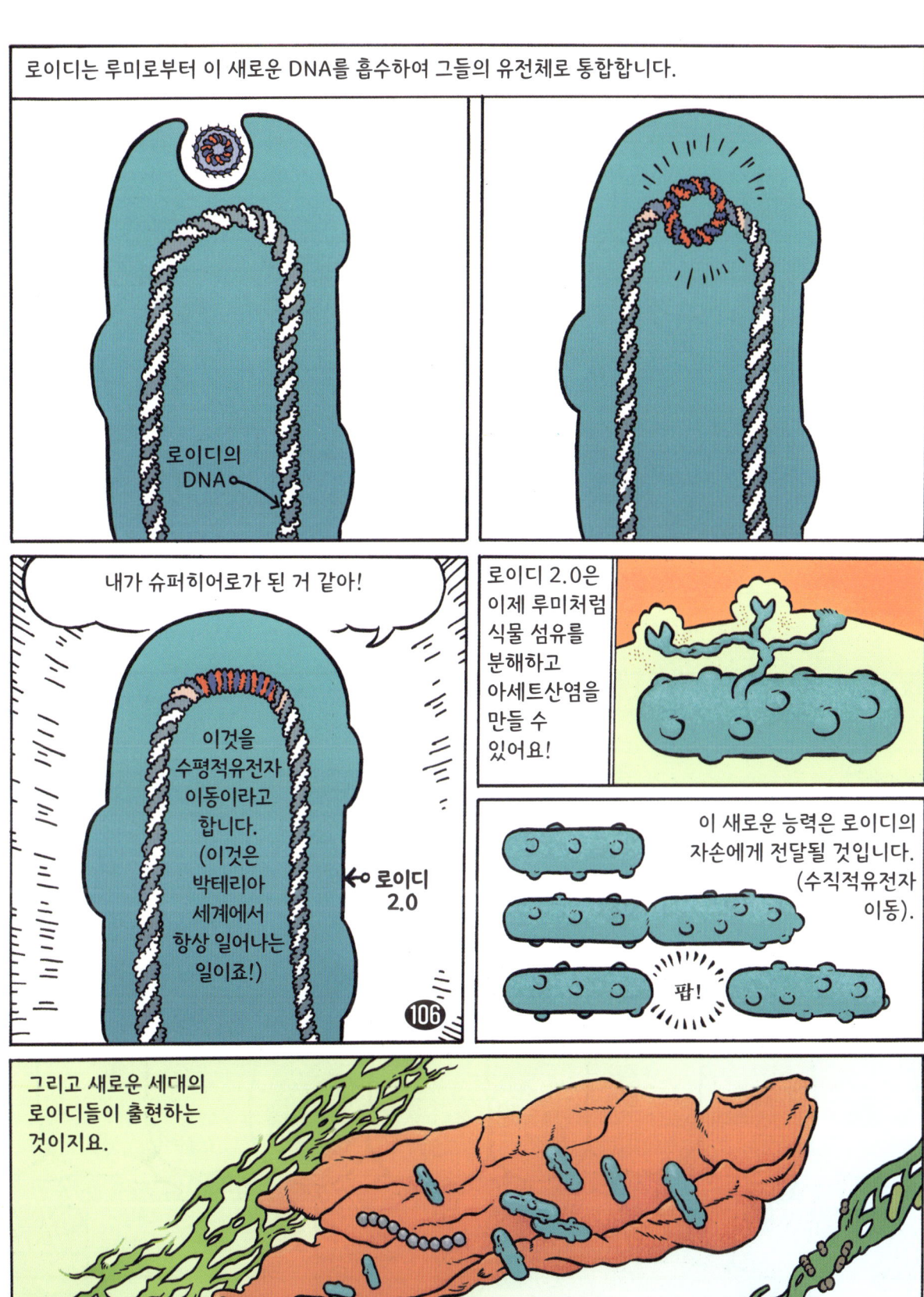

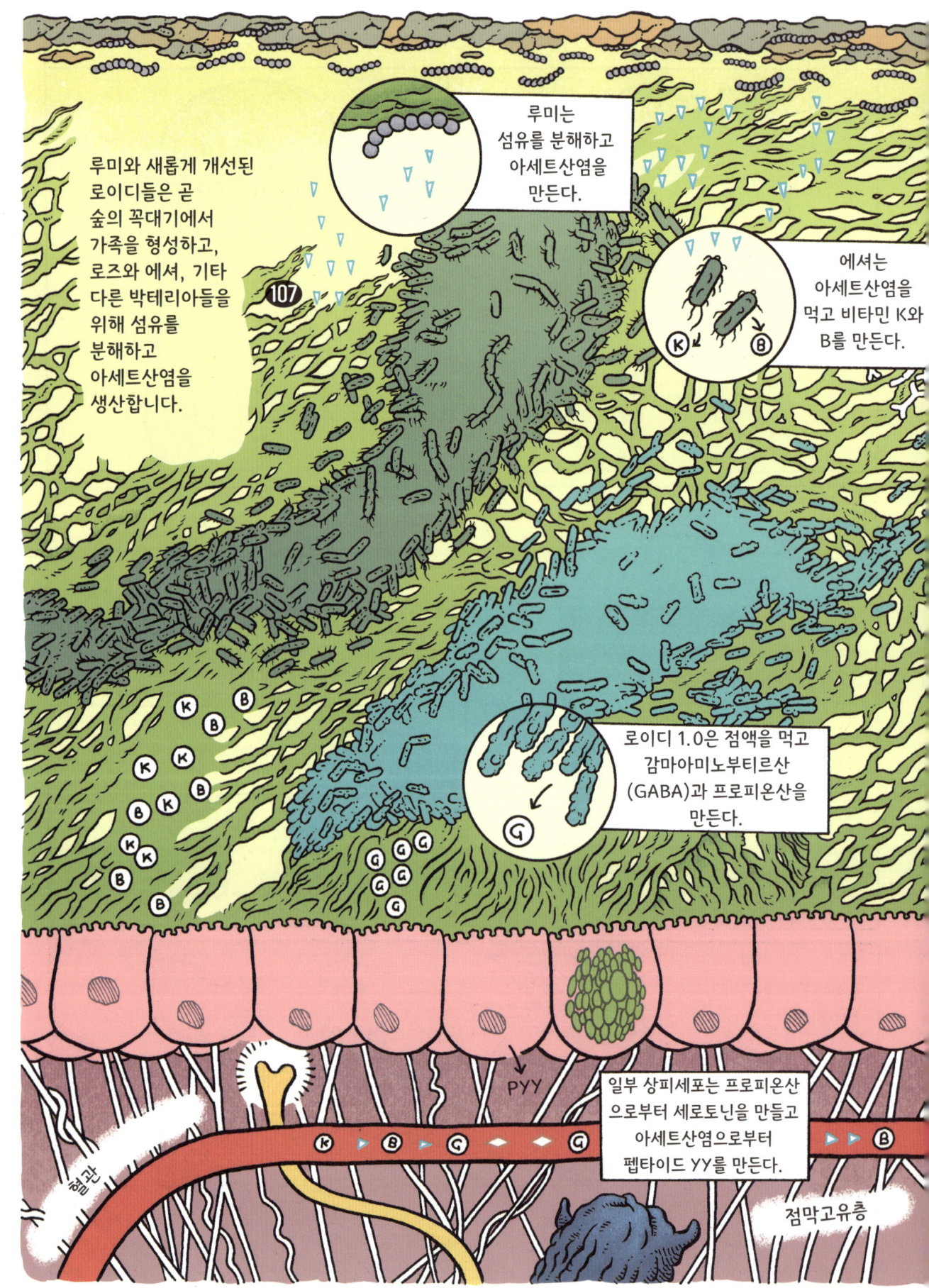

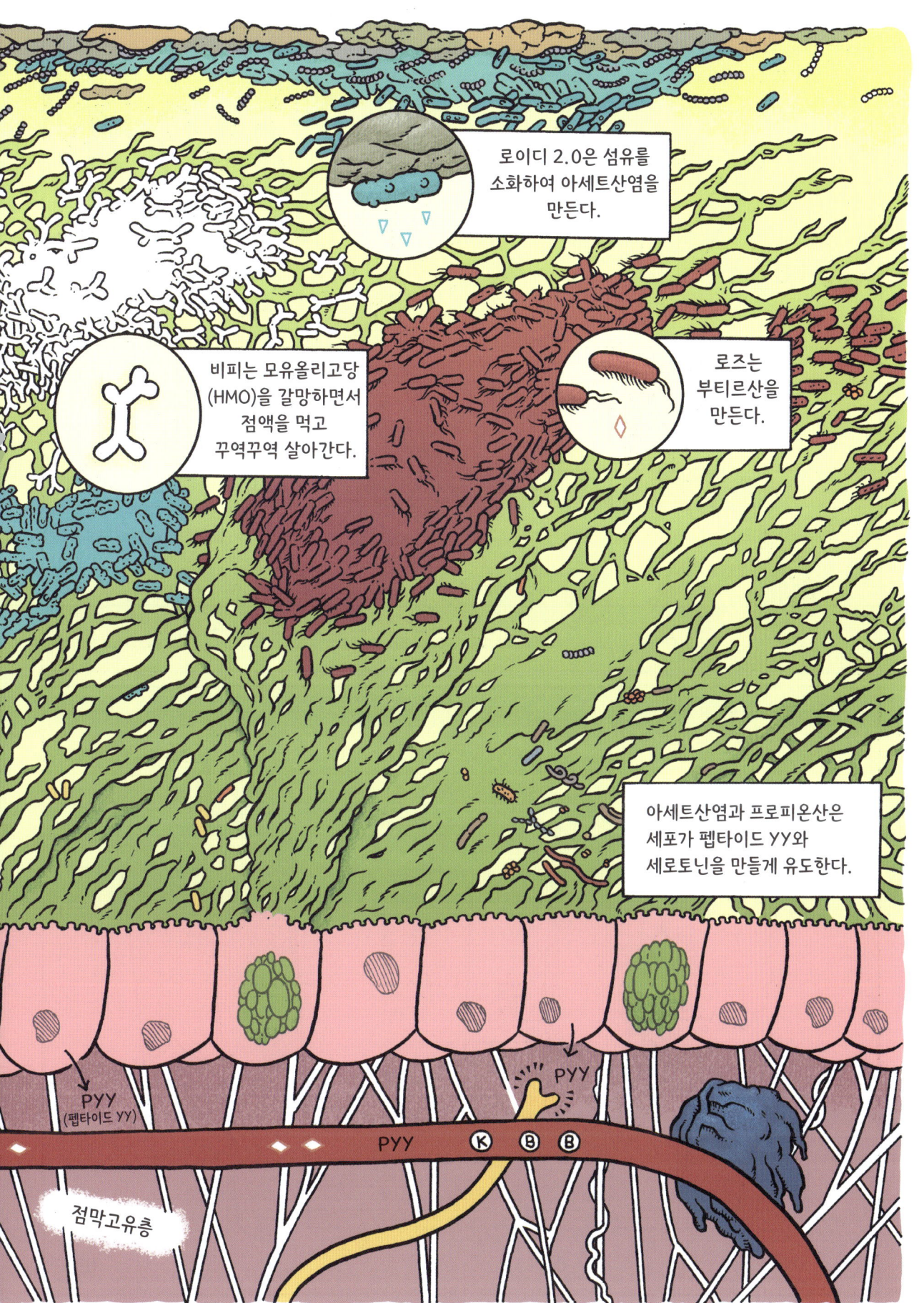

제 10 장

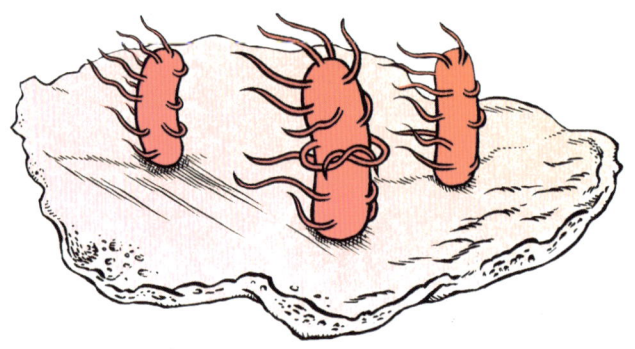

살모넬라의 습격

살모넬라균(샐)들은 덜 익은 닭고기 한 조각을 타고
시미의 장으로 내려와, 시미와 장내 미생물 생태계를
맹렬하게 위협합니다. 비피와 다른 미생물들은
시미의 면역세포들과 협력하여 여러 전선에서
샐과 맞서 싸웁니다. 과연 이들 연합군은
샐을 성공적으로 격퇴시킬 수 있을까요?

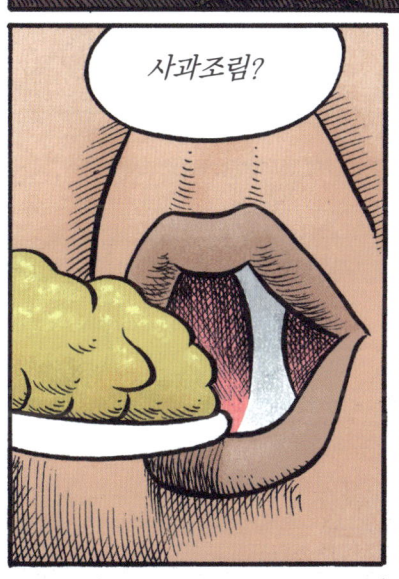
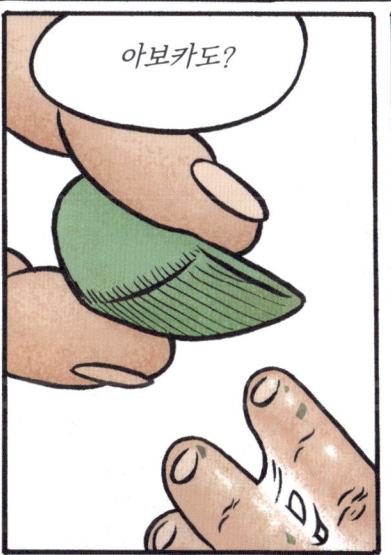
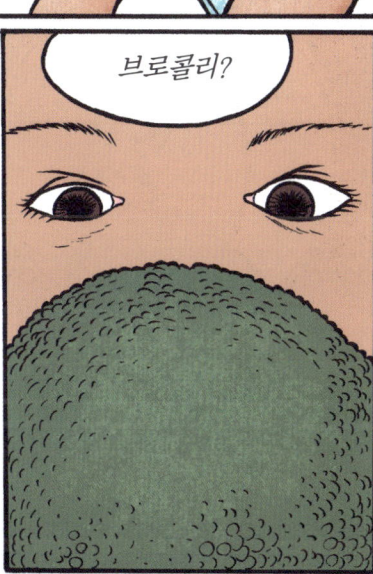

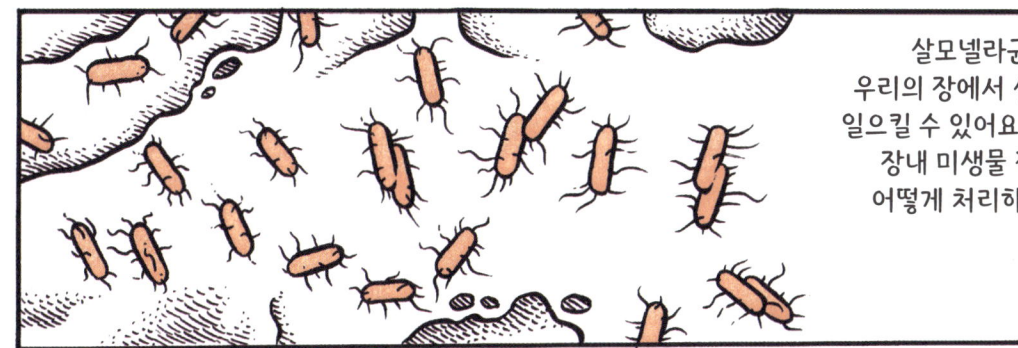

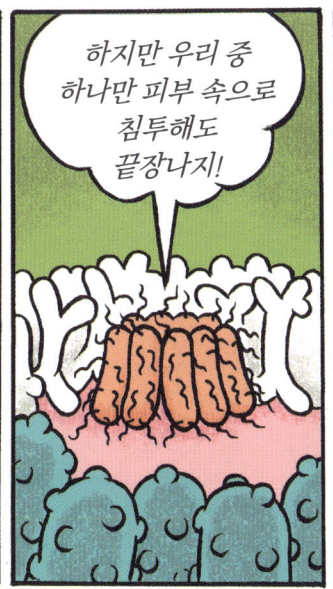

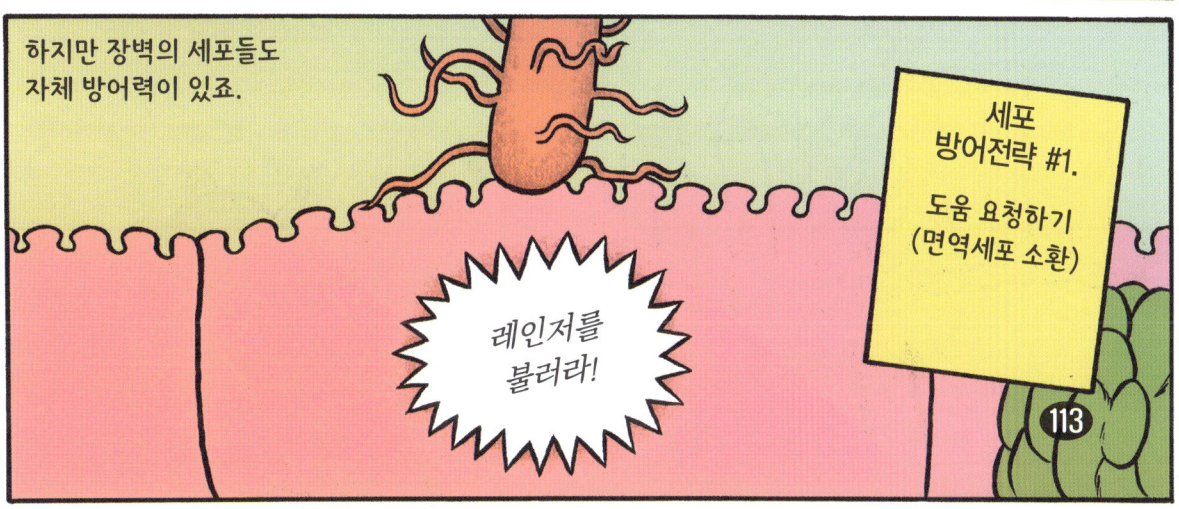
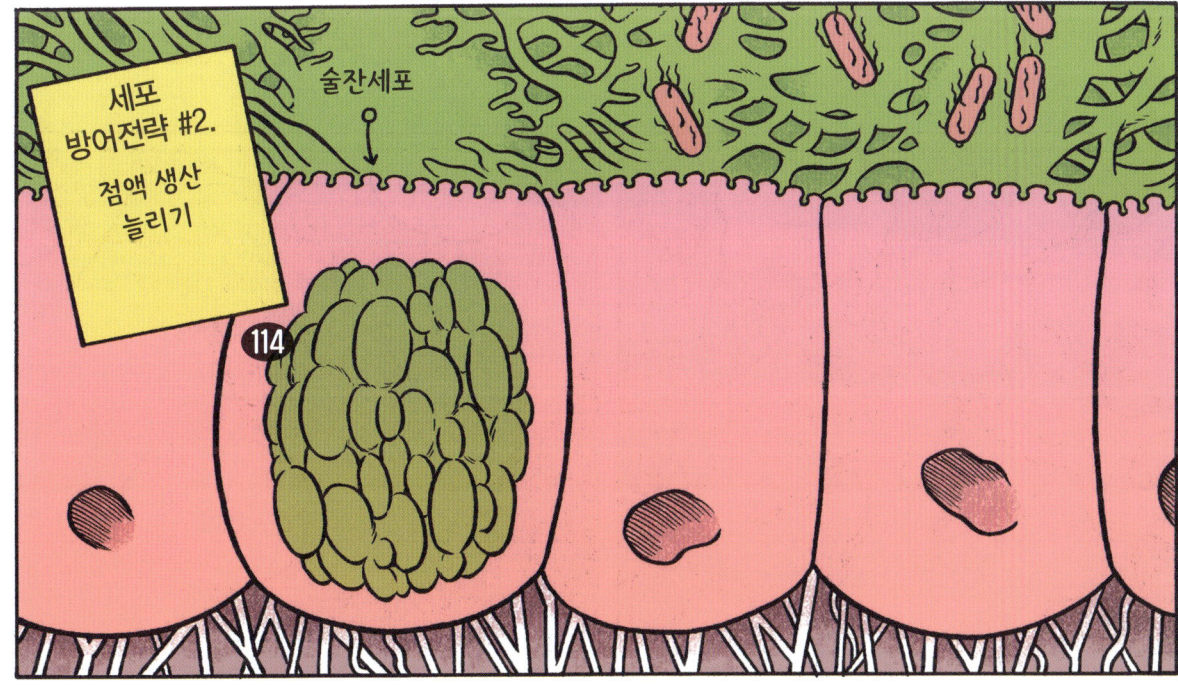

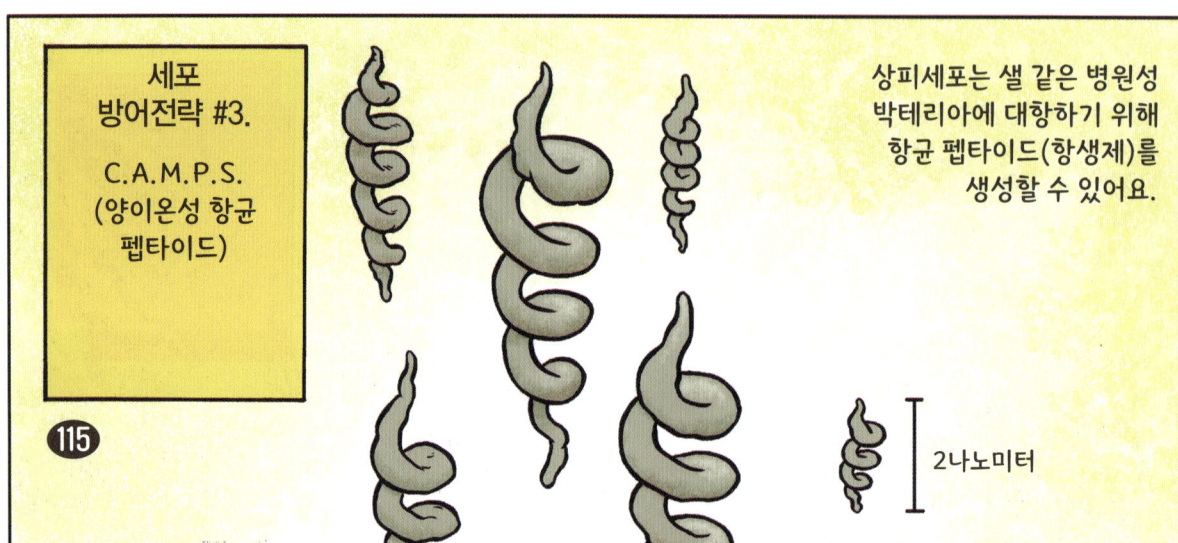

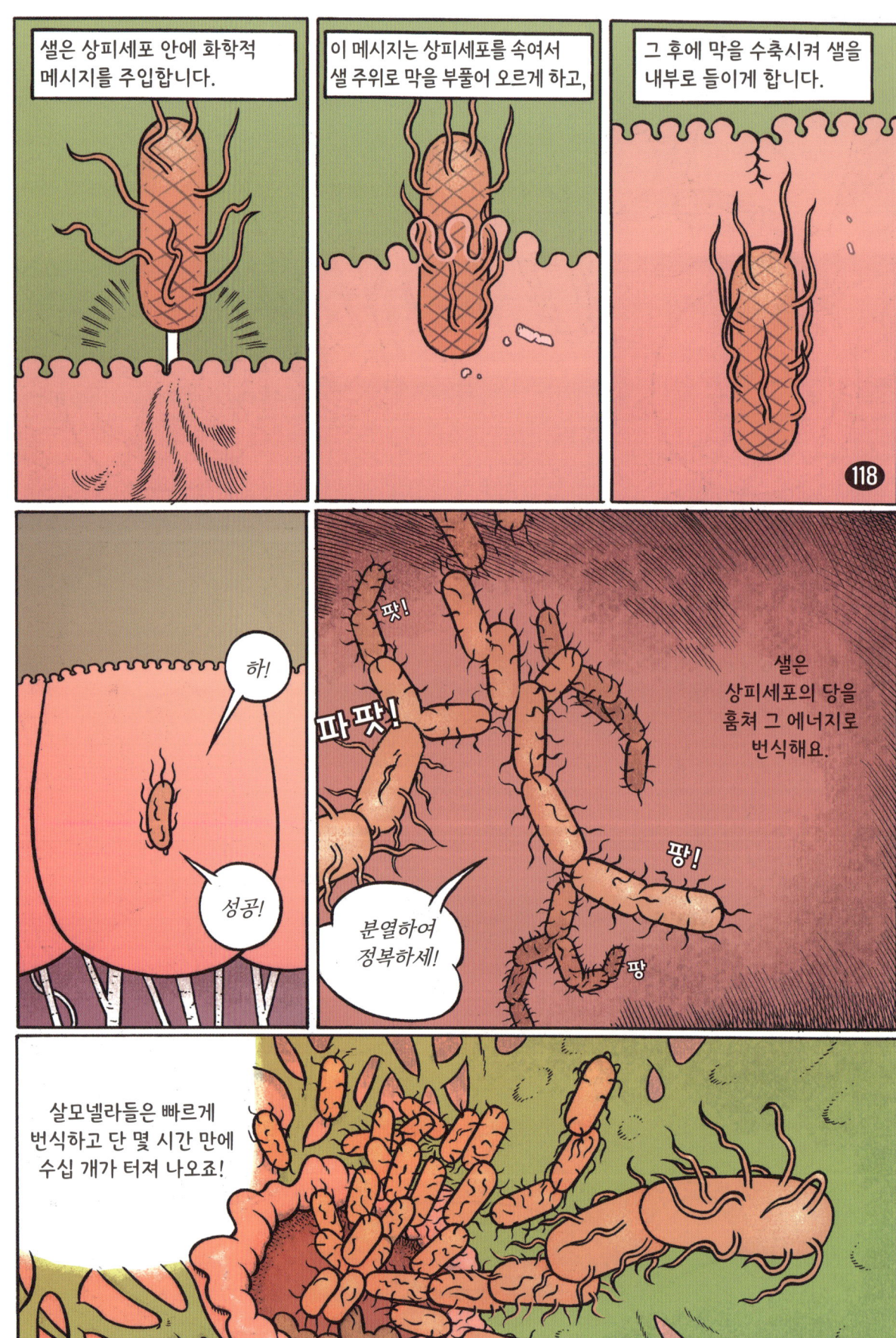

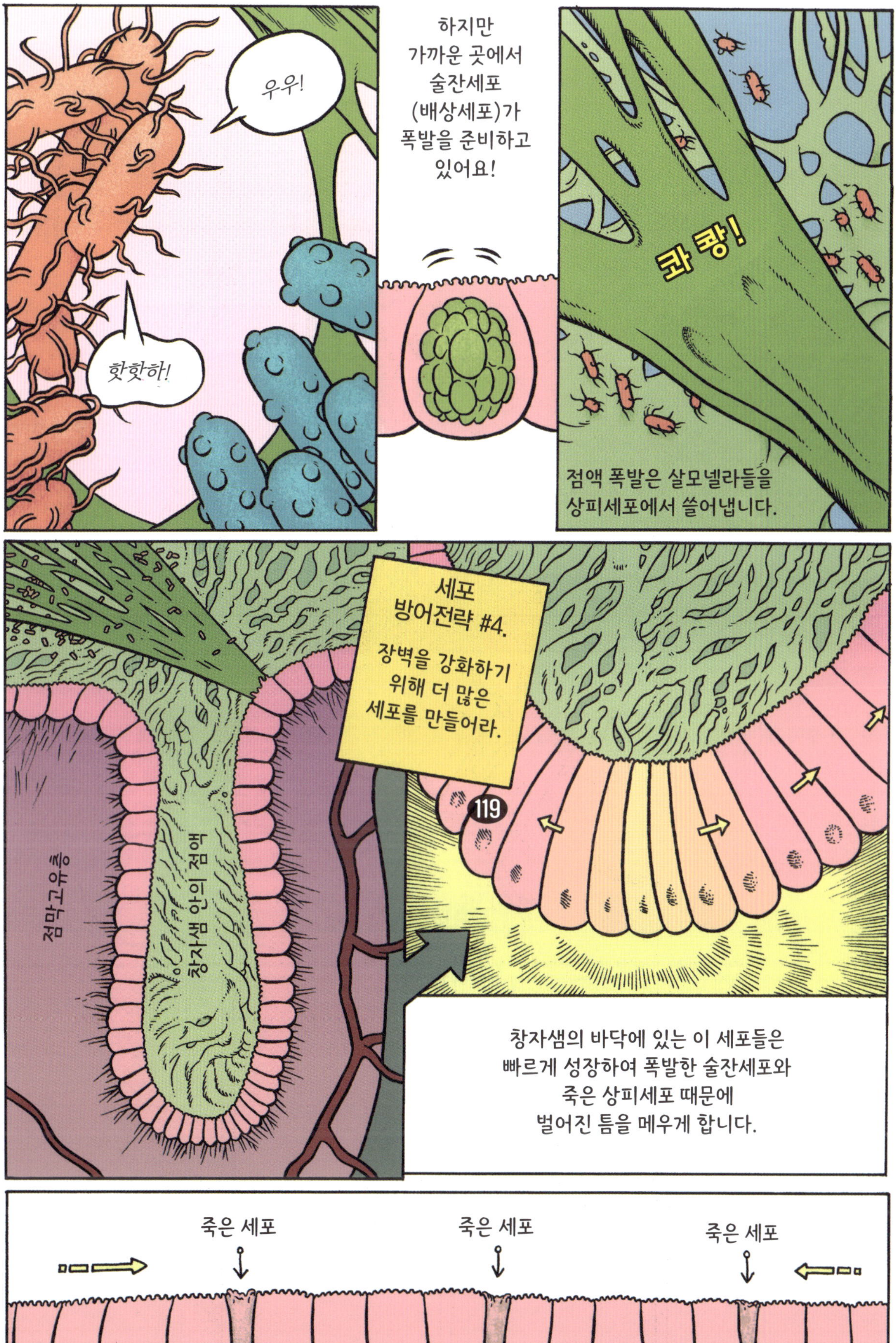

우우!

핫핫하!

하지만 가까운 곳에서 술잔세포(배상세포)가 폭발을 준비하고 있어요!

콰쾅!

점액 폭발은 살모넬라들을 상피세포에서 쓸어냅니다.

세포 방어전략 #4.
장벽을 강화하기 위해 더 많은 세포를 만들어라.

119

점막고유층

창자샘 안의 점액

창자샘의 바닥에 있는 이 세포들은 빠르게 성장하여 폭발한 술잔세포와 죽은 상피세포 때문에 벌어진 틈을 메우게 합니다.

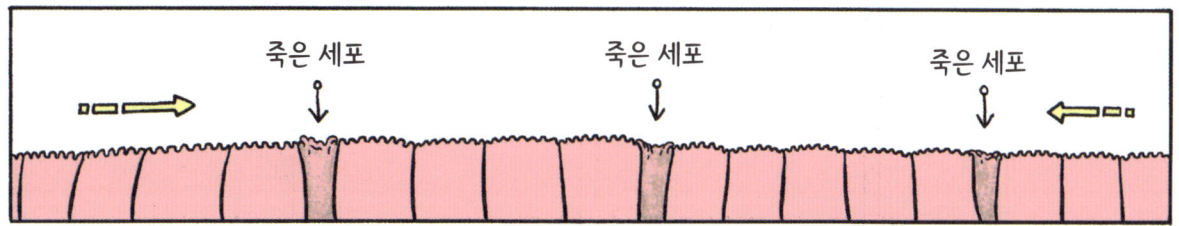

죽은 세포 ↓ 죽은 세포 ↓ 죽은 세포 ↓

살모넬라들이 점액에서 터져 나오자 많은 박테리아들이 두려움을 느낍니다.

하지만 로이디들이 반격을 가하네요!

미생물 공동체 방어전략 #2.

T6SS

120

쉭!

(Type 6 분비 시스템)

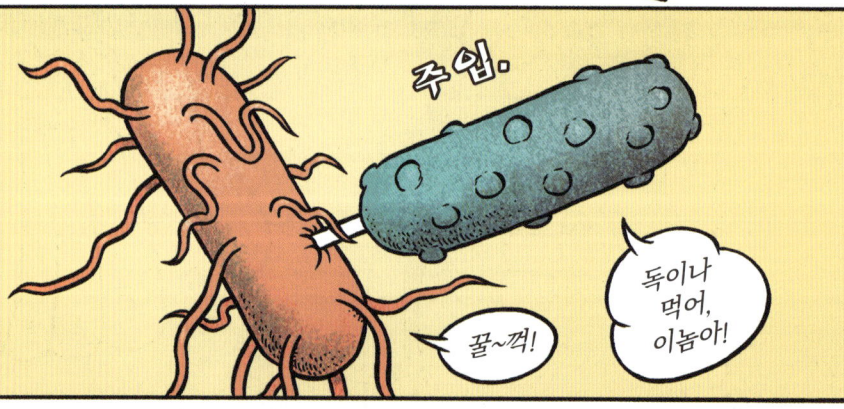

로이디들은 침입자들에게 뉴클레아제(nuclease, 핵산분해효소)라는 독소로 작용할 효소를 주입합니다.

주입.

꿀~꺽!

독이나 먹어, 이놈아!

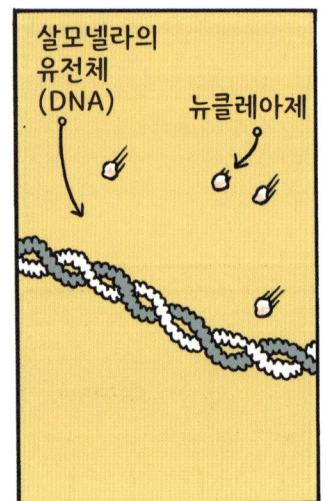

살모넬라의 유전체 (DNA)

뉴클레아제

뉴클레아제가 DNA에 붙어요.

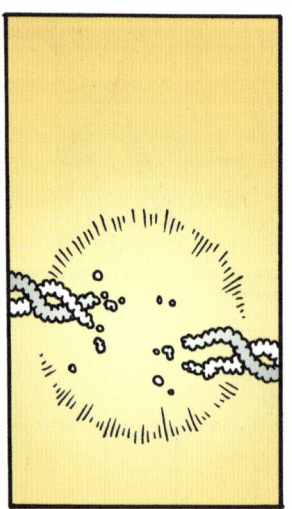

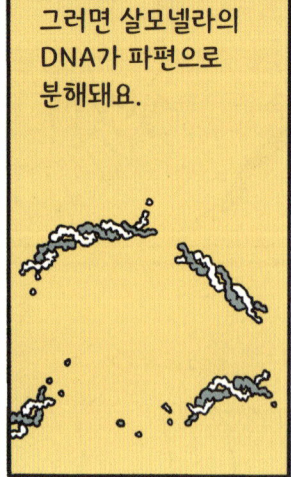

그러면 살모넬라의 DNA가 파편으로 분해돼요.

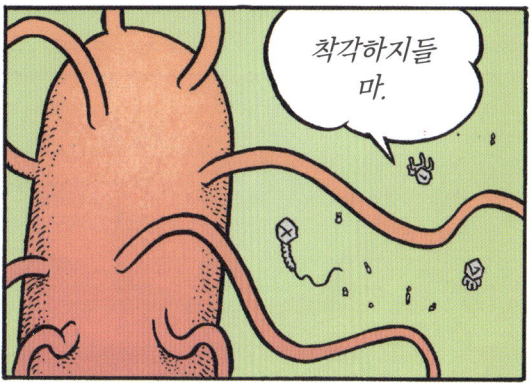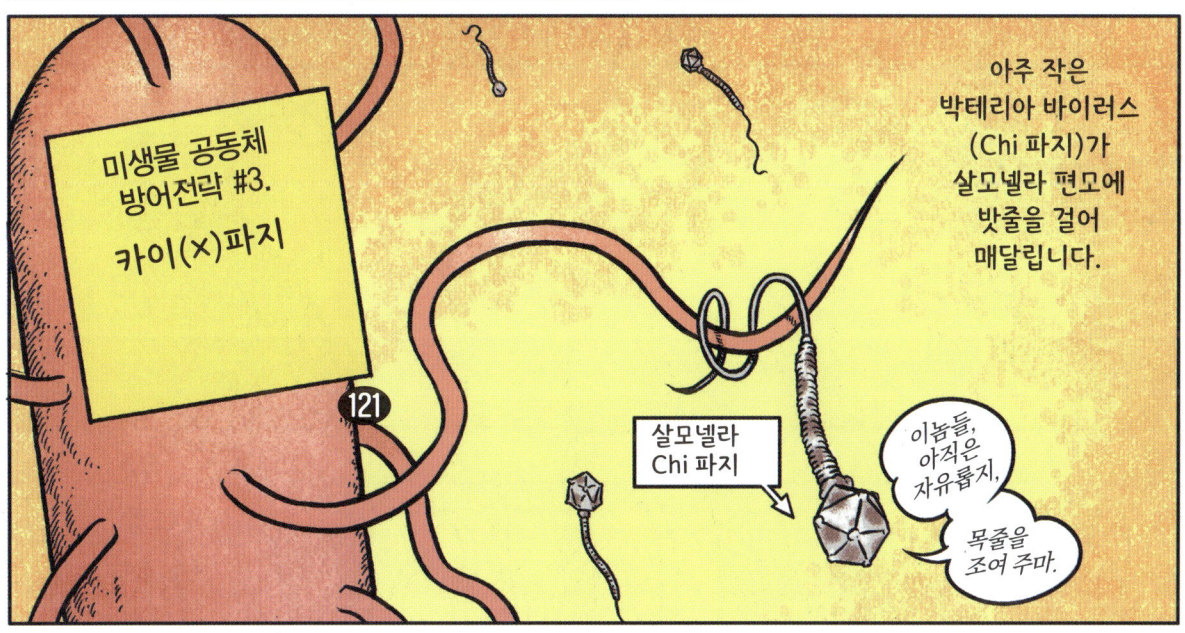

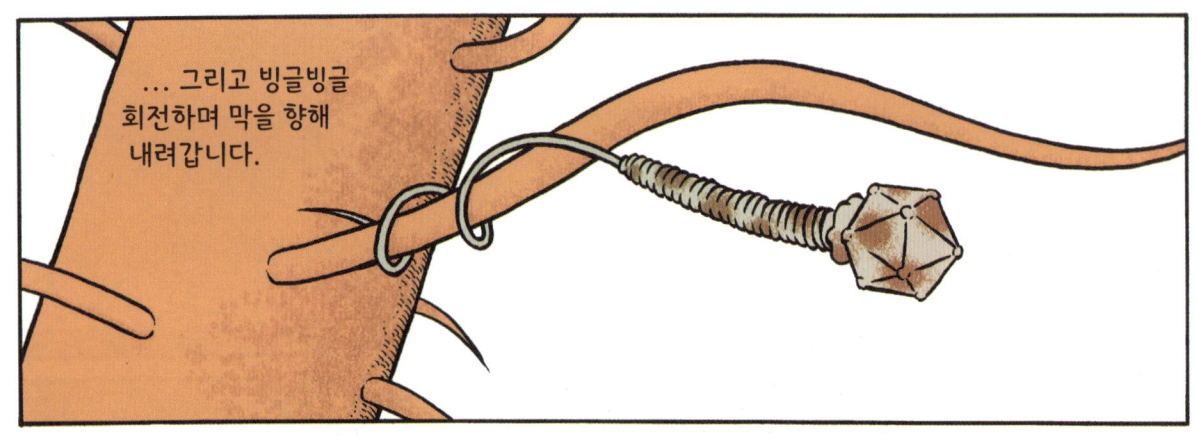

... 그리고 빙글빙글 회전하며 막을 향해 내려갑니다.

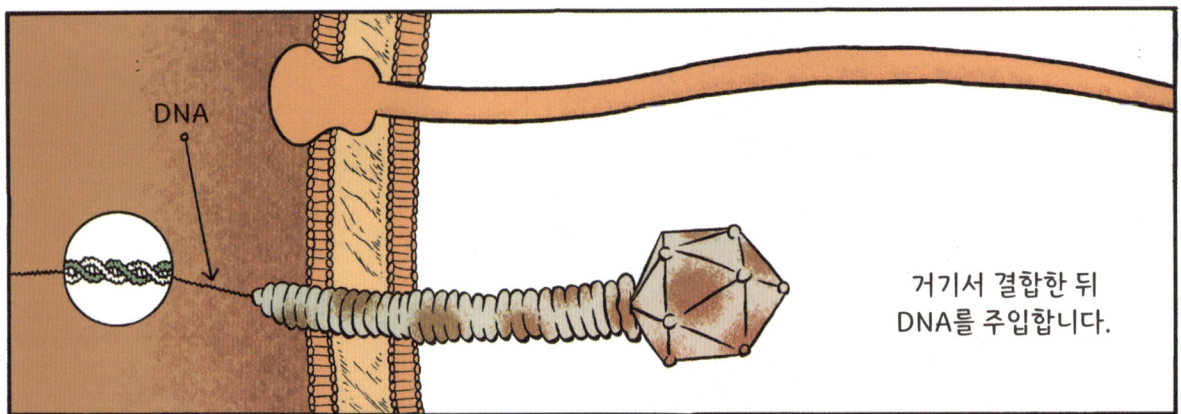

DNA

거기서 결합한 뒤 DNA를 주입합니다.

으으...

뭔가 느낌이 안 좋아.

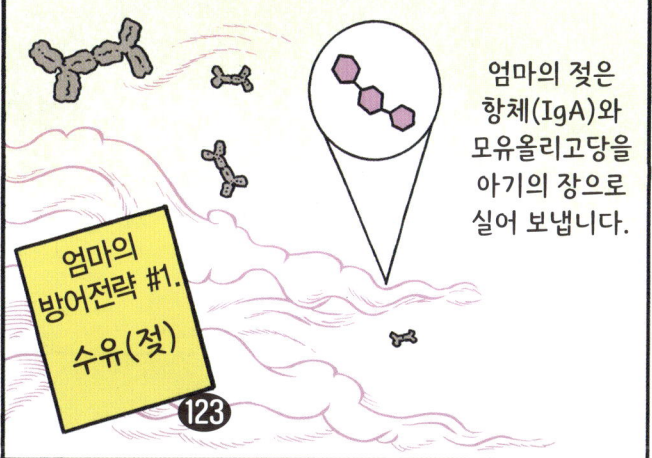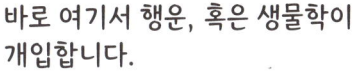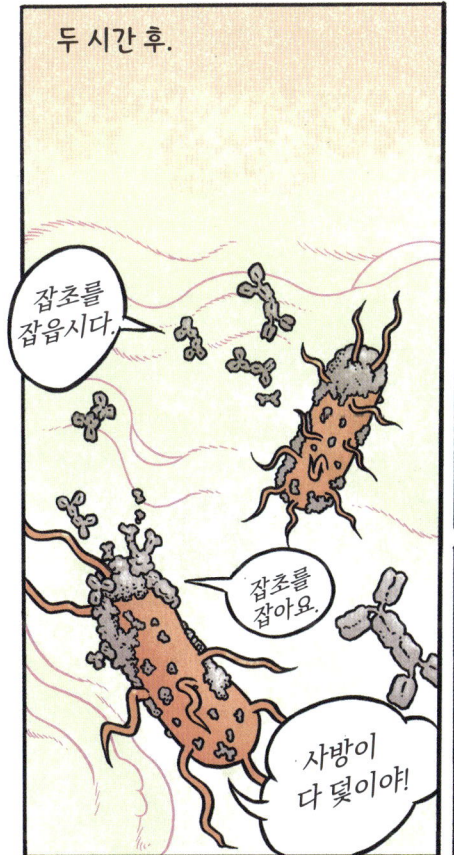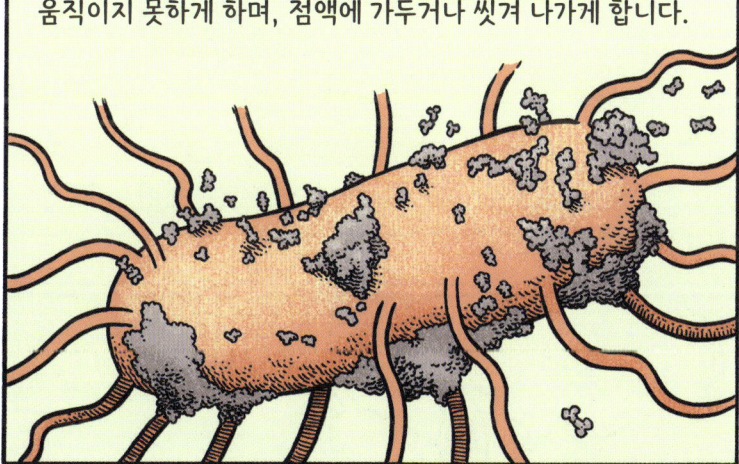

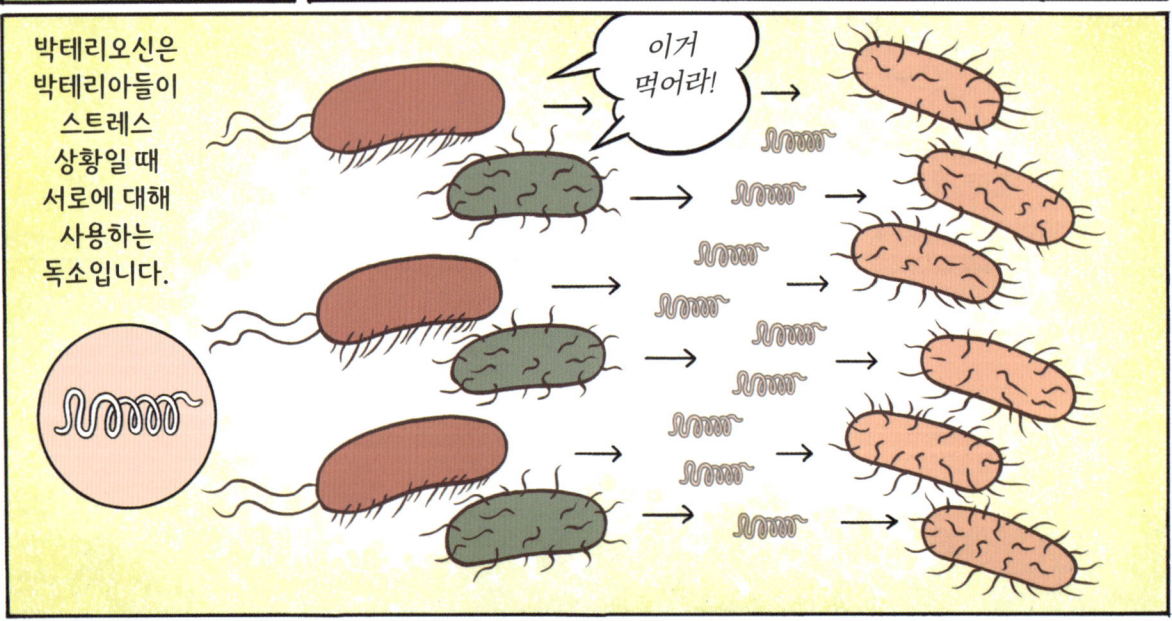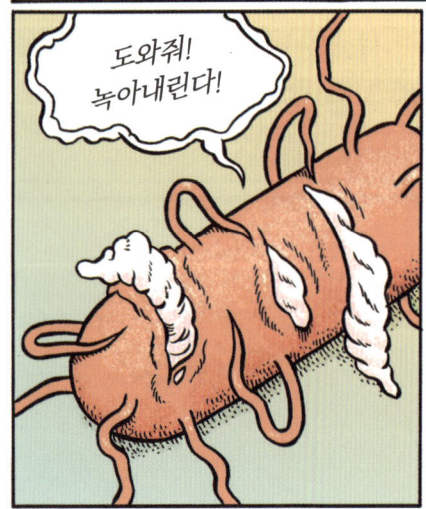

제 11 장

폭풍 성장

비피는 배고프고 수적으로 열세입니다.
젖은 완전히 끝났으며, 시미의 장내 공동체는
한창 변화에 적응하고 있습니다. 비피는 어떻게 될까요?
여기서 살아남을 수 있을까요?
아니면 다시 모험을 떠날 때가 된 걸까요?

서서히, 서서히
장내 공동체는 커지고 있는데
비피의 수는 줄어들고 있습니다.

8개월.

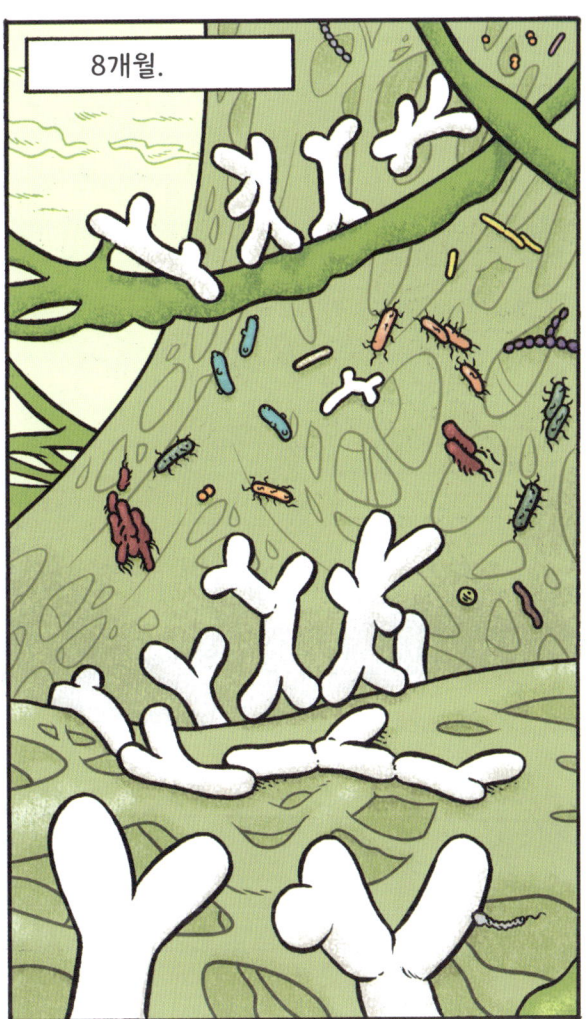

아기는 정기적으로 모유를 먹긴 하지만, 입에 온갖 종류의 물건을 다 집어넣고 있습니다! 새로운 박테리아들이 커가는 장 숲에 계속 도착하고 있네요.

12개월.

콜린셀라

베일로넬라

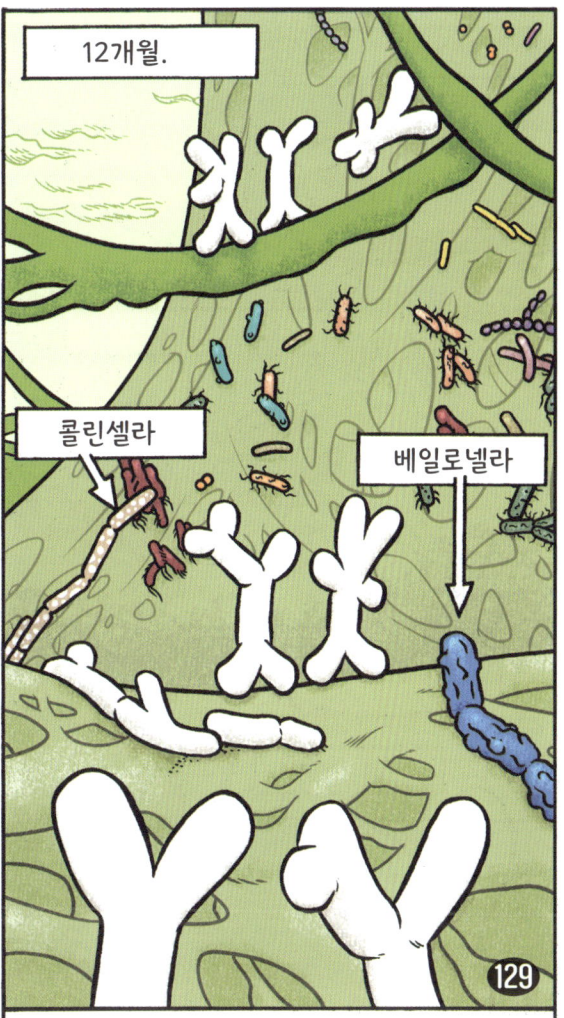

하루 세 번 수유로 비피는 줄어들고 있지만, 고형식은 장내 공동체에 많은 새로운 구성원들을 보내주네요.

18개월.

피칼리박테리움

프리보텔라

아기는 하루에 두 번 수유를 하며, 커지는 장내 공동체는 교차 영양 네트워크를 확장하고 더 많은 비타민과 영양소를 생성합니다.

24개월.

아커만시아

메타노브레비박터
(메탄 생성 고세균)

젖은 이제 없어!

몇몇 아기들은 엄마젖을 멈추지 않으려 하지만, 이 아기는 그렇지 않네요. 이제 장내에는 비피가 많이 남아있지 않아요.

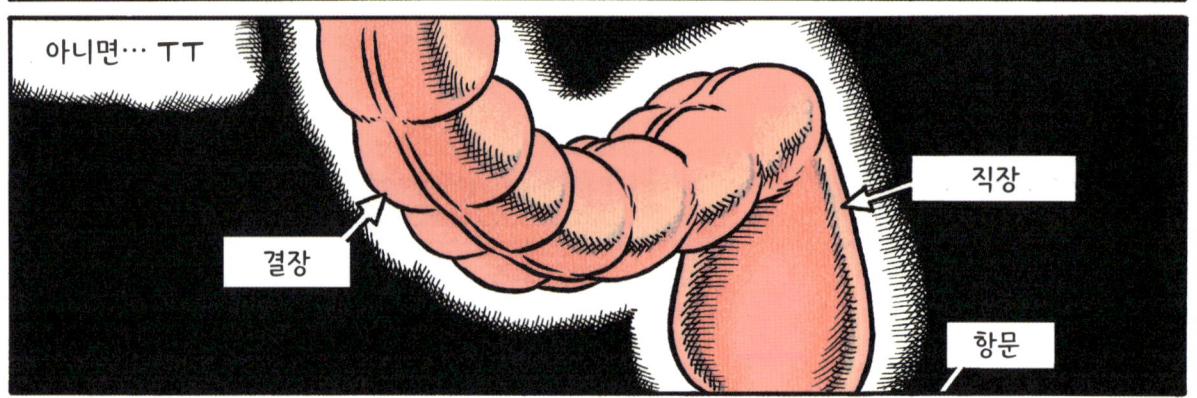

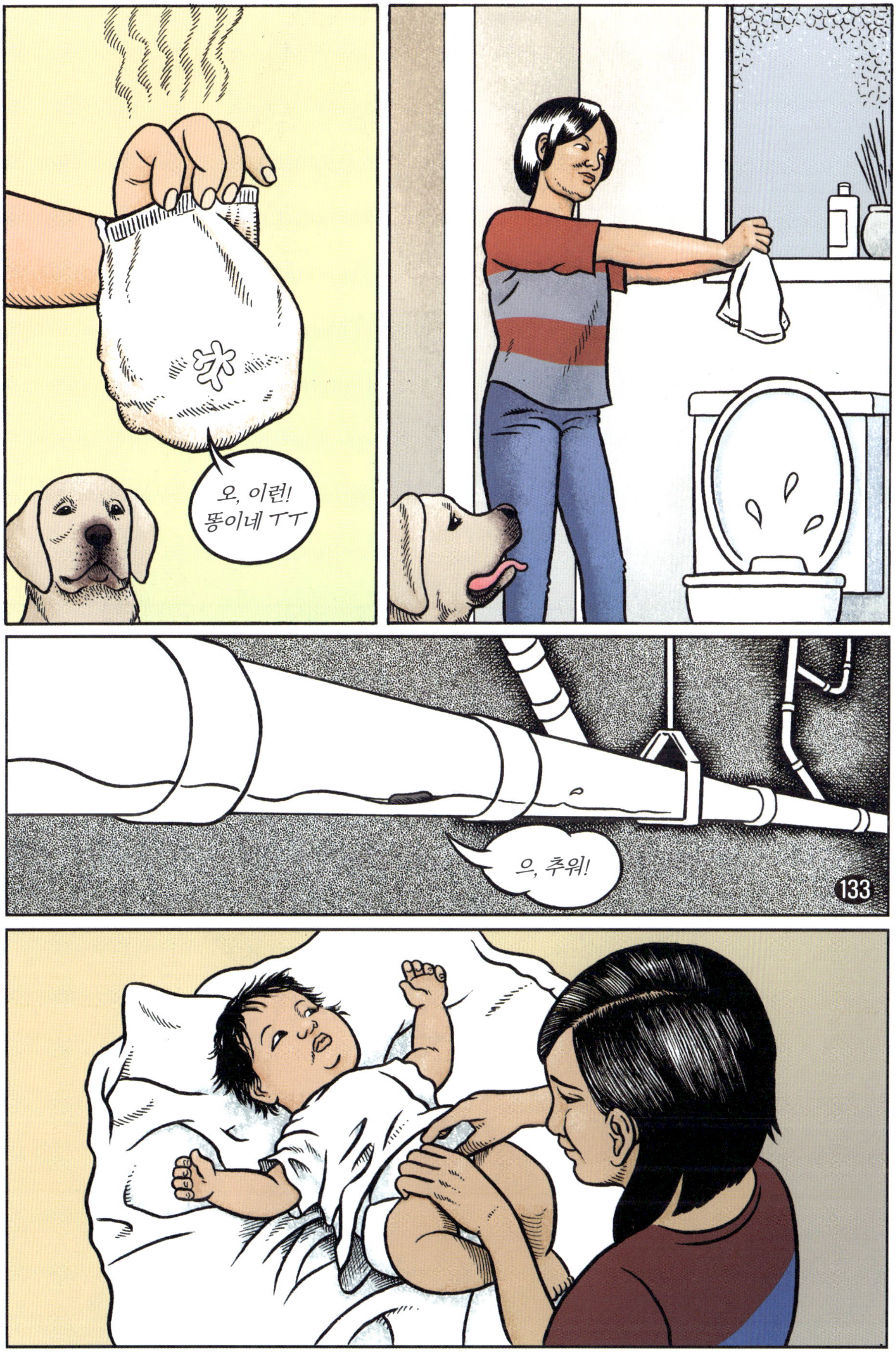

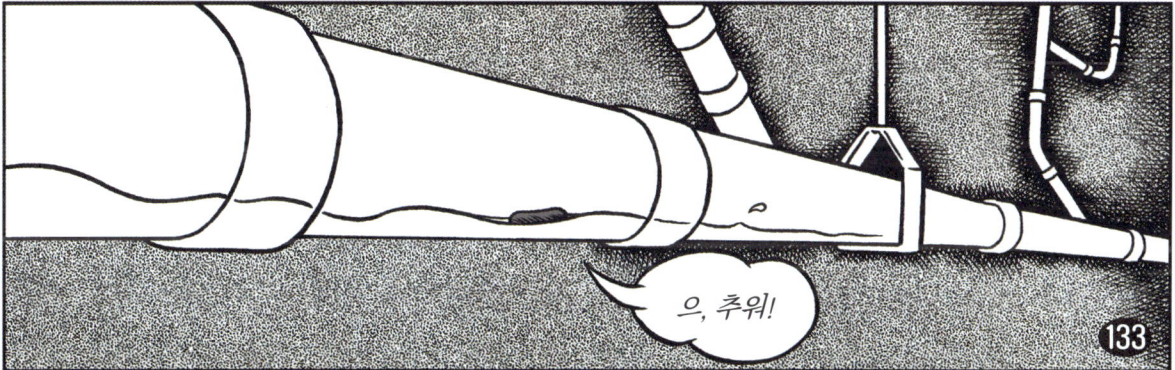
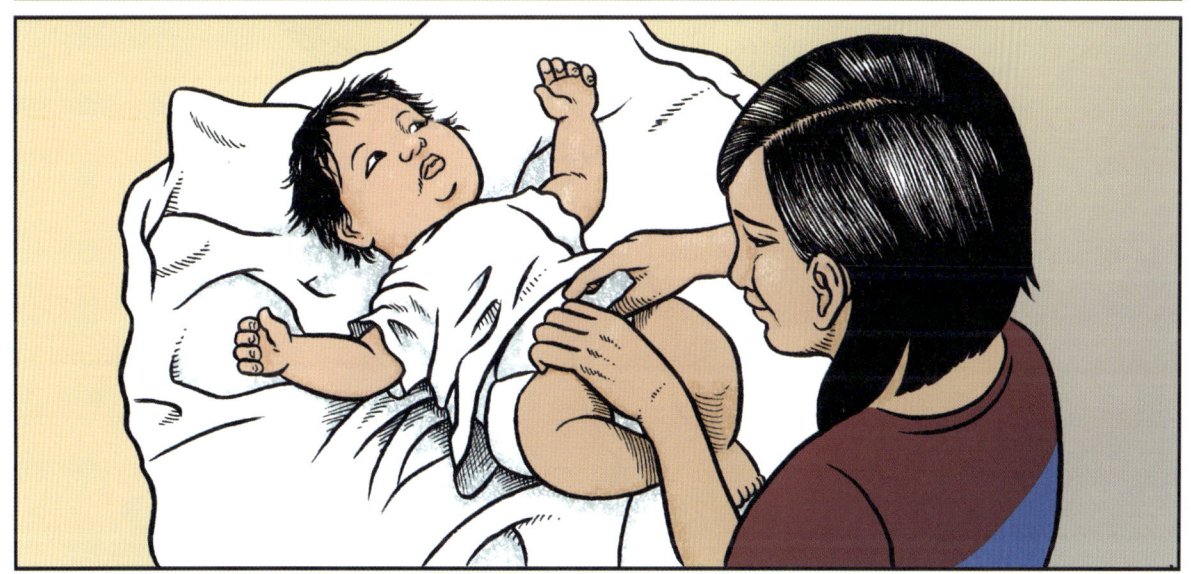

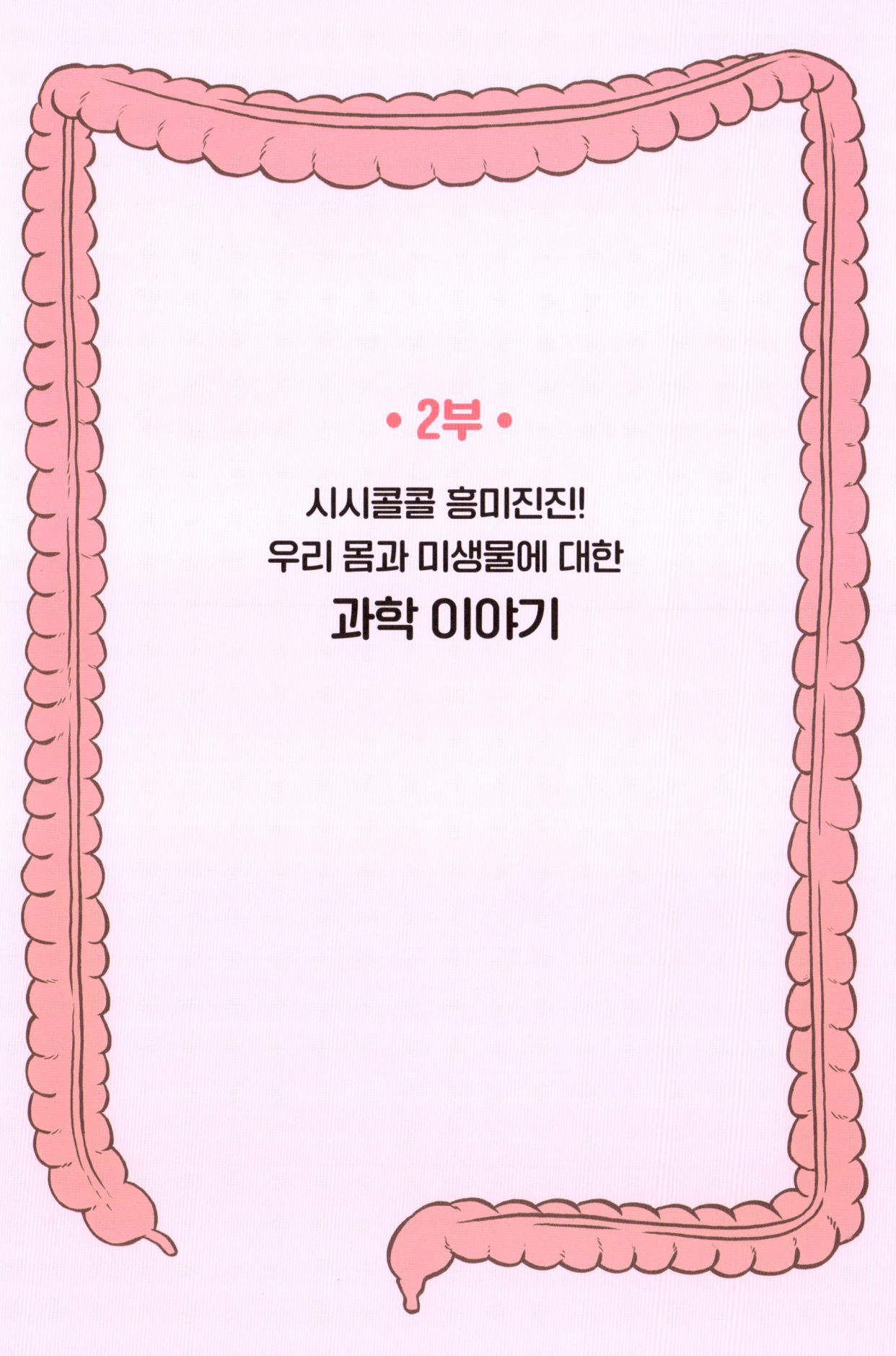

인체는 유기적 시스템이다!

우리는 종종 인체를 장기, 근육, 뼈, 혈액의 모음으로 생각합니다. 그러나 단순한 모음이라기보다는 **서로 연결된 일련의 시스템**으로 이해하는 게 더 맞겠죠. 각 시스템은 우리 몸이 살아남기 위해 필요한 모든 중요한 일을 할 수 있도록 서로 협력하는 기관과 조직으로 구성됩니다.

매일 몇 번씩 하는 식사 행위 하나만 보더라도, 실제로는 다음과 같은 많은 연결된 협력 작용에 의존합니다.

- **근육계, 골격계, 중추신경계**가 함께 작동하여 음식을 보고, 잡고, 씹고, 삼키는 데 도움을 준다.
- **소화계**는 음식에서 영양분을 흡수하고, **비뇨기계**와 함께 안전하게 폐기물을 제거한다.
- **순환계**와 **호흡계**는 우리 몸의 세포에 산소를 공급하고 영양분을 에너지로 전환하는 데 도움을 주기 위해 공기를 들이마시고 운반한다.
- **면역계**와 **림프계**는 음식과 함께 우리 몸에 들어올 수 있는 바람직하지 않은 미생물이나 독소를 제거하는 데 도움을 준다.
- **내분비계**와 **장 신경계**는 우리가 언제 먹고 그만 먹어야 하는지를 뇌에 알려준다.

뇌는 이러한 시스템들을 통합 관리하여 우리 몸 전체에서 안정적인 내부 환경(항상성)을 유지하는 데 중심 역할을 합니다. 체온, 혈액 pH, 혈당수치와 같은 변수를 조절하는 것이죠.

우리 몸은 인간보다 미생물에 더 가까워요.

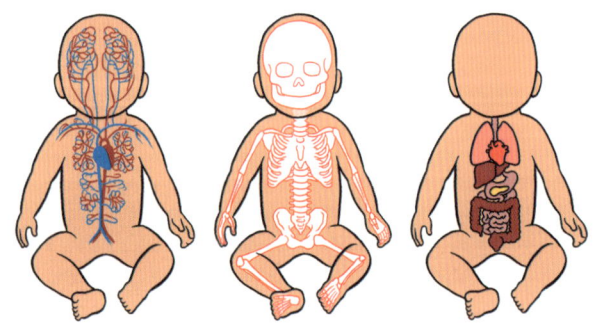

행성 인간 : 몸은 하나의 생태계이다.

인간의 몸은 하나의 생태계로 이해할 수 있어요. 함께 살아가고 상호작용하며 영양분과 에너지를 공유하는 유기체와 물리적 환경의 복잡한 얽힘인 것이죠. 심지어 어떤 과학자들은 인간을, 박테리아가 자신들을 먹여 살리기 위해 설계한 '걷는 호텔'이라고 묘사하기도 합니다! 진화적 관점에서 보면, 동물과 박테리아는 5억~6억 년 전에 처음으로 함께 일하기 시작했으며, 아마도 그 시작은 벌레의 장이었을 겁니다.

일반적으로 말해, 동물(인간)과 거기에 서식하는 미생물(바이러스, 박테리아, 고세균, 곰팡이) 간의 상호의존 관계를 **공생**이라고 설명할 수 있어요. 그리고 이것은 모두가 이익을 얻는 평생 연결이기 때문에, 이런 유형의 공생은 **'상리공생'**이라고 부릅니다. 한 구성원이 이익을 얻지만 다른 구성원은 해를 입는 '기생'과는 대조적이죠.

살아있는 세계에는 생명체들이 공생적으로 협력하여 생존하는 사례가 무수히 많습니다. 경쟁과 '적자생존'이 진화의 가장 중요한 원동력으로 자주 언급되지만, 종들 간의 협력은 그 못지않게 중요합니다. 공생은 이 책의 주요 영감 중 하나입니다.

제1장
비피BIFFY를 소개할게요

1. 장이란 무엇인가?

5페이지 참조.

인체의 소화기는 입에서 항문까지 이어지는 긴 관으로 되어 있습니다. 이 긴 관은 소화가 이루어지는 곳이기 때문에 가장 일반적으로 소화관이라고 부릅니다. 때때로 위장관, 위창자관이라고도 합니다. 우리가 삼킨 음식은 소화관을 따라 컨베이어 벨트처럼 이동하고, 다양한 기관에 의해 여러 단계로 분해되어 대부분의 영양분이 체내로 흡수되죠. 소화되지 않은 음식은 소화관 끝에 도달하여 박테리아와 죽은 세포 등과 함께 변으로 배출됩니다.

소화관은 거의 대부분을 작은창자(소장)와 큰창자(대장)가 차지합니다. 작은창자는 음식에서 대부분의 당류, 지방, 단백질을 흡수하는 곳입니다. 하지만 진짜 중요한 작용은 큰창자, 혹은 장이나 결장이라고 불리는 곳에서 일어납니다.

> **알고 있나요?**
> 작은창자와 큰창자는 지름으로 구별됩니다. 성인의 작은창자는 약 2~3cm, 큰창자는 약 4~6cm입니다.

> **알고 있나요?**
> 척추동물이 척추, 팔, 지느러미가 있는 골격으로 진화하기 오래 전에, 우리 조상은 지렁이나 선충과 같은 단순한 관 모양의 생명체였습니다. 우리가 이미 5억~6억 년 전에 벌레에서 갈라져 나왔지만, 여전히 우리 몸에서 많은 유사점을 발견할 수 있죠. 여기에는 미생물을 가두고 유지하기 위해 발달한 소화관도 포함됩니다.

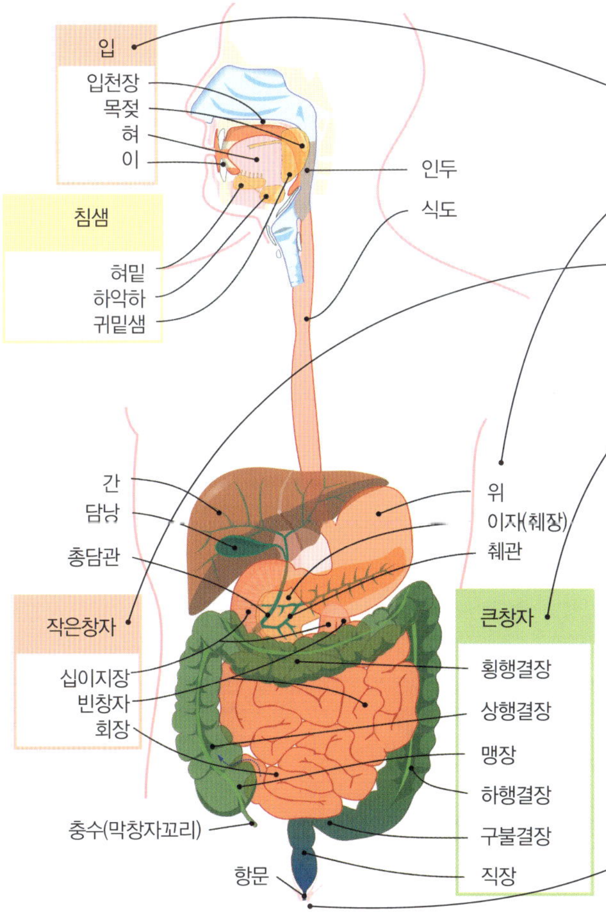

소화의 단계

30초: 치아가 음식을 갈아서 침과 섞어 삼키기 쉽게 만든다.

1~2시간: 음식이 위장에 들어가서 위산과 소화효소가 음식을 죽(유미즙)처럼 분해한다. (그리고 대부분의 미생물을 죽인다.)

1~2시간: 유미즙은 작은창자로 들어가고, 이곳에서 쓸개즙과 췌장액이 지방, 단백질, 당류를 분해하고 작은창자가 이를 흡수한다.

24~72시간: 남은 즙, 식이섬유, 고체 덩어리들은 큰창자로 옮겨지며, 그곳에는 수많은 미생물들이 기다리고 있다.

여기서 마법이 일어나는데, 박테리아가 음식의 구성요소를 분해하여 비타민과 같은 우리 건강에 영향을 미치는 다양한 화합물을 생성한다. 이 중 많은 비타민이 남은 물과 함께 흡수된다.

그 나머지는 변이 된다.

입: 입천장, 목젖, 혀, 이
침샘: 혀밑, 하악하, 귀밑샘
인두
식도
간, 담낭, 총담관
위, 이자(췌장), 췌관
작은창자: 십이지장, 빈창자, 회장
큰창자: 횡행결장, 상행결장, 맹장, 하행결장, 구불결장, 직장
충수(막창자꼬리)
항문

인체 소화 시스템 일러스트.

2. 우리 장에는 왜 점액이 있을까?

5페이지 참조.

인간의 소화관은 입에서 항문까지 한 겹의 상피세포(피부)로 형성되어 있습니다. 이 표면은 우리 몸이 음식에서 영양분을 쉽게 흡수하게 합니다. 그러나 이 얇은 장벽은 또한 우리 몸을 위험한 미생물과 독소에 취약하게 만듭니다. 게다가 우리 소화기관은 음식을 분해하는 데 필요한 소화산과 효소를 분비하는데, 이들에 직접 노출되면 상피세포가 손상될 수 있습니다. 이 때문에 우리 몸은 소화관 표면을 덮고 보호하기 위해 점액을 생성합니다.

큰창자(대장)에는 두 개의 구별되는 점액층이 있습니다. 점액 밀도가 높은 내부 층과 느슨한 외부 층입니다. 내층은 미생물을 배제함으로써 소화관 벽을 보호합니다. 반면 외층의 끈적하고 얼기설기 얽힌 가지는 미생물들에게 이상적인 서식처를 제공하고, 그곳에 사는 수조 개의 박테리아, 고세균, 바이러스와 평생 공생관계를 맺도록 합니다. 이 미생물 군집은 다양한 소화효소를 생성하여 단단한 음식 입자를 분해하고, 우리 몸의 일일 에너지 요구량의 약 10%를 생성한 다음, 남은 것을 폐기물(변)로 배출합니다. 점액은 또한 윤활작용을 통해 변이 장에서 원활하게 이동하여 최종 덩어리진 상태로 몸 밖으로 배출되는 것을 돕습니다.

알고 있나요?

인간의 소화관은 입(입구)에서 항문(출구)까지 뻥 뚫려 연속적으로 이어지는 하나의 관입니다. 이 관의 내부는 기술적으로 우리 몸 바깥이기 때문에, 소화관은 우리가 외부 세계에 노출시키는 가장 큰 표면입니다.

점액이란?

점액은 주로 물(95%)로 이루어진 점막을 덮는 끈적하고 미끄러운 분비물입니다. 미생물과 분자들의 매트릭스이기도 하죠. 점액은 술잔세포(배상세포)라고 하는 특수한 상피세포에서 생성되는 뮤신에서 그 끈적끈적한 구조를 얻습니다. 뮤신 분자는 단백질 뼈대에 탄수화물(여러 종류의 당) 가지가 둘러싼 형상입니다. 점액 매트릭스는 우리 몸속의 유익균들이 서식하기에 가장 이상적인 장소이죠.

* 술잔세포: 세포의 모양이 잔처럼 생겨서 이렇게 불림.

3. 비피더스균은 누구인가?

6페이지 참조.

비피더스균(비피도박테리움)속은 세균 분류군인 방선균문(*Actinomycetota*, 이전에는 *Actinobacteria*)의 일원입니다. 그 이름은 '두 부분으로 나뉜'을 뜻하는 라틴어 bifidus에서 유래했는데, 이는 그들 세포의 특이한 가지 모양 때문입니다.

비피더스균속의 구성원들은 일반적으로 동물의 장에 서식합니다. 인간, 토끼, 새, 꿀벌 등 다양한 동물의 장에서 발견됩니다. 과학자들은 이러한 비피더스균종이 수백만 년 동안 숙주에서 숙주로 전달되어 왔다고 믿습니다. 수백만 년 동안 이렇게 많은 동물들이 이 장내 박테리아와 공생하게 된 주된 이유는 다양한 비피더스균이 모유의 당을 분해하는 방법을 배웠기 때문입니다. 그 대가로, 그들은 그들의 숙주에게 다양한 건강상의 이점을 제공하죠. 예를 들어 비타민을 생성하고, 면역체계를 돕고, 질병을 유발하는 병원성 박테리아의 침입을 예방합니다.

비피더스균은 혐기성 박테리아입니다. 즉, 장과 질 같은 산소가 없는 환경에서만 살 수 있습니다.

혐기성대사에 대한 자세한 내용은 질문 43을 참조하세요.

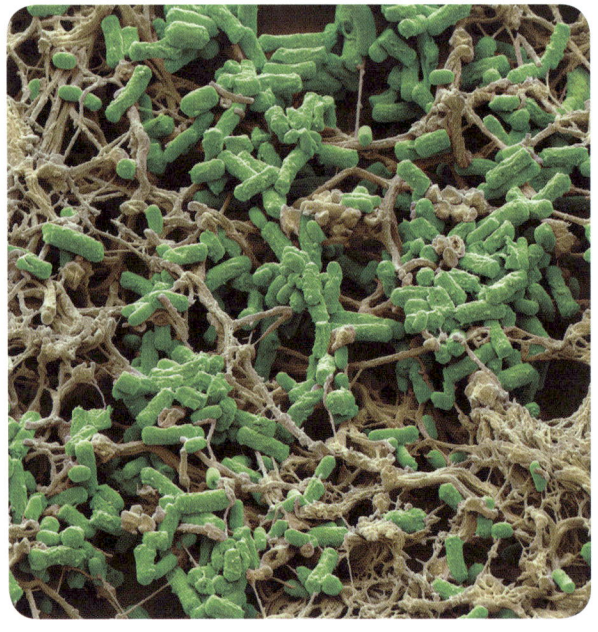

이미지: 장 점액에 있는 박테리아. 주사전자현미경 이미지.
출처: Steve Gschmeissner (Science Photo Library).

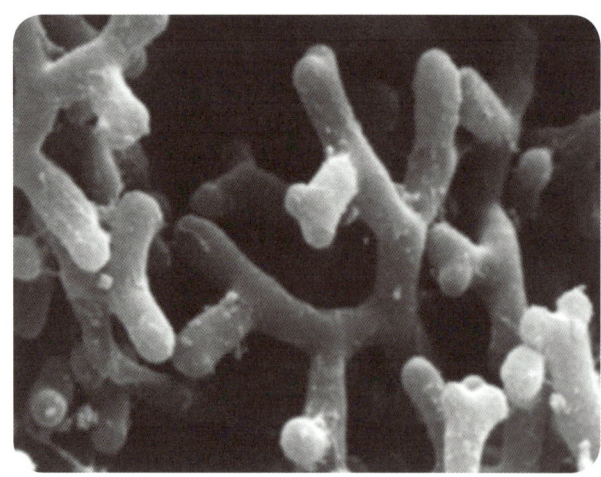

이미지: 비피도박테리움 박테리아. 주사전자현미경 이미지. (약 20,000배 확대)
출처: Gerald Tannock, 오타고 대학 명예교수.

4. 우리 장에는 박테리아(세균) 외에 어떤 생물들이 살고 있을까?

7페이지 참조.

이 책의 주인공은 박테리아입니다. 왜냐하면 그들은 우리 장내 미생물 중에서 가장 중요한 구성원이기 때문입니다. 하지만 장에 서식하는 박테리아를 사냥하며 살고 있는 더 작은 생명체인 바이러스가 수적으로는 훨씬 더 많습니다. 박테리아 감염 바이러스 중 한 가지 중요한 유형은 8장에서 다루며, 10번과 96번 질문에서 더 자세히 설명됩니다.

장에는 또한 다음과 같은 단세포 생물도 일부 있을 수 있습니다.

- **고세균**: 박테리아와 비슷한 크기와 모양이지만, 메탄(메테인)을 생성하는 등 고유한 대사 능력을 가지고 있다.
- **곰팡이**: 박테리아보다 크며, 사카로미세스*Saccharomyces*와 칸디다*Candida* 같은 몇 가지 유형의 효모가 종종 장에 존재하지만, 일부 과학자들은 이들이 주로 음식을 통해 유입되는 것일 뿐 대부분의 건강한 장에서 증식하지 않는다고 생각한다.
- **원생생물**: 많은 원생생물은 박테리아를 잡아먹는 포식자이지만, 우리는 지아르디아*Giardia* 또는 기생아메바*Entamoeba* 같은 더 심각한 원생생물이 장 감염을 일으키는 경우에만 주목한다.

또한 10억 명 이상의 사람들(주로 가장 가난한 국가에 거주하는)이 장내에 기생충인 십이지장충과 편충을 가지고 있어요. 이 기생충은 다양한 만성 건강 문제를 일으킬 수 있죠. 이는 사람들이 깨끗한 식수를 접하지 못하거나 기생충 약을 구입할 수 없는 곳에서 흔히 볼 수 있습니다.

세포란 무엇인가?

세포는 생명의 기본 단위입니다. 모든 세포는 다음과 같은 기본적인 특성을 가지고 있습니다. 영양분을 흡수하고, 이 영양분을 사용하여 에너지를 생성하고, 성장하고 증식하며, 자극에 반응합니다. 우리 몸을 구성하는 수조 개의 세포 각각에는 언제나 수조 개의 분자가 부지런히 움직이고 있는데, 그 중 약 절반은 물(H_2O) 분자입니다.

모든 세포는 DNA 게놈을 가지고 있습니다. DNA 게놈은 단백질을 생성하고 조절하는 방법에 대한 정보를 담고 있죠. 진핵생물(식물, 동물, 균류, 원생생물)의 세포는 DNA 게놈이 핵이라는 구획에 저장됩니다. (종종 염색체라고 하는 거대한 꼬여진 유전물질 뭉치로 압축되어 있죠.) 반면, 박테리아와 고세균의 세포에서는 DNA 게놈이 세포질 안에서 자유롭게 떠다닙니다.

세포는 다양한 모양과 크기를 가지고 있습니다. 가장 작은 세포는 박테리아 세포로, 1μm(마이크로미터) 이하입니다. 가장 큰 세포는 조류 알의 난세포로, 타조 알은 지름이 15cm에 달할 수 있죠.

5. 미생물을 보려면 어떤 현미경이 필요할까?

7페이지 참조.

미생물이란, 현미경을 사용하여 관찰해야 할 정도로 작은 생물들을 포괄적으로 지칭합니다. 대부분의 세균은 길이 약 2마이크로미터, 즉 0.002밀리미터로, 인간의 머리카락보다 약 100배 더 얇습니다.

개별 박테리아를 관찰하려면, 우선 1,000배 확대 가능한 **광학현미경**을 사용해야 합니다. 그렇게 해도 대부분의 경우 작은 막대 모양의 간균(바실러스)이나 구 형태의 구균(코커스) 덩어리 정도만 볼 수 있습니다. 실험실에서는 과학자들이 종종 균을 순수 배양하여 이를 통해 균의 이동 방식 같은 특징을 깔끔하게 관찰할 수 있습니다. 그러나 현실 세계는 모양도 제각각이고 어지럽고 지저분합니다. 주로 박테리아와 다른 미생물들이 뭉쳐져서 어지럽게 얽힌 끈적이는 점액질 망 형태의 바이오필름을 형성하기 때문입니다.

> **알고 있나요?**
>
> 확대는 종종 숫자 다음에 'x' 기호로 표시합니다. 예를 들어, '1000x'라 하면 이미지가 1,000배로 확대되었음을 나타내죠.

과학자들은 박테리아, 바이러스 및 다른 미생물을 자연 환경에서 관찰하기 위해 더 강력한 종류의 전자현미경을 자주 사용합니다. **투과전자현미경(TEM)**은 세포의 내부 작용을 관찰하는 데 탁월하며, 시료 내 분자의 배열을 볼 수 있습니다. **주사전자현미경(SEM)**은 물체를 최대 500,000배까지 확대하여, 바이러스나 나노입자, 개별 원자에 이르기까지 아주 작은 시료 표면의 특이한 세부 사항을 관찰할 수 있게 해줍니다.

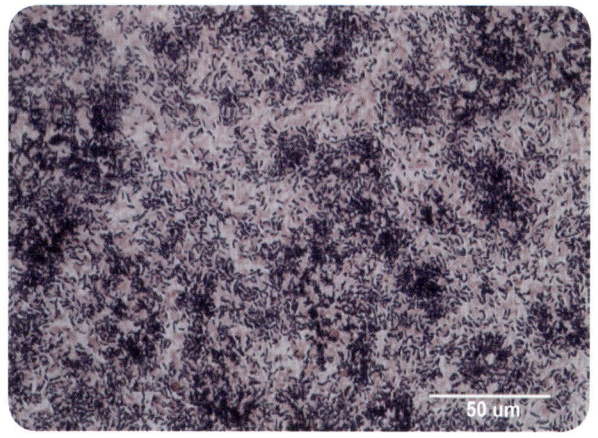

이미지: 유아의 장내 미생물총에서 채취한 대변 표본의 현미경 이미지. 광학현미경으로 촬영.
출처: Colonization by B. infantis EVC001 modulates enteric inflammation in exclusively breastfed infants, Henrick 외, 2019.

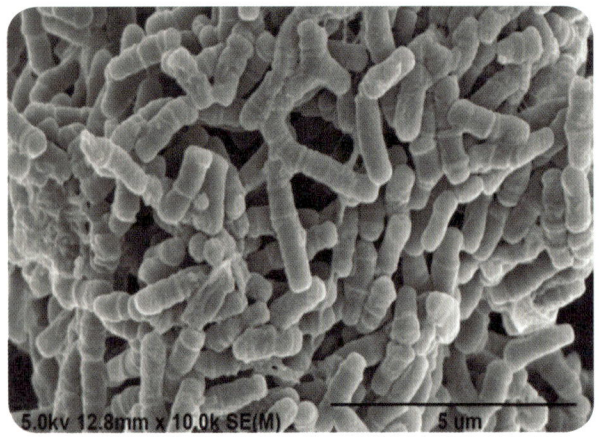

이미지: 유아의 장내 미생물총에서 채취한 대변 표본의 주사전자현미경 이미지.
출처: Colonization by B. infantis EVC001 modulates entericinflammation in exclusively breastfed infants, Henrick 외, 2019.

6. 박테리아는 정말로 대화를 할까, 그리고 영역을 가지고 있을까?

9페이지 참조.

박테리아처럼 몸 크기가 1~2마이크로미터밖에 안된다면 세상은 아주 위험한 곳이겠죠. 안전을 지키고 자신의 주요 과업을 이루기 위해 박테리아는 종종 주변 물체와 서로서로에 부착하여 무수한 미세 다세포 군집을 이루어 살아갑니다. 과학자들은 이를 바이오필름(생물막)이라 부릅니다.

박테리아는 인간이나 다른 동물들처럼 말, 신호, 소리를 사용하여 의사소통할 순 없지만 식물이나 곰팡이와 마찬가지로 신호분자(혹은 화학적 대화)로 이루어진 풍부한 의사소통 언어를 가지고 있습니다.

아마도 미생물들이 공유하는 가장 중요한 화학신호는 항균제에 대한 경고 메시지 '멀리 떨어져 있어(위험해)'일 것입니다. '가까이 와', '내가 여기 있어' 같은 메시지도 가능합니다. 대부분의 미생물은 배설물(폐기물)과 DNA 조각을 공유하는 데 능숙합니다. 하지만 분해할 수 있는 음식이나 에너지원 근처에서는 매우 영역적일 수 있죠. 박테리아는 영역을 차지할 수도 있고, 음식이나 공간 같은 자원을 놓고 다른 박테리아와 경쟁도 합니다. 또한 경쟁자의 성장을 억제하는 화학물질(항생제)을 생성할 수도 있고요. 이 항생제는 다른 박테리아를 죽이려는 목적보다 자신의 가족과 친척이 먹고 자랄 영역 내에서의 공간 확보에 주로 사용될 거라 여겨집니다.

많은 박테리아는 '정족수 감지'라고 하는 신호전달 과정을 사용하여 행동을 조정합니다. 마치 거대한 다세포 생물인 것처럼요. 서식처를 떠나야 할지, 방어해야 할지, 공격해야 할지를 그룹으로 결정합니다. 이 만화에서는 보통 박테리아 한두 개가 말하는 것으로 묘사되지만, 실제로 박테리아는 훨씬 더 큰 그룹으로 생각하고 결정하고 협력적으로 일합니다.

박테리아는 복잡한 의사소통과 행동을 할 수 있는 매혹적인 생명체입니다. 박테리아가 어떻게 의사소통하는지 이해함으로써 우리는 그것이 환경에서 어떤 역할을 하고 우리의 건강에 어떤 영향을 미칠 수 있는지 더 잘 이해할 수 있겠죠. 아직은 가야 할 길이 먼 것 같군요.

박테리아는 색깔이 있을까?

한 종만을 배양하는 순수배양에서 많은 박테리아는 색소를 생성할 수 있습니다. 그러나 광학 현미경으로 관찰할 때 박테리아는 일반적으로 투명한 작은 덩어리로 보입니다. 이 책에서는 등장인물을 더 잘 구별하기 위해 각 미생물에 고유한 색깔을 부여하기로 정한 것입니다.

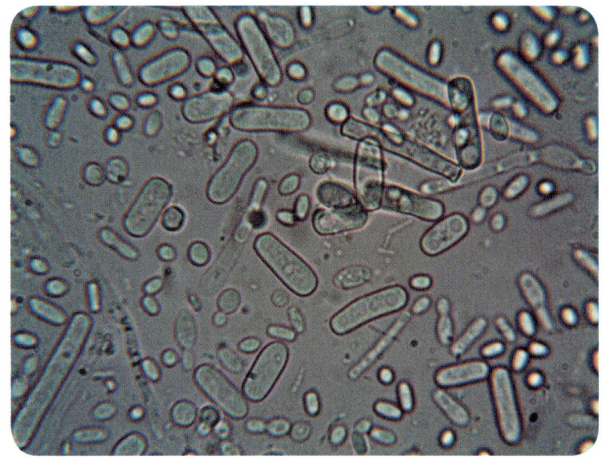

이미지: 광학 현미경으로 본 박테리아.

7. 효소란 무엇인가?

9페이지 참조.

단백질에는 세 가지 주요 유형이 있습니다. **구조 단백질, 메신저 단백질, 활성 단백질**. 이 가운데 **활성 단백질이 효소**입니다. 효소는 반응에 소모되지 않고, 화학 반응을 촉진합니다.

우리 몸뿐 아니라 지구상의 모든 생물에서 일어나는 화학 반응은 대부분 효소에 의해 수행됩니다. 효소는 다음과 같은 다양한 활동을 실행합니다. 분자를 자르거나 결합하고, 분자 사이에서 원자나 전자를 전달합니다. 그리고 세포막을 통해 영양분을 빨아들입니다.

어떻게 작동할까?

분자 세계에서 형태는 매우 중요한 역할을 합니다. 효소를 포함한 모든 단백질은 특정한 (때로는 가변적인) 모양을 가지는 복잡한 3차원 퍼즐 조각입니다. 단백질의 분자 형태에 따라 어떤 구조를 만드는지, 어떤 정보를 전달하는지, 다른 단백질과 어떻게 상호작용하는지가 결정됩니다. 즉 효소의 모양이 다른 분자와 어떻게 상호작용하는지를 결정합니다. 마치 열쇠의 모양이 열 수 있는 자물쇠를 결정하는 것처럼 말이죠. 이 과학 분야는 생물학과 화학이 만나는 곳으로 생화학이라고 합니다.

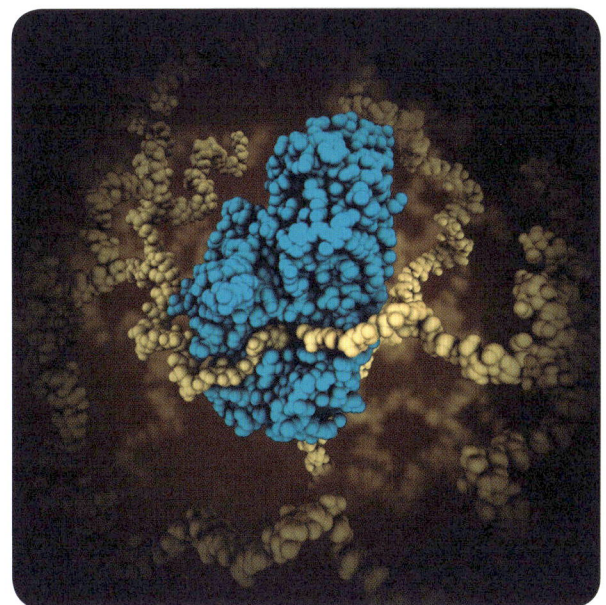

이미지: 아밀레이스(아밀라아제) 효소(파란색)가 당 사슬(노란색)을 자르는 디지털 삽화. (약 1,000,000배 확대)
출처: 단백질 데이터베이스

8. 비피는 어떻게 점액에서 당을 잘라낼까?

9페이지 참조.

소화 과정에서 효소의 가장 중요한 역할은 우리가 섭취한 음식을 흡수 가능한 영양 성분으로 분해하는 데 도움을 주는 것입니다. 많은 장내 세균은 외막에 분자결합을 자를 수 있는 소화효소를 가지고 있습니다. 비피의 소화효소는 점액 줄기의 당과 단백질 사이의 분자결합을 잘라 더 작은 단위인 당과 단백질을 생성하고, 그것을 흡수할 수 있죠.

세균은 모두 점액을 소화할 수 있을까?
점액 줄기를 자르는 데 필요한 특별한 효소를 가진 장내 세균은 몇 종류뿐입니다. 박테로이데스*Bacteroides*와 아커만시아*Akkermansia* 같은 전문적인 점액 섭식 세균들은 점액을 에너지의 주요 원천으로 여깁니다. 대부분의 비피도박테리움(비피더스균) 종류도 이러한 결합을 분리할 수 있지만, 그들의 효소는 여러 종류의 우유에서 발견되는 분지형 당사슬 사이의 분자결합을 자르는 데 더 특화되어 있습니다.

박테로이데스균에 대해 더 알고 싶다면 94번 질문을, 아커만시아균에 대해 더 알고 싶다면 131번 질문을 참고하세요.

9. 박테리아가 정말로 사촌이 있을까?

10페이지 참조.

그렇진 않아요. 그러나 모든 박테리아, 고세균, 식물, 곰팡이, 동물(인간 포함)의 공통 DNA 유전자를 비교한 결과, 과학자들은 지구상의 모든 생명체가 공통의 조상을 가지고 있다고 믿습니다. 그들은 이 고대 생명체에 LUCA(Last Universal Common Ancestor)라는 이름을 붙였는데, 이 생명체는 약 30억~40억 년 전에 존재했을 것으로 추정됩니다. 즉, 박테리아는 우리의 먼 친척이라고 할 수 있겠네요.

10. 파지PHAGE는 누구인가?

11페이지 참조.

박테리오파지(또는 파지)는 박테리아를 감염시키는 바이러스의 일종입니다. 이 이름은 박테리아와 그리스어 'phagein(먹다)'라는 단어의 결합으로, '박테리아를 먹는 자'라는 뜻이죠.

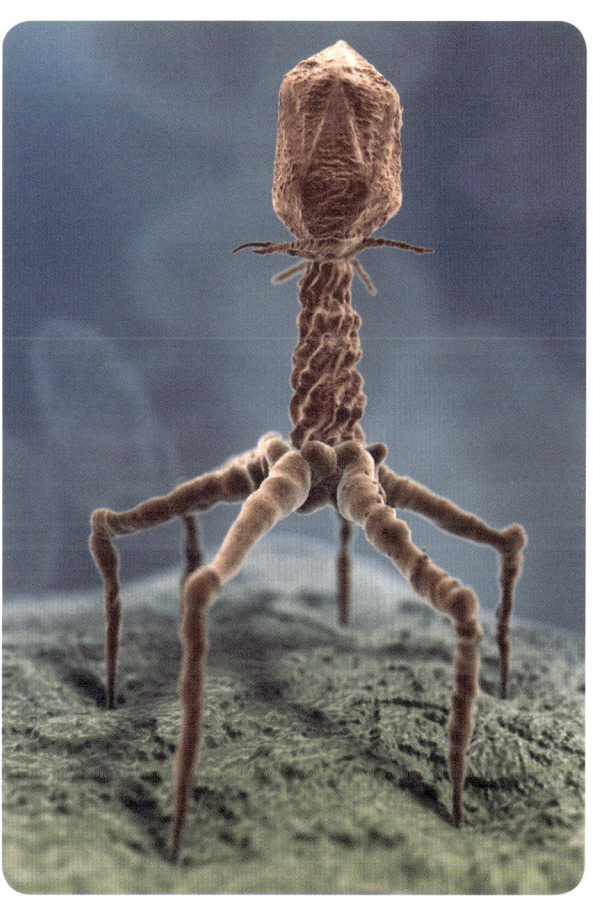

이미지: T4 (마이오파지) 박테리오파지 바이러스의 디지털 일러스트.
출처: Mike Smith.

그리고 코로나바이러스나 헤르페스바이러스와 같은 일부 바이러스는 인체 세포에 감염되어 심각하고 때로는 치명적인 질병을 일으킬 수 있지만, 모든 바이러스가 인간에게 해로운 것은 아닙니다. 사실, 박테리오파지는 자연에서 가장 성공한 박테리아 포식자로 알려져 있어 과학자들은 이 나노 크기의 암살자들이 대부분 인간에게 이로운 것으로 여기고 있습니다.

11. 이 모든 미생물들은 무엇을 하는 걸까?

11페이지 참조.

미생물은 우리 몸의 모든 외부 표면과 구멍에 서식합니다. 우리의 몸은 미생물에게 풍부한 자원과 정착할 공간을 제공합니다. 그들은 눈과 귀, 코와 발가락, 배꼽과 겨드랑이의 외부 윤곽선과 질, 입, 폐, 장 내부에 살아있는 생태계를 형성하죠. 그들의 관점에서 팔뚝의 피부는 건조한 사막과 같고, 습한 겨드랑이는 늪과 같고, 눈은 넓고 맑은 호수와 같고, 입은 물이 뚝뚝 떨어지는 습한 동굴과 같습니다.

우리 장 속에 사는 미생물은 종종 '장내 식물군(gut flora)'이라고 잘못 불립니다. '플로라'는 식물을 의미하고, 우리 장내 미생물은 식물과 관련이 없기 때문에 과학자들은 'bio(생명)'를 포함하는 구절을 선호하죠. 예를 들어 장내 생물군(gut biota), 미생물군(microbiota), 또는 장내 미생물군(gut microbiome)입니다.

우리는 이 책에서 장내 미생물군을 '숲'으로 묘사합니다. 왜냐하면 그것은 우리에게 장을 울창하고 다양한 열대우림과 같은 생태계로 보게 해주니까요.

미생물군집(마이크로바이옴)은 무엇인가?

미생물(microbe)은 현미경으로만 볼 수 있는 아주 작은 생물입니다.

미생물군집(microbiome)은 특정 환경에 서식하는 모든 미생물과 그들의 유전 물질을 포함합니다. 과학자들은 지구의 다양한 식물과 동물에서, 수천 종의 토양과 공기, 강, 호수, 바다의 다양한 부분에서 미생물군집을 기술했습니다. 인간의 입안 미생물군집은 피부, 질, 위, 폐, 장에서 발견되는 미생물군집과 매우 다릅니다. 따라서 우리의 장내 미생물군집을 피부나 입의 미생물군집과 별개로 이야기하는 것이 유용하죠.

모든 생물은 성장하고 번식하기 위해서 에너지와 영양분이 필요해요. 일부 미생물은 태양 에너지(광합성), 공기(질소고정) 또는 암석의 광물과 금속에서 에너지와 영양분을 생성할 수 있죠. 그러나 우리 장내 미생물은 장에서 탄소 기반의 유기분자를 흡수하고 분해함으로써 모든 에너지와 영양분을 얻어야 합니다. 장내에서 에너지와 영양분의 두 가지 주요 원천은 우리가 먹는 음식, 그리고 장벽을 따라 늘어선 점액 가지입니다.

관계의 그물

식물, 동물, 균류가 육상 생태계에서 동적 먹이 그물을 형성하는 것과 유사하게, 장내의 무수한 미생물도 생존하기 위해 복잡한 먹이관계에 의존합니다.

많은 미생물이 비슷해 보이지만, 그들은 할 수 있는 일에서 크게 다릅니다. 일부 미생물은 간단한 신진대사를 가지고 있을 뿐이지만, 다른 미생물은 복잡한 소화 능력을 갖고 있습니다. 일부 미생물은 영양소를 공유하는 데 뛰어나지만, 다른 미생물은 영양분을 훔치는 것을 선호합니다. 장과 같은 다양한 미생물 환경에서 많은 미생물들은 다른 미생물의 배설물을 자신의 식량으로 사용합니다. 이를 교차 영양 네트워크라고 합니다.

열대우림이 다양한 식물, 동물, 곰팡이로 이루어져 생물다양성이 풍부한 것처럼, 모든 장 미생물 군집체가 잘 작동하기 위해서는 여러 종류의 미생물이 필요합니다. 장내 미생물군에는 '가장 좋은' 미생물은 없으며, 과학자들은 장내에서 미생물의 다양성이 커질수록 우리 몸이 건강할 가능성이 높다고 생각합니다. 한 종류의 미생물이 너무 우세해지면, 다른 미생물들(가끔은 면역세포들도)이 함께 동작하여 균형을 회복시킵니다.

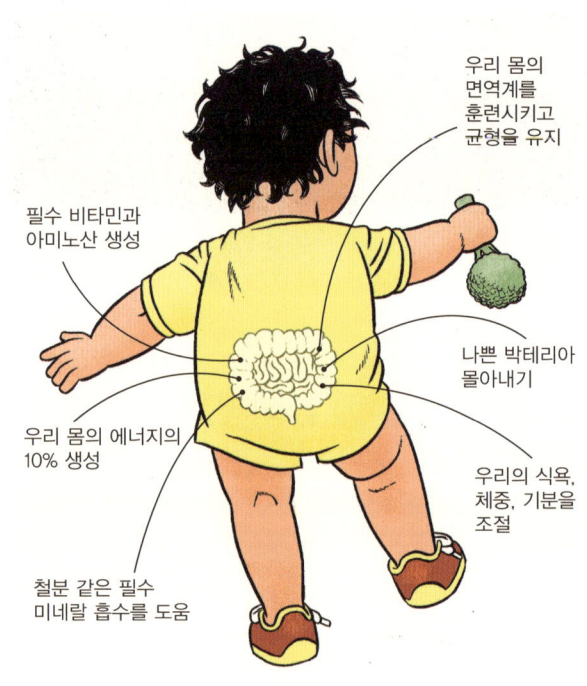

우리의 장내 세균은 여러 가지 방식으로 우리를 도와줍니다.

12. 박테리아는 어떻게 이동할까?

12페이지 참조.

일부 박테리아는 스스로 움직일 수 없지만(비운동성), 많은 박테리아는 능동적으로 이동할 수 있는 방법을 진화시켰죠(운동성). 이를 통해 박테리아가 음식을 향해 헤엄치거나 포식자로부터 벗어날 수 있습니다.

미생물의 이동 방식 중 가장 일반적인 것은 하나 이상의 꼬리인 편모를 사용하는 것입니다. 편모는 프로펠러처럼 회전하여 액체를 통해 앞으로 나아갈 수 있죠. 다른 유형의 운동에는 활주, 서핑, 무리지어 움직이기, 꿈틀거림이 포함됩니다.

비피더스균은 비운동성 박테리아입니다. 따라서 이 책에서 Fido의 탐험은 점액 속에 놓인 상태로 장을 통과하는 액체의 흐름에 따라 이동됨을 의미합니다.

> **알고 있나요?**
>
> 대장균(E. coli)은 편모를 사용하여 초당 최대 몸길이 100배의 속도로 이동할 수 있습니다. 몸 크기 비율로 본다면 치타보다 빠릅니다!

> **알고 있나요?**
>
> 대부분의 미생물들은 동료끼리 서로 유전자를 교환하고 공유하여 새로운 유전적 다양성을 생성합니다. 이를 수평적유전자이동(HGT)이라고 합니다. *수평적유전자이동에 대한 자세한 내용은 106번 질문을 참조하세요.*

13. 박테리아는 어떻게 번식할까?

12페이지 참조.

모든 생물은 그 종이 계속 존재하기 위해 자손을 만들어야 합니다. 대부분의 식물이나 동물과 달리 박테리아는 짝짓기를 하여 유전자를 섞고 새로운 유전적 다양성을 가진 자손을 생성하지 않습니다. 대신, 세포분열(이분법, 또는 출아) 과정을 거치는데, 여기서 단일 부모 세포가 반으로 나뉘어 두 개의 딸세포를 생성합니다.

박테리아의 번식은 매우 빠릅니다. 정말 빠릅니다. 조건이 좋으면 박테리아는 약 1시간마다 두 개의 딸세포를 생성하기 위해 분열할 수 있습니다. 완벽한 실험실 조건에서 빠른 번식자(예: E. coli, 대장균)은 20분마다 두 배로 증가할 수 있습니다. 그러나 장내에서는 동일한 박테리아가 하루에 한두 번만 숫자가 두 배로 증가하는 것으로 추정됩니다.

14. 프로게스테론이 박테리아의 증식을 어떻게 유발할까?

13페이지 참조.

프로게스테론(황체호르몬)은 임신 호르몬이라고도 하는데, 태아의 발달과 산모의 모유 발달에 중요한 역할을 합니다. 과학자들은 임산부의 혈액에 순환하는 매우 높은 수준의 프로게스테론이 비피더스균의 급속한 증식을 유발할 수 있음을 입증했습니다. 아마도 비피더스균이 이 호르몬을 에너지원으로 사용할 수 있기 때문일 겁니다.

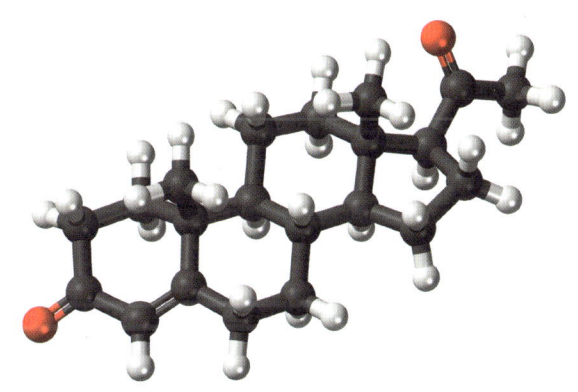

이미지: 프로게스테론 분자의 볼앤스틱 모형.

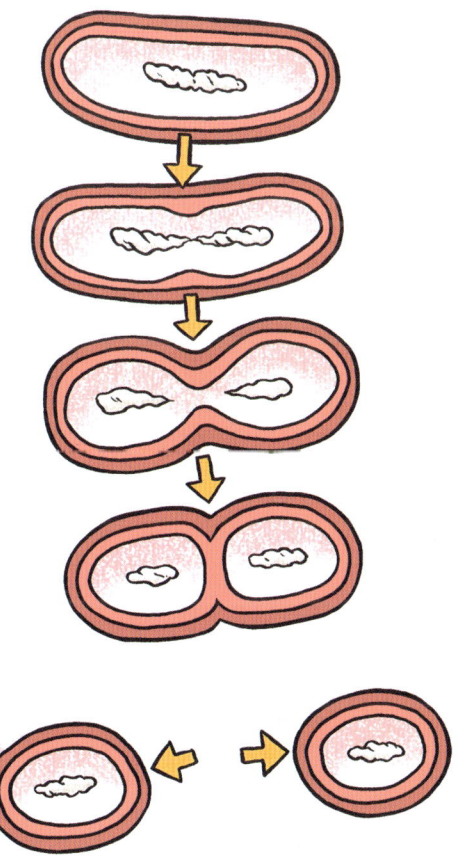

박테리아와 고세균의 세포분열을 보여주는 간단한 도식.

제 2 장
점막밑층의 감시자들

15. 점막밑층이 무엇일까?

16페이지 참조.

비록 장(腸)이 우리 몸을 깊숙이 통과하지만, 그 안의 공간(루멘이라고 함)은 기술적으로 우리 몸의 바깥에 해당합니다. 이 둥근 루멘 공간에 서식하는 박테리아와 다른 미생물의 관점에서 보면, 장의 벽은 바닥이 되고, 그 벽의 아래는 **아래층(점막밑층)**이 될 것입니다.

우리의 장벽은 두 가지 주요 기능을 합니다. 몸 안으로 **영양분과 물을 흡수**하고, 동시에 몸 바깥에 있는 **미생물을 차단**하는 것입니다. 대부분의 미생물은 이 장벽을 뚫으려고 하지 않지만, 일부 박테리아(예: 살모넬라)는 기어이 방어벽을 뚫고 감염을 일으키려고 합니다.

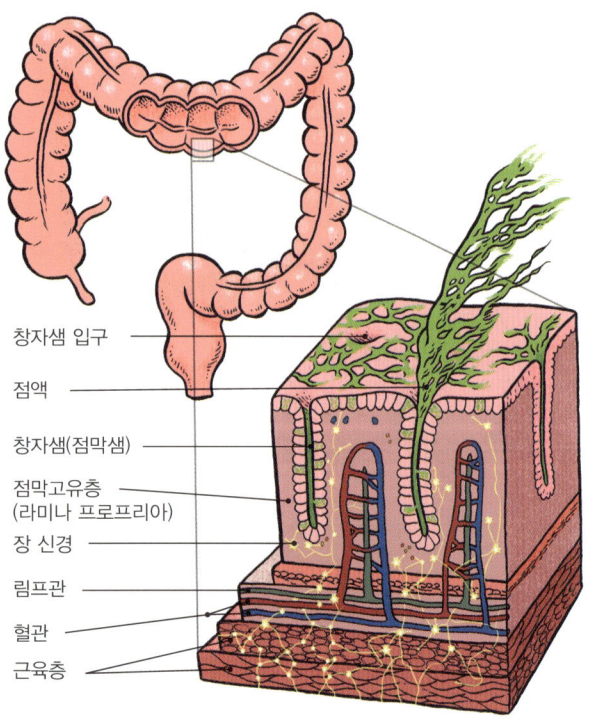

큰창자 바깥쪽 벽은 근육층이 장 전체를 감싸고 보호합니다. 안쪽 벽은 큰창자 세포가 상피세포층을 이루며, 수많은 창자샘이 분화구처럼 널려 있습니다. 술잔세포(점액세포)로 덮여 있는 창자샘은 점액을 분비하고 장내 수분을 흡수합니다

16. 살모넬라균은 정체가 뭘까?

16페이지 참조.

살모넬라*Salmonella*는 세균의 한 속으로, 슈도모나도타*Pseudomonadota*(이전에는 프로테오박테리아*Proteobacteria*) 문에 속합니다.

이 잠재적으로 치명적인 세균이 인간이나 동물의 소화관에 들어가면 며칠 동안 설사, 발열, 구토, 경련과 같은 증상을 일으킬 수 있죠. 살모넬라균에 의한 감염의 대부분은 사람 또는 동물의 배설물에 오염된 닭고기나 돼지고기를 먹는 것에 의해 발생합니다.

살모넬라균이 장내에 자리 잡고 감염을 일으키면 우리 몸은 많은 점액을 생성하여 설사를 유발합니다. 그러나 일부 살모넬라 감염의 경우, 세균이 림프계와 순환계로 침투하여 더 심각한 질병인 장티푸스를 일으킬 수 있죠. 여기서 세균의 독소는 신체를 쇼크 상태로 만들고 사망까지 초래할 수 있습니다.

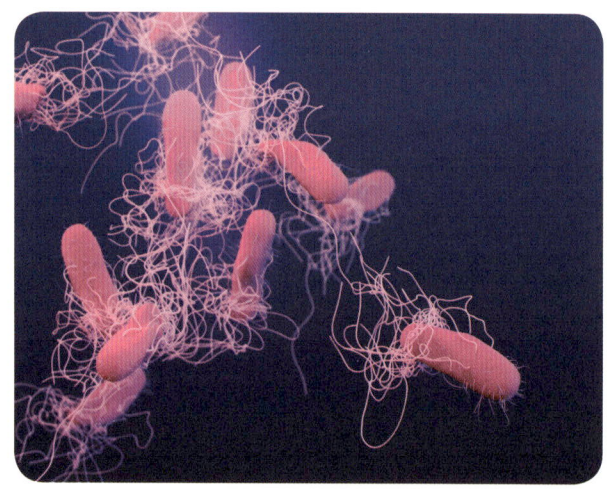

이미지: 살모넬라균의 디지털 일러스트.
출처: 미국질병통제예방센터(CDC).

17. 살모넬라가 점막밑층으로 끌려가서 왜 기뻐할까?

16페이지 참조.

살모넬라균은 세포 내 병원균으로, 바이러스와 유사하게 숙주 세포 내에서 증식합니다. 살모넬라균은 종류에 따라 목표로 삼는 몸의 부위가 다르고 증상도 다릅니다. 하지만 모든 종류의 살모넬라균은 장 세포벽이 형성한 방어막을 뚫고 점막밑층으로 들어가야 합니다. 살모넬라의 한 가지 전략은 수지상세포(Dendritic Cells)에 의해 채취(잡힘)되는 것을 이용하여 장벽을 뚫는 것이죠.

18. 상피세포와 미세융모가 무엇일까?

17페이지 참조.

모든 동물(인간 포함)의 몸은 4가지 주요 조직으로 구성됩니다 - 결합조직, 근육조직, 신경조직, 상피조직. 우리의 상피조직은 피부와 연질 장기, 공기 통로, 생식기관, 그리고 소화관의 안쪽과 바깥쪽을 덮고 있는 하나 이상의 상피세포층으로 형성됩니다.

모든 상피세포의 주요 기능은 다음과 같습니다.

- 독소, 병원균 또는 물리적 손상으로부터 밑에 있는 조직 보호.
- 화학 물질의 교환을 조절하여 영양분과 수분을 흡수하는 데 도움.
- 호르몬, 점액, 효소 분비.

소화관의 안쪽은 매우 가깝게 붙어 있는 단일 층의 기둥 모양의 상피세포로 덮여 있습니다. 이 세포들은 소화 시스템을 따라가면서 위치와 특징에 따라 다른 작업을 수행하죠. 우리 장의 가장 일반적인 상피세포 유형은 영양분 흡수에 특화된 장 상피세포입니다. 장 상피세포는 위쪽 표면에 미세융모라는 미세한 손가락 모양의 돌출부를 가지고 있어 표면적을 크게 증가시키는 효과를 가져와 소화관을 통과하는 음식에서 영양분을 효율적으로 흡수합니다.

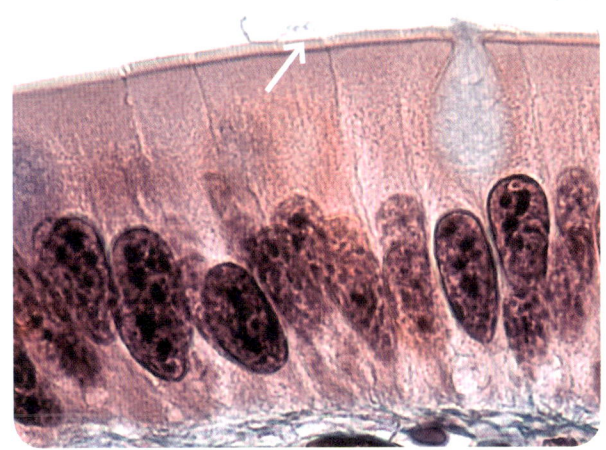

그림: 상피세포를 보여주는 장벽 단면도. (화살표 표시가 미세융모)
출처: 버크셔 커뮤니티 칼리지 생명과학 도서관.

장을 구성하는 장세포들 사이에는 세 가지 주요 유형의 상피세포가 흩어져 있습니다. 점액을 생성하는 술잔세포, 항균 물질을 생성하는 파네트세포, 소화계와 신경계 사이의 메신저 역할을 하는 장 내분비세포입니다.

인접한 상피세포 사이의 접합부는 단백질로 단단히 결합되어, 잠재적으로 해를 끼칠 수 있는 미생물이 우리 몸 안으로 침투하는 것을 방지합니다. 이러한 접합부가 손상되면 만성 염증으로 이어질 수 있으며, 이로 인해 과민성대장증후군(IBS)과 같은 다양한 건강 문제가 생길 수 있죠.

술잔세포에 대한 자세한 내용은 92번 질문에서, 장 내분비세포에 대한 자세한 내용은 62번과 99번 질문에서 확인할 수 있어요.

19. 이 '확대된 그림'에서 무슨 일이 일어나고 있나?

17페이지 참조.

이 이미지는 면역체계의 조기 경고 시스템 중 하나인 톨유사수용체(TLR)를 보여줍니다. 우리 상피세포의 표면에는 장내 미생물에서 흔히 발견되는 분자 패턴을 인식하도록 진화한 일부 수용체가 있습니다. 이러한 수용체는 조기 경고 시스템처럼 작동합니다. 미생물을 감지하면 TLR은 케모카인이라는 화학신호를 방출하여 인근 면역세포(예: 수지상세포)를 감염 가능성이 있는 부위로 유도합니다.

수용체란?

수용체는 특정 표적 분자를 인식하도록 설계된 세포 표면의 특수 단백질입니다. 코가 다양한 종류의 냄새 분자를 감지하도록 진화한 것처럼, 세포는 표면에 수백만 개의 유사 감각 구조를 가지고 있죠. 표적 분자가 수용체에 결합하면 일반적으로 세포 내에서 특정 사건을 일으켜 다양한 행동이 발생합니다. 이렇게 수용체는, 세포가 신호를 감지하고 적절한 반응을 일으켜 외부환경 변화에 적응할 수 있도록 합니다.

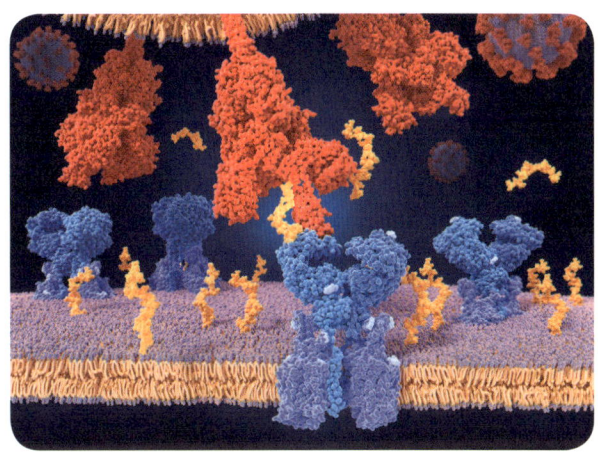

그림: 병원체의 표면단백질(빨간색)이 인간 세포수용체(파란색)에 결합하는 것을 보여주는 디지털 일러스트.
출처: Juan Gärtner (Adobe Stock photos).

20. 케모카인이 뭘까?

17페이지 참조.

우리 몸의 세포들은 끊임없이 서로 소통하고 있습니다. 세포는 볼 수도 들을 수도 없지만, 우리의 냄새 감각과 비슷하게 다양한 분자를 감지할 수 있는 강력한 능력을 가지고 있죠. 우리 몸의 세포들이 서로 소통하고 정보를 공유하는 데 일반적으로 사용하는 분자 그룹 중 하나는 사이토카인이라고 불리는 작은 단백질입니다.

많은 세포들(상피세포를 포함하여)은 감염, 염증, 물리적 외상과 같은 문제에 직면할 때 면역세포에 신호를 보내기 위해 사이토카인을 방출합니다. 이 메신저 분자는 '내 손가락에 가시가 있다!' 또는 '위험해, 여기 잠재적으로 위험한 미생물이 있어!'라고 외칩니다.

사이토카인 중 하나는 케모카인chemotactic cytokines이라 불립니다. 이 분자들은 주화성(chemotaxis, 화학운동성)을 유발합니다. 주화성이란 특정 면역세포가 화학적 자극에 따라 신호의 근원과 잠재적 위험을 향해 이동하는 것을 말합니다.

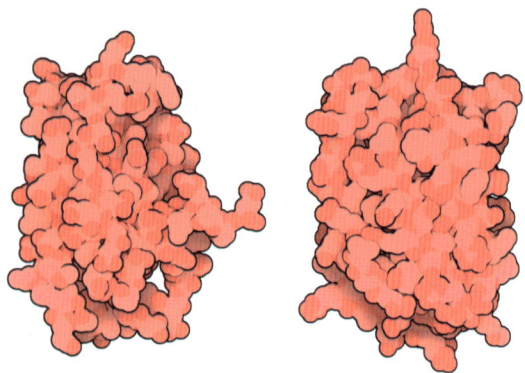

이미지: 두 개의 사이토카인 단백질의 형태를 보여주는 일러스트.
출처: David S. Goodsell.

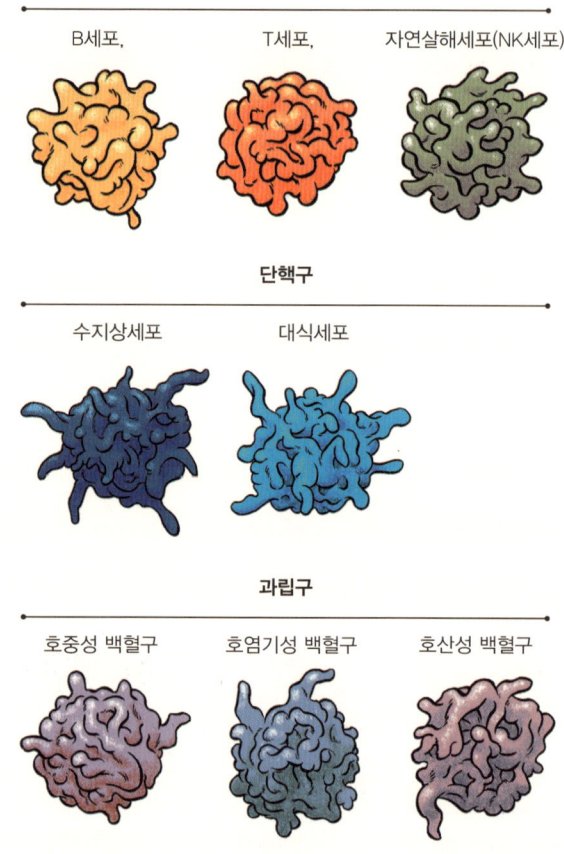

면역세포(백혈구) 주요 3그룹: 림프구 (B세포, T세포, NK세포), 단핵구 (수지상세포, 대식세포), 과립구 (호중성 백혈구, 호염기성 백혈구, 호산성 백혈구)

인체 면역 시스템 소개

건강한 몸은 일정한 조건을 필요로 합니다. 예를 들어, 일정한 체온, 수분 수준, pH, 혈당 등이 있습니다. 이 내부 균형 상태를 항상성이라고 하며, 우리 몸은 이 항상성을 유지하기 위해 노력합니다. 그래야 세포, 조직, 기관이 제대로 기능하여 우리가 생존할 수 있습니다.

우리는 모두 상처 후의 붉어짐과 부기, 감염에 부어오른 림프절과 같은 우리 몸의 많은 면역반응에 익숙합니다. 하지만 표면 아래에서 면역세포(백혈구)는 끊임없이 발신되는 복잡한 화학신호를 중심으로 풍부한 안무를 펼치며 잠재적인 위협을 퇴치하고 균형을 회복하기 위해 분주히 움직입니다.

매일 우리의 몸은, 생선가시와 같은 이물질, 돌연변이 세포(암으로 이어질 수 있음), 박테리아와 바이러스를 포함한 다양한 위협에 직면합니다. 우리를 이 위협으로부터 보호하기 위해 작동하는 분자, 세포, 혈관, 기관의 복잡한 네트워크가 바로 면역계입니다.
모든 유기체는 면역계를 가지고 있죠. 심지어 단세포 미생물인 박테리아도 (박테리아를 먹는) 박테리오파지 바이러스나 독소의 화학 공격으로부터 세포를 보호하는 효소(활성 단백질)를 포함한 간단한 면역체계를 가지고 있습니다.

우리 면역계의 대부분(약 80%)은 장에 있습니다. 이는 우리 몸에 있는 약 40조 개의 박테리아 중 약 99%가 장의 점액 숲에 살고 있다는 점을 감안할 때 의미가 있죠. 그리고 이 박테리아 중 대부분은 이 끈적끈적한 숲에서 행복하게 살고 있지만, 살모넬라 같은 일부 유해한 박테리아는 우리 상피세포 장벽을 뚫고 들어가 해를 입히려고 끊임없이 노력하고 있습니다.

포유류의 면역계는 크게 두 가지 부문으로 나뉩니다. 선천성 면역계와 후천성 면역계입니다. 이름에서 알 수 있듯이 선천성 면역계는 우리가 태어날 때부터 가지고 있는 면역 형태로, 몇 초 안에 작동할 수 있죠. 1차 방어선으로서 항상 미생물들을 조사하고 그들이 친구인지 적인지 파악하기 시작합니다.

선천성 면역계의 많은 세포(호중구, 대식세포, 수지상세포와 같은)는 식세포라고도 합니다. 이러한 유형의 세포는 식세포작용(phagocytosis)이라는 과정을 사용하여 외부 물질이나 세포를 삼키고 분해하여 우리 면역계가 그들이 무엇인지 파악하거나 단순히 제거하도록 돕습니다. 물체의 종류(예: 친구 또는 적, 박테리아 또는 바이러스)에 따라 이러한 세포는 다른 신호를 방출하여 다른 면역세포가 더 구체적인 면역반응을 일으키도록 돕습니다.

우리 몸에 들어오는 대부분의 병원성 미생물은 선천성 면역계에 의해 제거됩니다. 그러나 선천성 면역계가 특정 병원성 미생물에 효과적으로 대처하지 못하는 경우, 후천성 면역계의 T세포와 B세포가 침입자를 제거하는 데 도움을 줍니다(항체를 생성하는 경우가 많음). 우리의 면역계는 처음에는 텅 빈 상태로 시작하여 우리가 자라면서 다양한 미생물을 만나고 기억함에 따라 점점 더 강력하고 정밀해지죠. 다행히도, 우리는 대부분의 치명적인 미생물에 면역력을 갖기 위해 감염까지 감수할 필요는 없습니다. 왜냐하면 이 학습 과정을 가속화하는 데 도움이 되는 백신이 있기 때문입니다!

21. 레인저는 누구인가?

17페이지 참조.

면역계는 결코 휴식을 취하지 않습니다. 그것은 비피더스균과 같은 유익한(공생적인) 박테리아부터 살모넬라 같은 질병을 일으키는(병원성) 박테리아에 이르기까지 수많은 미생물과 끊임없이 상호작용합니다. 상황을 복잡하게 만드는 것은, 일부 박테리아가 환경의 변화 때문에 유익한 것에서 질병을 일으키는 박테리아로 바뀔 수 있다는 점입니다. 여기서 수지상세포(일명, 레인저)가 등장합니다.

수지상세포는 항원제시세포이기도 합니다. 그들의 주요 역할은 장에서 항원 물질(덴드리가 '검체'라고 부르는 것)을 샘플링하고 처리한 다음 이 항원을 세포 표면에 표시하여 관리자인 T세포에 제시하는 것입니다. 이런 방식으로, 그들은 메신저 역할을 하여 선천성 면역계와 후천성 면역계 사이에 새로운 정보를 끊임없이 전달합니다.

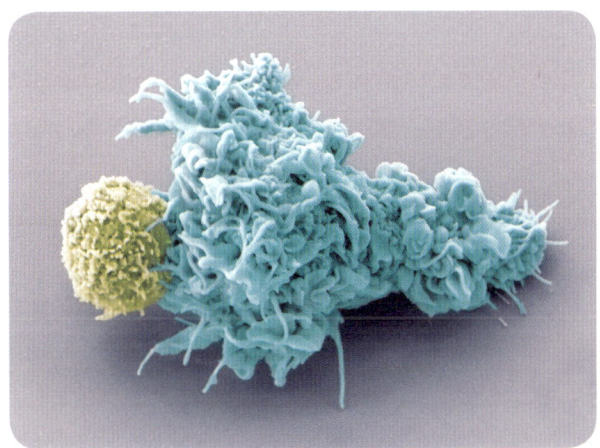

이미지: T세포(노란색)에게 항원을 보여주는 수지상세포(파란색). 주사전자현미경 이미지.
출처: 올리비에 슈워츠 박사, 파스퇴르 연구소 (Science Photo Library).

22. 장을 둘러싸고 있는 이 혈관과 세포들은 어떤 일을 하는가?

19페이지 참조.

장벽을 덮고 있는 상피세포 아래의 영역은 점막고유층(라미나 프로프리아lamina propria)이라고 합니다. 이 얇은 층의 느슨한 결합 조직은 장 점막의 중간 지대를 형성하죠. 이 모든 것은 때때로 수축하여 물건(음식물이나 변)의 이동을 돕는 바깥쪽의 매끄러운 근육층(불수의근)에 둘러싸여 있습니다.

점막고유층은 영양분과 면역세포를 장으로 들여오거나 내가는 데 도움이 되는 혈관과 림프관이 풍부합니다. 혈관 모세포는 신선한 산소와 포도당을 공급하는 적혈구를 운반하여 주변 상피세포에 영양을 공급합니다. 이 적혈구는 또한 이산화탄소 폐기물을 운반합니다. 이러한 과정은 마치 도시의 개별 가정과 건물에 상수와 하수를 공급하는 다양한 파이프 시스템과 유사합니다.

장 주위의 점막고유층 영역에는 백혈구(면역세포)도 많이 있습니다. 과학자들은 이 부위에 신체의 약 80%의 면역세포가 살고 있다고 추정하죠. 수지상세포가 장벽을 통해 검체를 채취하는 것 외에도 (2차 림프소포 안에) T세포와 B세포, 그리고 침입자를 찾기 위해 세포 간 공간을 순찰하는 대식세포가 많이 있습니다.

> **알고 있나요?**
>
> 혈액은 항상 붉은색이지만, 산소가 없는 혈액이 정맥에서 심장과 폐로 흐를 때, 반사되는 빛은 혈액을 약간 푸른색으로 보이게 합니다. 이는 혈액에 포함된 헤모글로빈의 특성 때문이죠. 헤모글로빈은 산소와 결합하면 붉은색이지만, 산소가 없으면 검붉은 색을 띠게 됩니다.

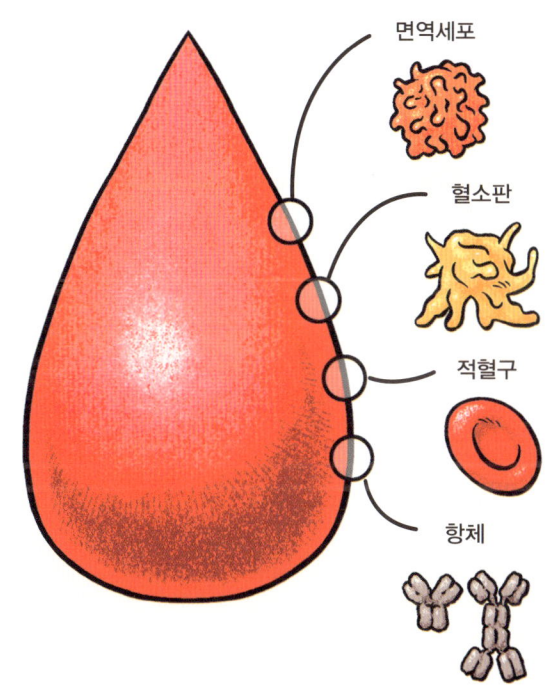

혈액 한 방울에는 면역세포, 혈소판, 적혈구, 항체가 혼합되어 있다.

23. 항원이 뭘까?

20페이지 참조.

우리의 면역계는 결정을 내릴 때 항원을 많이 사용합니다. 항원은 항체나 T세포 수용체에 결합하여 면역반응을 유발할 수 있는 외부 분자(예: 박테리아의 단백질이나 DNA), 또는 입자(예: 꽃가루 알갱이나 먼지)로 정의합니다. 우리 장은 음식과 미생물로부터 다양한 항원에 지속적으로 노출되기 때문에, 인체가 성장함에 따라 많은 면역세포가 이러한 항원을 인식하고 기억하게 됩니다.

항원을 수집하고 제시할 수 있는 세포는 많지만, 수지상세포가 가장 중요한 항원제시 세포로 여겨지며, 우리 몸의 T세포(매니저)가 효과적인 면역반응을 개발하는 데 필수적입니다. 항원은 면역계가 병원체를 인식하고 공격하는 데 도움이 되는 중요한 요소입니다. 항원이 없으면 면역계는 병원체를 구분할 수도, 공격할 수도 없으니까요.

24. 수지상세포는 어떻게 살모넬라를 소화할까?

<u>20페이지 참조.</u>

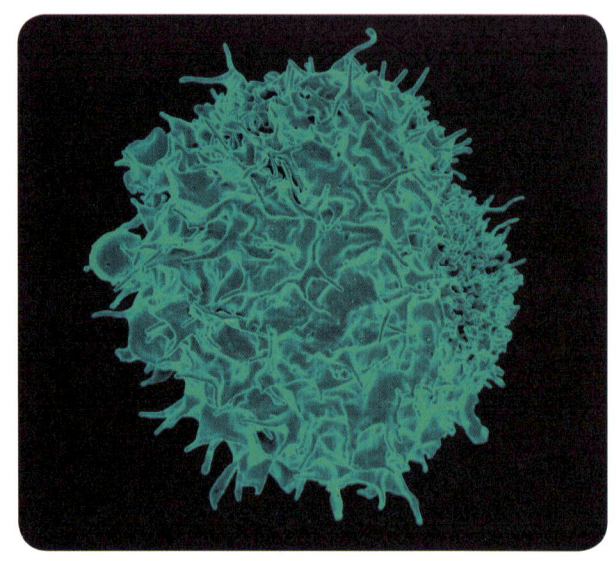

이미지: 주사전자현미경으로 본 T세포. (청록색으로 채색)

수지상세포는 흔히 대식세포, 호중구와 함께 식세포로 설명됩니다. 종류가 다른 이들 면역세포 그룹은 모두 **식세포작용** 과정을 사용합니다. 즉, 세포가 막을 사용하여 더 작은 입자를 둘러싸는 것을 말합니다. 이 입자는 '파고솜'이라고 하는 내부 구획으로 삼켜져 자유라디칼과 효소의 혼합물에 의해 분해됩니다. 대식세포나 호중구는 단순히 불필요한 미생물을 죽이기 위해 식세포작용 과정을 사용하지만, 수지상세포의 주요 임무는 항원 검체에 대한 정보를 수집하고 그들의 관리자인 T세포에 제시하는 것이라는 점에서 차이가 있죠.

25. 관리자는 무엇인가?

<u>21페이지 참조.</u>

면역계의 가장 중요한 작업 중 하나는 미생물이 무해한지 위험한지 판단하고 결정하는 것입니다. 수지상세포는 끊임없이 장에서 검체를 채취하고 T세포에 제시하여 **T세포**가 이들이 친구인지 아니면 위협을 가하는 존재인지 판단하도록 합니다.

T세포(T림프구라고도 함)는 새로운 외부 항원이 유발할 잠재적 위협에 면역계가 어떻게 대응할지를 관리하는 데 핵심적인 역할을 합니다. 여러 T세포 유형이 있으며, 다음과 같은 다양한 작업을 수행합니다.

- **킬러T세포 & 보조T세포**: 병원성 미생물이나 암세포(염증반응) 제거를 인식하고 조정한다.
- **조절T세포**: 다른 면역세포의 반응(염증반응)을 통제하고 하향 조절한다.
- **기억T세포**: 음식, 박테리아, 바이러스 항원과의 이전 접촉에 대한 장기기억을 저장한다.

T세포가 어떻게 발달하는지 더 자세히 알아보려면 72번 질문을 참조하세요.

26. T세포는 왜 수지상세포를 죽일까?

<u>22페이지 참조.</u>

수지상세포는 끊임없이 장에서 새로운 샘플(검체)를 수집하여 현재 존재하는 미생물과 그 개체 수에 대한 정보를 우리 몸의 면역계에 제공합니다.

수지상세포가 항원을 T세포에 제시하는 과정은 수지상세포를 성숙시켜서 더 이상 새로운 샘플을 수집할 수 없게 만듭니다. 그래서 수지상세포가 이 정보를 제시하면, T세포 관리자는 사이토카인 신호를 방출하여 수지상세포가 스스로 **세포사멸**(apoptosis)을 일으키도록 합니다. 이렇게 하면 면역계가 오래된 정보를 조절하고 삭제하여 현재 상황에 맞게 업데이트하고 면역계가 과잉 반응하는 것을 방지할 수 있죠. 예를 들어, 어떤 한 수지상세포가 살모넬라의 항원 샘플을 다른 여러 T세포에 중복해서 제시하면, 신체는 장내에 살모넬라 박테리아가 더 많이 존재한다고 잘못 생각하고 과잉 반응할 수 있는 것이죠.

27. T세포와 B세포는 점막고유층에서 무슨 일을 할까?

<u>24페이지 참조.</u>

우리 장의 상피벽은 다양한 미생물의 침입 위협을 끊임없이 받고 있습니다. 그중 일부는 해를 끼칠 수도 있죠. 따라서 장 표면 아래에 있는 점막고유층 조직에는 다양한 면역세포가 많이 있습니다. 예를 들어, **보조 T세포**가 활성화되면 염증반응을 자극할 수 있는데, 이는 ① B세포를 활성화하여 장에 IgA 항체를 분비하게 하고, ② 대식세포와 호중구를 공격적인 박테리아 제거 모드로 전환시킵니다.

대식세포와 호중구에 대한 자세한 내용은 38번 질문, 122번 질문을 참조하세요.

큰 힘에는 큰 책임이 따른다.

이 염증반응은 많은 에너지를 소비합니다. 더군다나 무해한 음식 입자나 미생물의 항원에 대한 제약 없는 염증은 장기적인 조직 손상을 유발하고 염증성 장 질환(크론병과 궤양성 대장염 같은)을 일으킬 수 있습니다. 따라서 무해한 항원에 대한 불필요한 과잉 반응은 조절되어야 합니다.

점막고유층에 서식하는 조절T세포는 수지상세포와 긴밀히 협력하여 평화로운 균형을 조절합니다. 그들은 안전한 미생물을 용인하는 법을 배우는 한편, 보조T세포가 위험한 미생물을 공격하도록 허용합니다. 이렇게 T세포와 수지상세포가 이 항상성 균형을 적극적으로 관리하지 않는다면, 우리의 면역계는 끊임없는 염증 상태에 머물면서 우리 장 속에 서식하는 수조 개의 미생물을 공격하고 죽이려 할 것입니다. 조절T세포는 면역계가 장내 미생물총과 조화롭게 살아갈 수 있도록 도와줄 뿐만 아니라, 자가면역 질환(자신의 세포가 자신의 몸을 공격하는 질환)을 예방하는 데에도 도움이 됩니다.

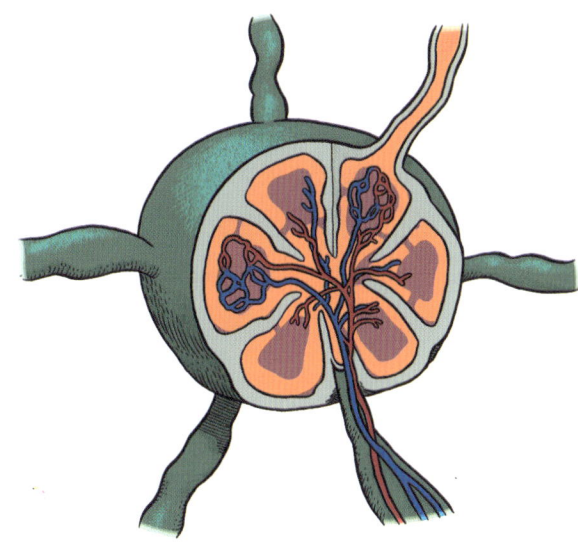

이미지: 림프절 단면도.

> **알고 있나요?**
>
> 짧은사슬지방산과 식이지방(콜레스테롤이나 오메가3 지방산 같은)이 염증성이 강한 T세포보다는 항염증성인 조절T세포의 발달을 촉진하는 것으로 나타났습니다. 이는 식이섬유가 풍부한 식단을 섭취하면 천식, 알레르기 비염, 류마티스 관절염 같은 자가면역 질환을 예방하거나 줄일 수 있음을 시사합니다.

각 림프절에는 T림프구(T세포)와 B림프구(B세포)라고 하는 수십억 개의 면역세포가 있습니다. 많은 수의 수지상세포가 미생물이나 음식 분자를 채취한 후 혈액을 통해 인근 림프절로 이동하여 항원을 T세포에 제시하고 보조T세포를 활성화시킵니다. 활성화된 보조T세포는 인근 B세포를 자극하여 빠르게 증식하고 해당 항원에 맞는 항체를 생성하여 그 항원이 제시하는 잠재적 위협을 중화할 수 있습니다.

28. 림프절이 무엇일까?

25페이지 참조.

림프절은 편도선, 비장 및 흉선과 함께 림프계의 일부입니다. 림프절은 면역계의 중요한 부분이며, 감염으로부터 우리를 보호하는 데 필수적입니다. '림프'라는 단어는 고대 로마의 신인 신선한 물을 뜻하는 '림파Lympha'에서 유래하였습니다. 림프계의 주요 기능 중 하나는 혈액과 림프액을 몸 전체에서 배출하고 여과하여 순환계로 다시 흡수하는 것입니다. 이 과정에서 림프계는 또한 죽은 혈액 세포와 같은 폐기물을 제거하는 데 도움을 줍니다. 림프계가 없으면 조직이 액체와 잔해로 막혀 풍선처럼 부풀어 오를 것입니다!

심장의 박동에 의해 흐름이 유지되는 순환계와 달리 림프계는 근육 수축 같은 움직임에 의해 흐름이 유지됩니다. 이것이, 과학자들이 운동이 감염 방지에 도움이 될 수 있다고 생각하는 이유입니다.

림프관은 면역계의 고속도로 역할을 합니다. 림프절은 면역계의 중앙 분류 기지입니다. 면역세포가 만나 정보를 교환하고 잠재적인 병원균을 식별하고 감염과 싸우는 허브죠.

이미지: 림프절 내부의 면역세포를 보여주는 주사전자현미경 이미지. (1,000배 확대)
출처: Steve Gschmeissner (Science Photo Library).

29. 왜 장에 림프절이 그렇게 많을까?

25페이지 참조.

성인의 몸에는 약 500개의 림프절이 있습니다. 80%의 면역세포가 장에 살고 있다는 점을 고려할 때, 면역세포를 수용할 림프절이 장에 그렇게 많은 것이 이해가 되죠. 그리고 겨드랑이와 목 주위에도 림프절이 많이 있습니다. 이들은 감염과 싸울 때 세포의 급속한 증식으로 인해 종종 아프고 부어오를 수 있죠.

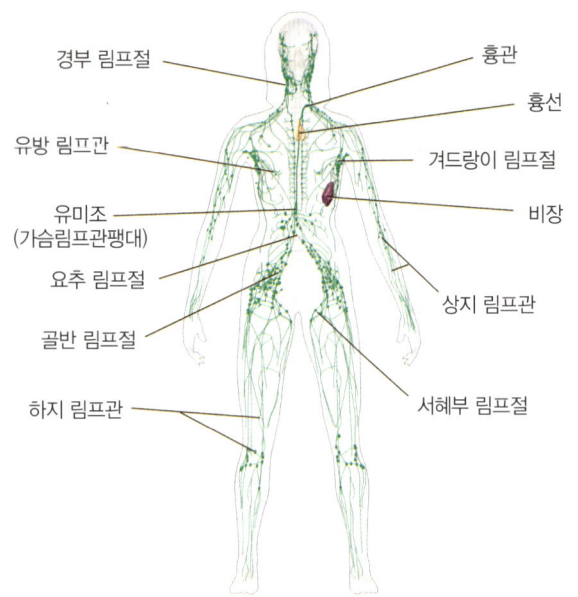

이미지: 인간 림프계.
출처: Blausen.com staff (2014), "Medical gallery of Blausen Medical 2014".

30. T세포와 수지상세포는 왜 콜라겐 로프를 따라 이동할까?

26페이지 참조.

수지상세포가 항원에 완벽하게 맞는 수용체를 가진 정확한 T세포를 찾는 매칭 과정은 며칠이 걸릴 수 있습니다. 마치 건초더미에서 바늘 찾는 것과 같죠. 림프절에는 콜라겐 단백질 섬유로 된 그물망이 있어서 만날 가능성과 올바른 짝을 찾을 가능성을 높여줍니다.

31. T세포는 어떻게 수용체를 사용하여 비피를 친구로 식별할까?

28페이지 참조.

우리 면역계가 해로운 미생물로부터 몸을 보호하는 능력의 핵심은 우리 자신의 세포(자기)와 외부 세포(비자기)를 구별하는 능력입니다. 그러나 몸에 있는 모든 외부 세포를 파괴할 필요는 없죠. 왜냐하면 우리 몸은 장내에 서식하는 수조 개의 유익하고 도움이 되는 미생물을 키우는 것에서 이익을 얻기 때문입니다.

친구를 죽이지 마세요.
모든 세포는 표면에 고유한 단백질 패턴을 표시합니다. T세포 표면의 수용체는 이러한 단백질을 인식하고 이것으로 '자기'와 '비자기'를 구별할 수 있습니다. 박테리아는 표면에 '자기' 단백질을 가지고 있지 않지만, 조절T세포는 많은 유익한 장내 박테리아(예: 비피)를 '자기'로 인식하고 받아들입니다. 이것이 정확히 어떻게 발생하는지는 아직 알려지지 않았죠.

수용체 모양에 대해 더 자세히 알아보려면 7번 질문을 참조하세요.

이미지: 수지상세포(녹색)가 항원(빨간색)을 T세포(파란색)에 제시하는 모습을 보여주는 일러스트.
출처: David S. Goodsell.

32. 비피는 어디에 필요할까? 스포일러 주의!

28페이지 참조.

비피는 새로운 인간 숙주의 장내 미생물총을 형성하는 데 필요합니다. 과학자들은 아직 이 과정이 인간에게 어떻게 작용하는지 더 잘 이해하려고 노력하는 중이지만, 인간과 실험쥐를 대상으로 한 연구에 따르면 특정 박테리아는 엄마의 장으로부터 유방으로, 그리고 유아의 장으로 이동할 수 있습니다.

우리는 이 여정이 정확히 어떻게 이루어지는지 알지 못하지만, 좋은 이야깃거리는 될 것입니다! 우리가 상상한 방식(현재의 과학에 기반하여)

은 덴드리가 비피를 장 주변의 림프절에서 림프관을 통해 운반하여 엄마의 젖샘 중 하나에 전달하는 것입니다. 여기에서 비피는 모유를 통해 아기의 장으로 이동하여 장내 미생물총을 형성하는 데 중요한 역할을 합니다.

덴드리와 비피는 목적지에 도달하기 위해 순환계의 혈관을 통해 이동했을 수도 있습니다. 이 이야기는 이것이 어떻게 일어날 수 있는지에 대한 한 가지 가능성을 제시하지만, 아직은 미생물학자와 면역학자 간의 더 많은 협력이 필요할 것으로 보입니다.

33. 젖샘이란 무엇인가?

28페이지 참조.

포유류는 젖샘을 사용하여 새끼를 먹일 젖을 만듭니다. 젖샘은 아이가 태어난 후 처음 2~3년 동안 성장과 발달을 돕기 위해 완벽한 지방, 단백질, 탄수화물(당) 혼합물을 생산합니다.

젖샘의 기본 요소는 유선포(샘꽈리)입니다. 각 유선포는 수백 개의 특수한 모유분비세포(lactocyte)로 이루어지며, 젖을 배출하기 위해 수축하는 근상피세포의 그물망에 둘러싸여 있죠. 유선포는 포도송이처럼 뭉쳐져 소엽을 이룹니다. 소엽에는 각각 젖샘관이 하나씩 있으며, 이를 통해 젖을 젖꼭지로 운반합니다.

과학자들은 여전히 비피 같은 박테리아가 어떻게 젖샘에 도달하여 신생아의 장으로 여행을 시작할 수 있는지 이해하기 위해 노력하고 있습니다. 이 만화는 현재 상태의 과학적 정보에 영감을 받았지만, 새로운 연구에 따라 항상 변화하고 더 정확해질 수 있습니다.

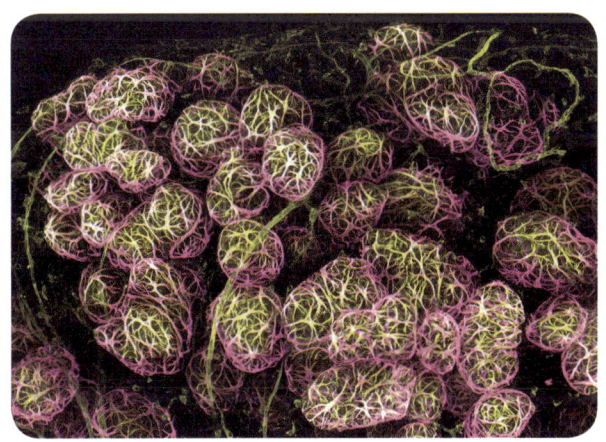

이미지: 젖샘에서 유선포를 둘러싸고 있는 근상피세포(노란색)를 보여주는 주사전자현미경 이미지. (63배 확대)
출처: 호주 멜버른 WEHI의 Caleb Dawson.

제3장
엄마젖의 신비

34. 모유란 무엇인가?

33페이지 참조.

인간 모유는 생후 2~3년 아기에게 이상적인 음식입니다. 성장과 발달의 초기 단계에서 필요한 모든 영양을 제공함과 동시에 아기를 감염으로부터 보호하고 장내 미생물총과 면역계의 발달을 돕습니다. 모유 수유는 인간에게 생물학적으로 지극히 정상적인 일입니다.

인간 모유는 또한 아이들의 장래 건강을 좌우하고, 소아 비만과 천식, 아토피, 크론병, 궤양성 대장염, 당뇨병과 같은 자가면역 질환의 위험을 줄입니다. 모유 수유는 엄마의 건강에도 유익합니다. 모유 수유를 하는 엄마는 유방암과 난소암, 산후 우울증의 위험이 낮고, 모유 수유 중 분비되는 호르몬은 출산 후 신체의 회복을 돕습니다.

세계보건기구(WHO)는 생후 6개월 동안 모유 수유를 권장하고, 이후 2년 이상 고형식과 함께 모유 수유를 할 것을 권합니다. 모유 수유를 시작할 때, 신생아는 주당 최대 36시간까지 젖을 먹을 수 있습니다. 엄마에게 그야말로 풀타임 직업이나 다름없죠! 상상할 수 있듯이, 이것은 모유 수유를 사랑의 노동으로 만듭니다. 특히 엄마가 직장에 복귀할 때는 더더욱 그렇습니다.

모유 수유가 자연스럽다고 해서 자연스럽게 되는 것은 아닙니다. 많은 신생아는 젖꼭지를 제대로 물지 못해 먹지 못하고, 많은 엄마들은 유방 발달이나 유방 구조에 문제가 있어서 충분한 모유 공급을 할 수 없습니다. 어떤 경우는 유방에 통증이 있는 감염과 유선염 때문에, 또 건강 상태나 복용 중인 약물로 인해 모유 수유를 할 수 없습니다. 적절한 지원이 없으면 일부 모자간에는 좋은 수유 관계를 구축하는 것이 어려울 수 있다는 뜻입니다. 사실, 모유 수유 성공의 가장 큰 요소는 배우자, 가족, 직장, 사회의 지원입니다. 모유 수유를 하지 않는 (혹은 못하는) 많은 생물학적, 사회적 이유가 있겠지만, '모유 수유는 사랑'이라는 사실은 변하지 않습니다.

35. 사람은 어떻게 젖을 만들까?

33페이지 참조.

임신 16주경부터 프로게스테론과 프로락틴 호르몬은 유방 상피세포가 유당(젖당)과 같은 모유 성분을 생산할 수 있는 유선세포로 분화하도록 자극합니다. 그리고 아기가 태어난 후 프로게스테론 수치가 떨어지면서 다량의 모유가 생성됩니다. 각 유선포(샘꽈리)는 수백 개의 개별 유선세포로 이루어져 있는데, 엄마의 혈액과 몸의 일부 조직에서 지방, 단백질, 당, 물과 같은 모유의 모든 구성 요소를 합성하도록 특화되어 있습니다. 예를 들어, 엄마의 뼈에서 칼슘과 인 같은 미네랄을 사용합니다.

36. 초유가 무엇일까?

34페이지 참조.

사람의 모유는 물, 당, 지방, 단백질, 비타민, 미네랄, 항체, 유익한 미생물 등을 포함하는 영양가의 혼합체입니다. 그러나 이러한 **성분의 비율은 유동적**이며, 젖 분비는 아기의 변화하는 요구에 맞게 조정됩니다.

젖샘에서 만들어지는 첫 번째 유형의 모유(출산 후 3~4일 동안)는 **초유**(colostrum)라고 합니다. 초유는 소량으로 생산되지만 단백질이 풍부합니다. 또한 항체(IgA, IgG, IgM), 면역세포(대식세포 같은), 미네랄과 기타 생물 활성 화합물을 다량 함유하고 있어 신생아의 면역계 강화에 매우 큰 도움이 됩니다.

초유는 또한 비피더스균과 같은 유익한 박테리아를 신생아에게 전하기 시작합니다. 이 박테리아는 신생아가 음식을 소화하고 면역계를 발달시키는 데 도움이 되는 새로운 효소를 생성합니다. 그래서 이러한 박테리아를 먹이기 위해 초유는 또한 비피더스균이 좋아하는 음식인 복합 당 혼합물 모유올리고당(HMO)을 풍부하게 함유합니다.

> **알고 있나요?**
>
> 우유의 주요 단백질인 카제인(casein)은 스스로 조직화되어 작은 구형으로 변하여 빛을 산란시켜 우유가 흰색으로 보이게 합니다.

37. 사람의 모유는 어떤 성분으로 되어 있을까?

35페이지 참조.

모유는 대부분 물(약 87%)로 구성되어 있습니다. 그 외 나머지(13%)는 성장하는 아기에게 영양과 면역을 증진시키는 다양한 성분을 함유하고 있죠. 여기에는 약 50~200종류의 박테리아가 포함됩니다.

출생 후 6주 정도가 되면 초유는 **성숙한 모유**로 발달합니다. 이 성숙한 모유는 면역을 증진시키는 항체와 기타 항균 단백질(예: 리소자임과 락토페린)의 농도가 낮아지지만, 아기가 성장하는 데 도움이 되는 당, 지방, 비타민 같은 영양 성분은 증가합니다.

38. 대식세포가 무엇일까?

35페이지 참조.

인간의 모유에는 다양한 면역세포가 포함되어 있습니다. 모유 수유 초기에는 아기가 하루에 최대 100억 개의 다양한 면역세포(백혈구)를 섭취할 수 있죠.

대식세포는 초유에 들어있는 전체 면역세포의 약 절반을 차지하며, 원치 않는 박테리아에 대한 첫 번째 방어선입니다. 대식세포는 수지상세포와 마찬가지로 세포 내 섭식 과정인 '식세포작용(phagocytosis)'을 통해 박테리아를 포식합니다. 식세포작용은 대식세포가 촉수 모양의 팔을 뻗어 박테리아를 잡아 세포 내로 끌어들여 소화하는 과정입니다. *세포 내 섭식에 대한 자세한 내용은 24번 질문에서 확인할 수 있습니다.*

그러나 수지상세포와 달리 대식세포는 면역계의 학습 및 기억 과정에는 관여하지 않습니다. 대식세포의 주 목적은 원치 않는 세포를 찾아내서 먹어 치우는 것입니다.

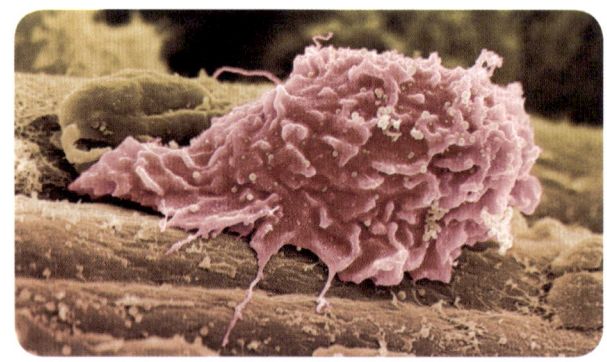

이미지: 대식세포의 채색된 주사전자현미경 이미지.
출처: Steve Gschmeissner (Science Photo Library).

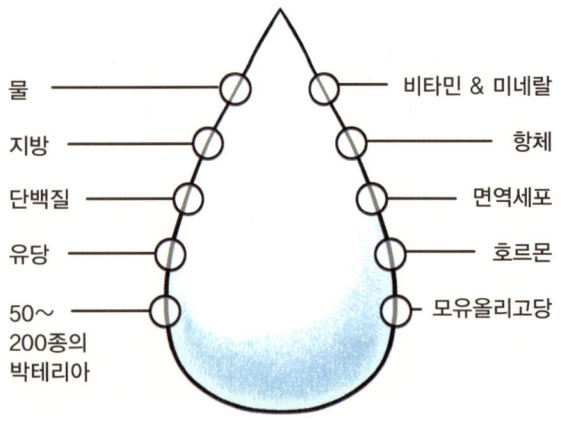

모유의 주요 성분은 아기의 성장에 따라 변합니다.

39. IgA와 IgG가 무엇일까?

36페이지 참조.

IgA는 항체의 일종입니다. 항체(또는 면역글로불린)는 B세포라고 불리는 특수한 면역세포가 만드는 **Y자 모양의 단백질**입니다. 이들은 박테리아와 바이러스 감염에 대한 반응으로 특히 이물질에 달라붙고 중화하도록 진화했습니다. 이 작은 무기는 수백만 가지의 다양한 모양과 크기로 존재하므로 모든 종류의 항원에 달라붙을 수 있습니다. 일부 항체는 태반을 통해 모체에서 아이로 전달되기도 하지만, 다른 무엇보다 모유가 감염으로부터 영아의 장내를 보호하는 첫 번째 항체 공급원입니다.

사람은 5가지의 다른 클래스의 항체(IgA, IgD, IgE, IgG, IgM)를 생성합니다. 모유에 있는 주요 면역글로불린은 분비형 IgA라고 불리는 **면역글로불린A**의 일종입니다. 이 범용 항체는 매우 끈적끈적하고 안정적이며 염증이나 조직 손상을 거의 일으키지 않습니다. 주요 임무는 병원균이 자리를 잡을 기회가 없도록 중화하는 것입니다. 이는 우리의 소화관과 다른 점막 표면의 섬세한 내벽을 침입자로부터 안전하게 유지하는 데 도움이 됩니다.

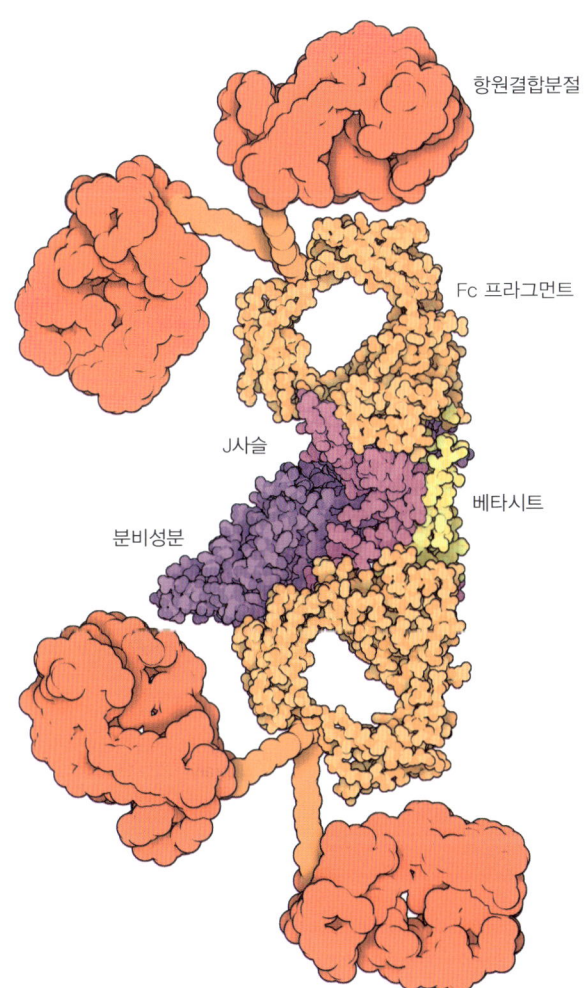

이미지: 분비형 IgA 항체 일러스트.
출처: David S. Goodsell.

40. 이 다양한 당들은 무엇인가?

36페이지 참조.

모든 음식은 지방, 단백질, 탄수화물의 세 가지 주요 분자 그룹으로 구성됩니다. 우리 몸은 이 그룹들을 각각 다른 용도로 사용하기 때문에, 균형 잡힌 식단(세 가지 그룹이 모두 포함된 건강한 식단)을 섭취하는 것이 중요하죠. 지방은 밀도가 높은 에너지원이며 세포막, 뇌 등에서 중요한 구조적 기능을 담당합니다. 단백질은 모든 세포의 성장과 수리에 특히 중요합니다.

모든 탄수화물은 탄소, 수소, 산소를 함유하고 있으며, 신체의 주요 에너지원입니다. 모든 탄수화물은 당으로 만들어지지만, 단순 탄수화물(예: 포도당, 설탕)은 단맛이 나기 때문에 일반적으로 '당'으로 설명됩니다. 다른 주요 탄수화물 그룹은 종종 '복합당'으로 설명되며, 이는 3개 이상의 당 사슬로 만들어지기 때문입니다.

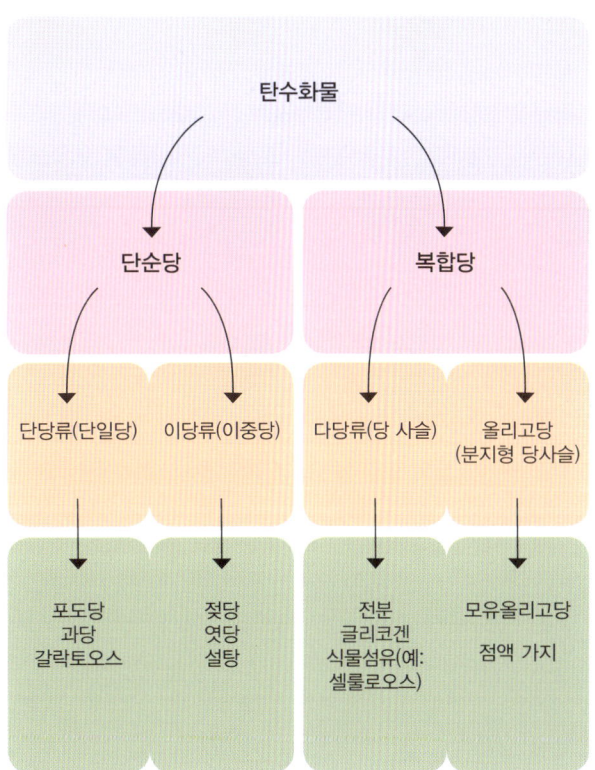

탄수화물은 두 가지 주요 그룹으로 나뉜다: 단순 탄수화물과 복합 탄수화물.

사람과 지구상의 대부분의 생물들이 에너지원으로 사용하는 주요 당은 포도당입니다. 그러나 모유의 주요 당은 젖당입니다. **젖당**은 포도당과 갈락토오스가 결합된 이당류입니다. 젖당은 유아의 에너지원이며 칼슘과 마그네슘 같은 미네랄의 흡수를 돕습니다.

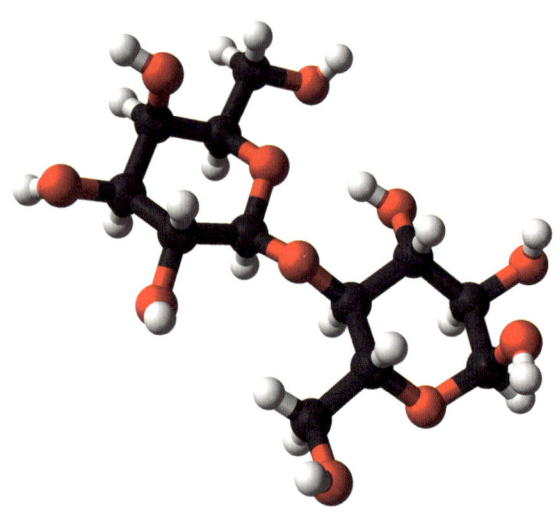

이미지: 락토오스 분자의 볼앤스틱 모형.

42. 모유 수유 피드백 시스템 (사출반사, 혹은 사유반사)

37페이지 참조.

뇌의 기저부에 위치한 아몬드 크기의 영역인 시상하부는 인근 뇌하수체를 통해 호르몬을 생성하고 분비합니다. 시상하부의 주요 기능은 **항상성**을 유지하는 것입니다. 즉, 신체의 내부 상태를 가능한 한 일정하게 유지하는 것이죠. 시상하부는 심장 박동, 체온, 식욕, 수면 주기 등을 조절하는 데 도움을 줍니다. 시상하부는 항상성 유지 외에도, 모유 수유 중 젖샘에서 젖이 분비되는 것도 관리할 수 있죠.

시상하부는 다른 두 가지 시스템을 통해 신체의 다양한 부분을 제어합니다. 바로 자율신경계(심장 박동, 호흡, 소화와 같은 필수 기능을 자동으로 제어하는 시스템)와 내분비계(혈액을 통한 호르몬의 메시지 전달 시스템)입니다.

내분비계는 호르몬 **피드백 시스템**을 통해 작동하며, 그중 일부는 시상하부에서 매개됩니다. 우리가 알고 있는 고전적인 피드백 시스템 중 하나는 배고픔과 포만감 사이의 균형(에너지 항상성)입니다. 이 부분은 62번 질문에서 더 자세히 설명합니다.

비록 젖당 같은 단순당은 많은 박테리아에게 훌륭한 에너지원이지만, 대부분의 젖당은 장에 도달하기 전에 위와 소장에서 소화됩니다. 장내 박테리아를 먹이기 위해 젖샘은 인간의 효소가 소화할 수 없는 모유올리고당(HMO)이라는 분지형 탄수화물(당)의 혼합물을 생성합니다.

모유올리고당에 대한 자세한 내용은 51번 질문에서 확인할 수 있죠.

> **알고 있나요?**
>
> 우리는 너무 많은 단당류가 당뇨병 같은 대사 장애나 질병을 유발할 수 있다는 것을 알고 있지만, 일부 과학자들은 이제 대체재로 사용되는 많은 인공감미료(예: 사카린, 아스파탐)가 우리 건강에 다른(그리고 잠재적으로 더 많은) 독성 효과를 유발한다고 생각합니다.

> **사출반사(사유반사, Let-down reflex)**
>
> 유방에서의 젖 분비는, 뇌하수체에서 옥시토신이라는 호르몬을 방출하는 피드백 루프에 의해 제어됩니다. 이 과정은 네 단계로 진행되죠.
>
> 1. 아기가 젖을 빨면 엄마의 뇌 시상하부에 신호가 보내져 아기가 배고프다는 것을 알려준다.
> 2. 시상하부는 뇌하수체를 자극하여 두 가지 호르몬을 분비한다.
>   - 프로락틴(젖을 만드는 호르몬)
>   - 옥시토신(젖을 분비하는 호르몬)
> 3. 이 작은 분자는 혈액을 통해 순환한다.
> 4. 옥시토신이 젖샘에 도달하면 개별 유선포 주위의 근육인 **근상피세포**를 수축시켜 유관을 통해 젖을 젖꼭지로 밀어낸다.
>
> 젖꼭지에 젖이 분비되면 아기에게 계속 젖을 빨도록 강화하는 긍정적인 메시지로 작용하고, 이는 다시 시상하부로 긍정적인 신호를 보내 옥시토신을 계속 분비하게 합니다. 이러한 과정은 아기가 배불러서 젖을 더 이상 빨지 않을 때까지 계속됩니다.

41. 모유에 정말로 박테리아가 있을까?

36페이지 참조.

모유에는 수백 종의 유익한 박테리아가 포함되어 있습니다. 여기에는 비피더스균, 유산균, 포도상구균, 연쇄상구균, 박테로이데스균 등이 있습니다. 이 박테리아 중 일부는 특히 장내의 초기 미생물총 개척자로서 면역계를 교육하고 병원성 박테리아를 밀어내는 데 중요한 역할을 합니다.

옥시토신은 출산 후 엄마와 아이 사이의 유대감을 형성하는 데 중요한 역할을 하는 것을 포함하여 출산의 여러 측면을 조정하는 데 도움이 됩니다. 그래서 '사랑의 호르몬'으로 알려져 있죠. 또한 옥시토신은 우리 삶의 모든 부분에 큰 영향을 미칩니다. 긍정적인 신체적, 사회적 경험은 우리 몸이 옥시토신을 생성하도록 촉진하고, 이는 다시 사랑, 신뢰, 공감의 감정을 증가시키면서 식욕, 두려움, 불안을 억제합니다.

내분비계에 대한 자세한 내용은 62번 질문에서 확인할 수 있습니다.

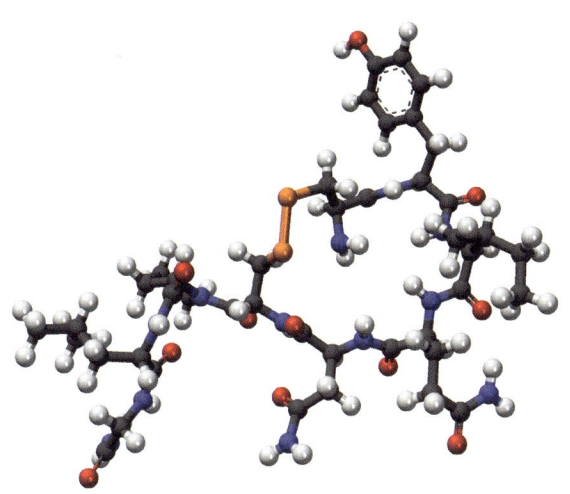

이미지: 옥시토신 분자의 볼앤스틱 모형.

43. 왜 공기 방울이 비피와 피도에게 위험할까?

39페이지 참조.

비피더스균은 모두 혐기성 박테리아입니다. 즉, 장과 질과 같은 산소가 없는 서식지에서만 살 수 있습니다.

이걸 이해하려면 먼저 우리가 숨 쉬는 공기는 주로 두 가지 가스로 이루어져 있다는 걸 알아야 합니다. 78%는 질소(N₂), 21%는 산소(O₂)입니다. 질소 가스는 상대적으로 반응성이 낮지만 산소는 불안정한 분자입니다. 따라서 산소는 다른 산소와 물 분자와 자주 반응하여 **자유라디칼**(짝짓지 않은 전자를 가진 원자단. 유리기)을 생성합니다. 일단 생성되면 자유라디칼은 주변의 DNA, 지방, 단백질을 손상시켜 세포막, 게놈의 손상과 급격한 세포사멸을 초래할 수 있습니다. 그래서 피도가 죽는 것입니다.

하지만 산소는 매우 유용합니다. 식물과 동물의 세포는 당과 지방으로부터 얻은 에너지를 방출하고 이산화탄소를 부산물로 생성하기 위해 산소를 사용합니다. 이것을 **호기성대사**라고 합니다. 우리 세포를 손상으로부터 보호하기 위해 식물과 동물은 자유라디칼을 흡수하는 **항산화 물질**을 생성합니다. 여기에는 효소(과산화수소 분해 효소, 과산화효소, 슈퍼옥시드 디스무타제)와 분자(글루타티온과 비타민C)가 포함됩니다.

거의 40억 년 동안 단세포 생물인 고세균과 박테리아(비피더스균 같은)는 지구상의 모든 환경에서 살고 호흡할 수 있도록 적응했습니다. 여기에는 산소가 존재하지 않는 환경도 포함됩니다. 예를 들어 호수 바닥의 진흙과 우리 장 속 같은 곳입니다. 이것을 **혐기성대사**라고 합니다('혐기성'은 '산소가 필요 없다'는 의미). 혐기성 미생물은 산소에 노출되었을 때 생존 능력이 많이 떨어지며, 노출 후 몇 분 내에 죽을 수도 있습니다.

모든 세포(비피더스균 포함)에는 지질 이중층으로 만든 막(피부)이 있습니다. 이 막은 세포의 안쪽을 외부 환경과 물리적으로 분리하여 세포의 대사 성분이 기능할 수 있는 안정적인 내부 환경을 만듭니다. 막 손상은 흔한 상처이며 세포는 생존을 보장하기 위해 막을 빠르게 다시 봉합하는 복구 메커니즘을 진화시켰습니다. 그러나 막의 구멍이 너무 커지면 세포의 내용물이 빠르게 빠져나가 세포가 죽게 됩니다.

혐기성대사에 대한 자세한 내용은 질문 87에서 확인할 수 있습니다.

44. 유방에서 젖이 역류되는 것이 정상일까?

40페이지 참조.

수유 중 모유가 유방으로 역류되는 것은 정상입니다. 수유 중 젖꼭지가 팽창하여 음압을 가진 진공이 형성되면 이는 결국 아기의 입에서 젖과 침이 수유관으로 역류되게 합니다. 아기가 아플 때 엄마의 젖은 면역 특성을 추가적으로 강화하는데, 과학자들은 이 역류가 아기가 아프다는 것을 유방이 인지하는 방법일 거라고 생각합니다.

45. 포도상구균과 연쇄상구균은 어떤 박테리아인가?

40페이지 참조.

포도상구균(Staph)과 연쇄상구균(Strep)은 구형의 **박**테리아로, 세균계 분류군 바실로타(이전 피르미큐테스)문에 속합니다. 포도상구균과 연쇄상구균은 우리 피부에 서식하는 가장 흔한 두 가지 박테리아 그룹으로, 산소가 있는 환경(호기성)과 산소가 없는 환경(혐기성) 모두에서 살 수 있습니다. 이 두 박테리아 그룹은 모유에 다량으로 존재하는데, 젖꼭지 주변의 피부에서 젖으로 유입된 것일 수 있습니다. 일부 과학자들은 이 박테리아가 인간의 생후 첫 몇 주 동안 장 환경에서 많은 산소를 제거하여 비피더스균과 같은 엄격한 혐기성 박테리아가 장내에서 더 안전하게 정착할 수 있도록 도와준다고 생각합니다.

그러나 특정 조건 하에서 이 박테리아의 일부 균주는 인간에게 다양한 질병을 일으킬 수 있습니다. 일부는 성가신 것(예: 결막염), 일부는 고통스러운 것(예: 인두염, 패혈성 인두염, 유선염, 충치), 일부는 치명적인 것(예: 심내막염)일 수 있습니다.

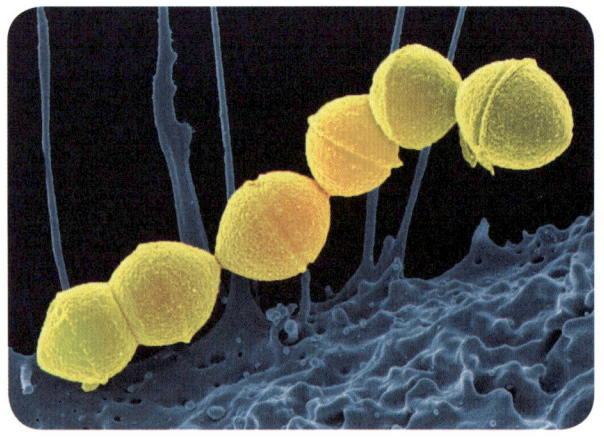

이미지: 연쇄상구균(노란색)를 보여주는 착색된 주사전자현미경 이미지. (2만 배 확대)
출처: 미국 국립 알레르기 및 전염병 연구소(NIAID).

46. 포도상구균과 연쇄상구균은 언제 위험할까?

40페이지 참조.

모든 이로운 미생물이 항상 이로운 것은 아닙니다. 포도상구균과 같은 박테리아는 전형적인 기회주의자입니다. 대부분의 시간은 우리 피부에서 무해하게 살아갑니다. 그러나 상황이 바뀌면(예: 식단 변화나 면역계 약화) 이러한 박테리아는 해로워질 수 있고, 항생제 치료가 필요한 감염을 일으킬 수 있죠. 더 나쁜 것은, 일부 포도상구균(예: 황색포도상구균)은 거의 모든 종류의 항생제 치료를 무력화시킬 수 있는 방법을 익혀서 더 치명적일 수 있다는 것입니다. 이것을 항생제 내성 또는 항균제 내성이라고 합니다. 그래도 걱정 마세요, 여기 우리 만화에 등장하는 포도상구균과 연쇄상구균은 흔하고 친숙한 종류입니다.

47. 피도가 죽으면 그의 몸은 어떻게 될까?

42페이지 참조.

모든 세포는 비슷한 재료로 만들어지는데, 일반적으로 물 분자가 세포 무게의 약 70%를 차지합니다. 물을 제거한 박테리아의 세포 분자(건조 중량)는 약 55%의 단백질, 20%의 RNA, 10%의 지질(지방), 3%의 DNA로 추정되며, 나머지는 다당류와 기타 대사 물질의 혼합물입니다.

세포가 죽으면 (이야기 속의 피도처럼) 이 분자들이 주변 환경으로 새어 나옵니다. 이 일이 인간의 소화계 내에서 발생한다면, 이러한 분자들(예를 들어 단백질)은 신체에 흡수되어 유용한 영양소로 사용되고 숙주의 일부가 될 것입니다.

48. 비피더스균과 그의 친구들은 어떻게 위에서 살아남을까?

44페이지 참조.

음식을 씹고 삼키면 약 7초 만에 위장에 도달합니다. 위의 주된 역할은 씹은 음식 조각을 섞어 유미즙(chyme)이라고 하는 액체로 만드는 것이죠. 이 혼합 과정을 돕기 위해 위는 위액이라고 하는 산과 소화효소 혼합물을 분비합니다. 성인의 경우 이 위액의 강한 산성(pH 1~2)이 그에 접하는 대부분의 박테리아를 죽입니다. 그러나 유아의 위는 훨씬 덜 산성(pH 3~5)이므로 유익한 박테리아, 효소 및 항체가 손상되지 않고 장으로 이동할 수 있습니다.

> **알고 있나요?**
>
> 위가 고체 음식을 분해하는 데는 약 1~3시간이 걸리며, 먹은 음식에 따라 차이가 큽니다.

49. 담즙은 어떤 역할을 할까?

45페이지 참조.

지방은 에너지의 풍부한 공급원일 뿐만 아니라 중요한 대사 및 구조적 기능을 합니다. 그러나 지방은 물에 녹지 않는 소수성 물질이기 때문에 큰 덩어리로 뭉치는 경향이 있죠. 그래서 우리의 담낭(쓸개)은 지방과 지방 용해성 영양소를 수분이 많은 음식에서 흡수하기 위해 담즙(쓸개즙)이라는 액체를 분비합니다.

담즙산 분자는 마치 세제처럼 작용합니다. 한쪽(소수성) 끝은 지방 분자에 달라붙고, 반대쪽(친수성) 끝은 다른 지방 분자가 달라붙지 못하게 합니다. 이렇게 하면 소화효소가 작은 지방 덩어리를 개별 모노글리세라이드 분자로 분해할 수 있습니다. 이 분자들은 그 후에 신체에 흡수될 수 있죠.

> **알고 있나요?**
>
> 담즙에는 여러 가지 성분이 들어 있는데, 그중 하나가 빌리루빈입니다. 이 황갈색의 노폐물은 적혈구가 분해되면서 형성되며, 우리 대변에 갈색을 띠게 합니다.

50. 소장 점막의 융모는 무엇인가?

45페이지 참조.

액체화된 음식이 유문괄약근을 통과하면 소장의 첫 번째 부분인 십이지장에 도달합니다. 소장은 수백만 개의 아주 작은 손가락 모양의 **융모**(Villi)로 덮여 있습니다. 각각의 융모는 더 작은 털 모양의 **미세융모**(microvilli)로 덮여 있죠. 이들은 우리 몸이 영양분을 쉽게 흡수할 수 있도록 엄청난 표면적을 제공하는 것이죠.

소장 입구에 도착한 액체화된 음식(유미즙)은 췌장에서 분비되는 췌액 및 간에서 분비되는 담즙(쓸개즙)과 혼합됩니다. 췌장액은 대부분의 탄수화물을 당 성분으로 분해하고, 단백질을 아미노산 성분으로 분해하여, 미세융모를 통해 혈류로 흡수할 수 있도록 합니다. 그러나 지방과 지용성 영양소(비타민 A, E, D, K, 마그네슘, 철, 칼슘 등)는 분해하고 흡수하는 데 약간 더 많은 시간과 공정이 소요됩니다.

> **알고 있나요?**
> 간은 인체에서 가장 큰 샘이며 성인의 경우 매일 최대 1리터의 담즙을 만들 수 있습니다. 그 중 대부분은 필요할 때까지 담낭에 저장됩니다.

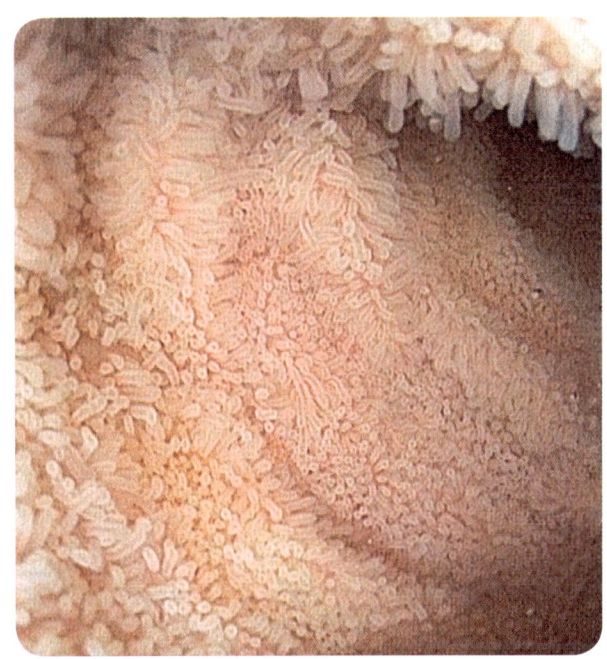

이미지: 소장 내벽을 덮고 있는 작은 손가락 모양의 융모. 내시경 이미지.
출처: Gastrolab (Science Photo Library).

51. 모유올리고당은 무엇이고, 왜 소장에서 흡수되지 않을까?

46페이지 참조.

흔히 생각하는 것과는 달리, 대장에 남아 있는 음식물은 미생물에게 풍부한 먹이가 되지 못합니다. 실제로 대부분의 지방, 단백질, 단순당은 위와 소장에서 이미 소비되거나 흡수되어 장내 세균에 도달할 때는 남아 있는 게 거의 없습니다. 모유가 대장에 도달할 때 남아 있는 주요 영양소는 복합당인 **모유올리고당(HMO)**입니다.

모유에는 놀라울 정도로 다양한 HMO 구조가 포함되어 있습니다. 현재까지 200개 이상의 HMO 유형이 확인되었습니다. 모든 HMO는 젖당에서 시작하여 5가지 단당류의 다양한 조합으로 만들어집니다. 갈락토오스, 포도당, N-아세틸글루코사민, 푸코오스, 시알산이 결합되어 3~8개의 개별 당 단당류로 이루어진 가지 모양의 사슬을 형성합니다.

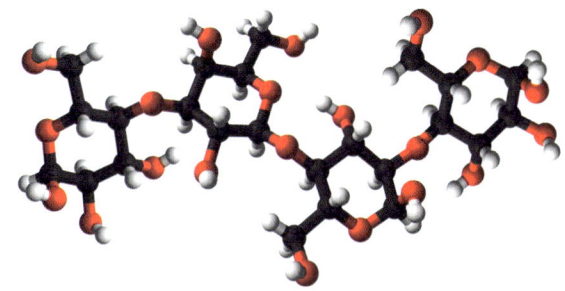

이미지: 모유올리고당 분자의 볼앤스틱 모형.

박테리아의 먹이

놀랍게도, 인간은 이러한 복합당을 분해하고 소화할 수 있는 올바른 효소를 가지고 있지 않습니다. 대신, 유아의 장에는 여러 종류의 비피더스균이 포함되어 있습니다. 각각의 종은 약간씩 다른 종류의 당분을 분해하는 효소(글리코사이드 가수분해효소)를 가지고 있어서, 이 효소들은 HMO가 들어오면 거기에서 당분을 분해할 수 있습니다. 이처럼 HMO는 모유수유 중인 유아의 장에서 유익한 박테리아들, 특히 비피더스균의 성장을 촉진하는 프리바이오틱스로 작용합니다.

52. 비피더스균이 소장에서 얼마나 빠르게 이동하는가?

46페이지 참조.

이를 알아내기 위해서는 먼저, 씹은 음식이 위장에 1~2시간 정도 머무른다는 것을 알아야 합니다. 그 다음에는 작은창자를 통과하는 데 또 1~2시간이 걸립니다. 그러나 액체나 쉽게 소화되는 고체 음식, 예를 들어 파스타나 쌀밥은 위장을 더 빨리 빠져나갑니다. 우리는 젖에 섞인 비피더스균이 큰창자에 도달하기까지, 약 1시간 위장에 있었고 작은창자에 또 1~2시간 머물렀을 것으로 보아 총 2~3시간 정도 걸릴 것으로 추정합니다.

제4장
달콤함과 우정

53. 큰창자는 어떻게 기능하나?

48페이지 참조.

큰창자(대장 또는 결장)는 크게 세 부분으로 나눌 수 있습니다. 오름창자(상행결장), 가로창자(횡행결장) 그리고 내림창자(하행결장)입니다. 우리는 화장실에 갈 때마다 보통 마지막 부분을 비워서 다음 날 다시 채울 수 있도록 공간을 확보합니다. 섭취한 음식물이 대장 끝까지 통과하는 데는 약 3일이 걸릴 수 있습니다.

> **알고 있나요?**
>
> 우리의 큰창자 내 미생물은 하루에 1리터 이상의 장내 가스를 생성합니다. 이 가스가 방귀입니다. 식이섬유가 풍부한 음식(예: 콩)을 먹으면 더 많은 가스를 생성할 수 있으며 이로 인해 헛배가 부르기도 합니다.
>
> 방귀의 주성분은 수소, 이산화탄소, 메탄으로 모두 무취입니다. 그러나 황이 풍부한 음식(지방이 많은 고기, 양배추, 콩 등)은 또한 썩은 달걀 냄새로 알려진 황화수소의 생성을 유발할 수 있습니다. 최근의 과학 연구에 따르면 저농도의 황화수소 가스는 항염증 및 기타 보호 기능을 가질 수 있습니다.

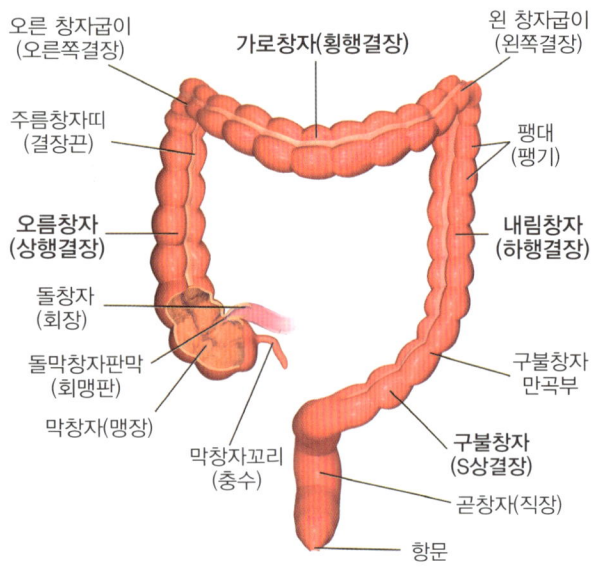

이미지: 큰창자 도식.
출처: Blausen.com (2014). Blausen Medical 2014의 의료 갤러리.

오름창자의 첫 번째 부분(비피더스균이 장에 도착하는 곳)은 막창자꼬리와 연결된 막창자입니다. 최근 연구에 따르면 막창자꼬리는 우리의 건강한 장내 미생물의 예비 공급소(저장소) 역할을 한다고 합니다. 이는 설사 후 장내 미생물의 빠른 재생에 도움이 될 수 있죠.

음식물이 큰창자에 도착할 때쯤에는 몸이 이미 대부분의 영양분을 흡수했습니다. 그러나 이 곤죽 같은 혼합물(유미즙)에는 여전히 많은 양의 물이 남아 있습니다. 이 물은 주로 입에서 분비되는 침, 위에서 분비되는 위액, 작은창자에서 분비되는 췌장액과 담즙에서 비롯됩니다. 이 물이 큰창자에서 몸으로 다시 흡수되어야만 그 나머지가 변으로 배설될 수 있습니다.

유미즙이 큰창자로 천천히 이동하면서 미생물은 차례로 가용 영양분을 분해, 소화, 발효하여 다양한 짧은사슬지방산(SCFA), 비타민, 가스 등을 생성합니다. 이 중 일부는 다른 미생물이 먹고, 일부는 우리 몸이 흡수합니다.

54. 왜 이 장은 엄마의 장에 비해 더 분홍색일까?

49페이지 참조.

작은창자와 큰창자는 내부 피부와 비슷한 분홍색 상피세포로 덮여 있습니다. 신생아의 장은 아직 장 내부를 덮는 점액을 많이 생성하지 않았기 때문에 성숙한 장에 비해 더 분홍색으로 보입니다.

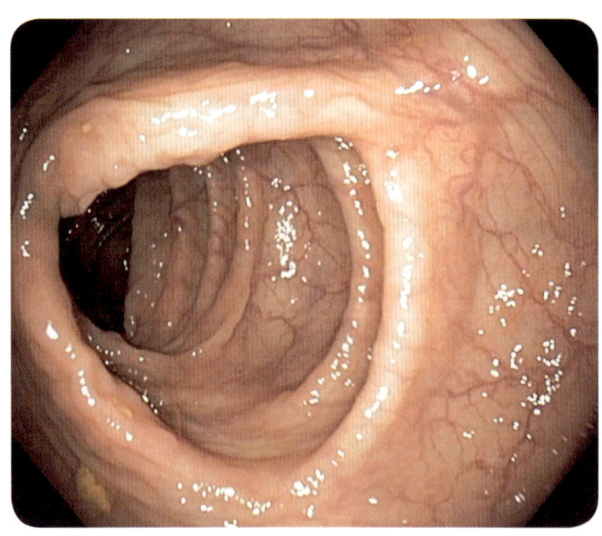

이미지: 대장의 혈관과 매끄러운 장벽을 보여주는 내시경 이미지. 이미지를 찍기 전에 점액과 대장 미생물 군집은 미리 세척되었음.
출처: Gastrolab (Science Photo Library).

55. 왜 이 환경이 비피에게 익숙하게 느껴질까?

49페이지 참조.

모든 생명체는 특정 서식지나 환경에서 생존할 수 있도록 적응합니다. 우리 몸에 사는 장내 미생물은 수백만 년 동안 인간과 함께 진화해 왔으며, 다음과 같은 특정 조건에서 생존할 수 있도록 적응했습니다.

- 36~37°C의 온도
- 약한 산성도(pH 6~7)
- 높은 습도
- 아주 약간이거나 전혀 없는 산소(혐기성)
- 끈적한 점액층

비피는 제1장에서 엄마의 장을 떠난 이후, 이번에 처음으로 원래 살던 장내 숲과 비슷한 환경을 만난 것입니다.

56. 박테리아의 선모는 어떤 일에 사용되나?

52페이지 참조.

선모(pili)는 세균과 고세균이 세포 표면에서 외부로 뻗어 내는 짧은 털 모양의 섬유입니다. 일부 미생물은 선모를 이동하는 데 사용하고, 일부는 더 큰 포식자에게 잡아먹히지 않기 위해 사용합니다.

또한 많은 미생물은 선모를 사용하여 다른 미생물과 연결하여 유전자 물질(예: DNA)을 전달하거나 받는 데 사용합니다. 이 과정을 접합 conjugation이라고 하며, 미생물의 성행위와 같습니다. 이 과정에서 공여 세포는 선모를 뻗어 수용 세포에 부착한 다음, 선모 구조의 비어 있는 관을 통해 유전자 물질을 전달합니다.

그러나 일반석으로 선모의 가장 중요한 역할은 표면에 부착하는 것입니다. 세균과 고세균이 먹고 번식하기에 적합한 환경을 만나면 (거주처나 바이오필름을 생성하기 위해) 부착 선모를 사용하여 제자리에 고정하고 씻겨 내려가지 않도록 합니다. 각 부착 선모는 끝에 끈끈한 단백질인 부착소가 있습니다. 이 부착소는 벨크로처럼 작용하는 미세한 분자 후크로 점액, 상피세포 및 기타 미생물과 같은 표면에 단단히 부착됩니다.

큰창자에 초기에 도착하는 박테리아인 비피더스균과 락토바실러스균은 부착 선모를 대량으로 생성할 수 있습니다. 이는 점액이 아직 풍부하지 않을 때 박테리아가 부착하는 데 도움이 됩니다. 그러나 모유의 끈적한 IgA 항체도 장벽을 따라 달라붙어, 신생아가 더 많은 점액 생성을 시작하기 전 이 초기 단계에서 유익한 박테리아가 부착할 수 있는 좋은 표면을 제공합니다.

57. 락토가 누굴까?

53페이지 참조.

신생아의 장은 생후 첫 몇 주 동안 종종 엄마의 피부, 장, 모유에서 유입된 많은 박테리아가 포함되어 있습니다. 락토바실러스 박테리아(일명 락토)는 유아의 장 초기 정착자 중 하나입니다. 락토는 많은 비우호적인 박테리아를 밀어내거나 잠재적으로 죽일 수 있는 능력과 모유의 젖당을 소화할 수 있는 능력으로 인해 유익한 것으로 간주됩니다.

락토와 비피더스균은 감마아미노부티르산(GABA) 또한 생성하는 것으로 보입니다. 이 GABA는 유익한데, 왜냐하면 이것이 염증을 줄이고 내성을 증가시켜 면역계를 진정시키는 것으로 생각되기 때문입니다. 이는 천식, 알레르기 비염, 아토피 같은 알레르기 질환을 완화하는 데 도움이 됩니다.

> **알고 있나요?**
>
> 다양한 유형의 락토바실러스 박테리아는 우유를 발효시켜 치즈와 요거트를 만들고, 채소를 사우어크라우트로 만드는 유용한 능력으로 유명합니다.

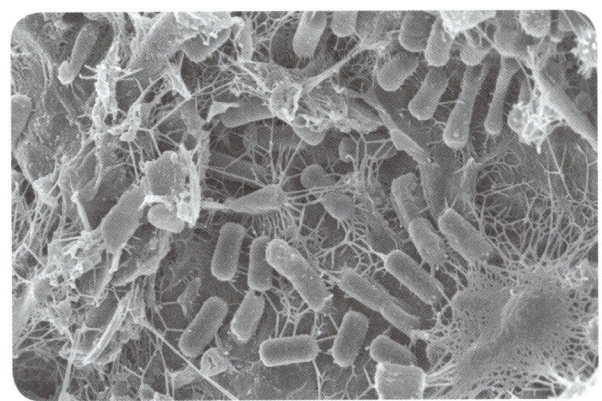

이미지: 박테리아의 선모가 서로 붙어있는 것을 보여주는 주사전자현미경 이미지.
출처: 노스이스턴 대학교 루이스 랩 제공.

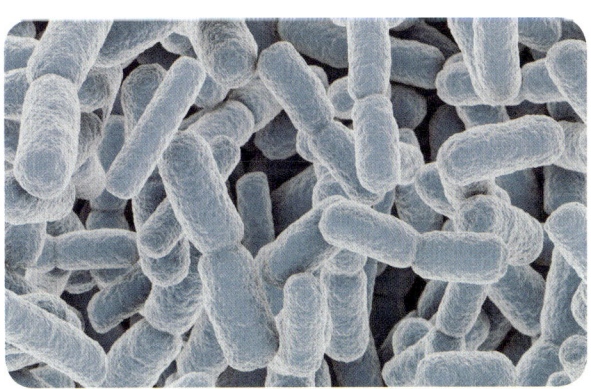

이미지: 락토바실러스 박테리아. 채색된 주사전자현미경 이미지.
출처: Toshihide Miyata (Adobe 스톡 사진).

58. 박테리아는 어떻게 이러한 당을 섭취할까?

54페이지 참조.

모유올리고당(HMO) 같은 소화하기 어려운 복합 탄수화물만 섭취하며 장에서 살아남는 것은 쉽지 않습니다. 비피 같은 비피더스균들은 이러한 어색하고 소화하기 어려운 당을 잘게 잘라 흡수하는 능력이 매우 탁월합니다. 박테로이데스균의 일부 종도 이 작업을 수행할 수 있습니다. 이 능력은 모유 수유 중인 유아의 장내 비피더스균종의 총 개체수가 종종 전체 박테리아 군집의 절반 이상을 차지한다는 사실과 관련이 있습니다.

일부 종의 비피더스균은 HMO 전체를 세포 내로 운반한 다음, 단일 당 단위로 잘게 자르는 능력을 진화시켰죠. 이는 글리코실 가수분해효소라고 하는 효소를 사용함으로써 가능해요. 그러나 대부분의 비피더스균들은 HMO 절단 효소를 세포막에서 외부로 뻗어서 당을 잘게 자른 후 작은 당을 흡수하는 방식을 취합니다.

당 좀 나눠주세요.
어떤 의미에서, 이 세포 외부 HMO 소화는 효율성이 떨어지는 것으로 보이는데, 잘게 잘린 당의 상당 부분이 흡수되기 전에 다른 곳으로 흘러 나갈 수 있기 때문이죠. 그러나 실제로 비피의 이 깔끔하지 않은 소화 과정은 다른 근처 박테리아를 먹이는 데 도움이 되며, 이는 교차 영양 네트워크라는 합리적인 상호작용을 형성합니다.

> **알고 있나요?**
> 모유올리고당은 젖당(당)과 지질(지방)에 이어 모유에서 세 번째로 흔한 고체 성분입니다. 엄마가 젖샘에서 이런 HMO를 생산하는 데는 많은 에너지가 필요하죠. 과학자들은 이러한 특별한 당이 아기의 장내에 풍부한 비피더스균 군집을 양육하기 위한 영양분으로 의도되었다고 생각합니다.

59. 교차 영양이 무엇인가?

54페이지 참조.

박테리아도 인간이나 다른 동물들과 마찬가지로 음식을 소화하고 배설물을 생성합니다. 그러나 대부분의 박테리아는 각자 장내의 좁은 구석에 자리 잡고 다른 곳으로는 이동하지 않기 때문에 대사성 폐기물 분자가 독성 농도에 도달할 때까지 축적되는 것을 막아야 합니다. 그러지 못하면 자신의 배설물에 질식당할 수 있죠. 따라서 다양한 박테리아 그룹은 **교차 영양**이라고 하는 실시간 재활용 시스템을 통해 공동체 내에서 자원을 공유하기 위해 자체 조직화합니다.

어떤 미생물의 쓰레기는 다른 미생물에게 보물이 된다.
교차 영양 네트워크를 통해 다양한 분자가 공유됩니다. 단순 폐기물과 독소부터 당, 비타민, 효소, DNA와 같은 고가치 분자까지 다양하죠. 따라서 비피더스균은 이웃 박테리아와 당을 공유함으로써 주변에 다양한 박테리아 군집을 양육할 수 있습니다. 이 박테리아들은 비피더스균의 부산물을 섭취하여 주변 환경에 축적되는 것을 방지할 수 있죠. 아마도 인간은 미생물을 모방하여 더 나은 방법으로 공유하는 방법을 배울 수 있을 것입니다.

교차 영양의 더 많은 예는 89페이지와 100페이지에서 볼 수 있습니다.

> **대사란 무엇인가?**
> '대사'라는 용어는 생명을 유지하기 위해 생물 내에서 발생하는 모든 화학 반응을 포괄합니다. 대사에는 소화, 호흡, 운동 등의 과정이 포함됩니다.

60. 발효가 무엇일까?

56페이지 참조.

발효는 세포가 **산소 없이** 탄수화물에서 **에너지를 추출**할 수 있는 호흡의 한 유형입니다. 많은 단세포 장내 박테리아(비피더스균 포함)는 발효를 사용하여 당에서 에너지를 얻고 부산물로 **짧은사슬지방산**(아세트산과 같은)을 생성합니다. 박테리아 발효의 또 다른 부산물은 가스입니다. 일반적으로 수소(H_2), 이산화탄소(CO_2), 메탄(CH_4)의 형태입니다. 장내에 이러한 가스 부산물이 축적되면 방귀로 배출됩니다.

격렬한 운동의 짧은 시간 동안 산소 공급이 제한되면 우리의 근육 세포는 필요한 에너지를 방출하기 위해 포도당을 발효합니다. 이 근육 발효의 부산물은 젖산과 수소 가스입니다. 이는 격렬한 운동 후 타는 듯한 느낌을 유발합니다. 효모는 또한 당을 발효하여 에탄올(알코올)을 부산물로 생성할 수 있습니다. 우리는 이것을 이용하여 와인과 맥주를 만들죠.

> **알고 있나요?**
> 요구르트, 사우어크라우트, 콤부차, 김치와 같은 발효식품은 우리가 먹기 전에 미생물에 의해 부분적으로 소화된 것입니다. 그리고 음식을 보존하는 훌륭한 방법이기도 하지만, 이러한 발효식품들은 병원체 미생물로부터 장을 보호하고 건강한 장내 미생물 군집에 도움을 주는 것으로 생각됩니다.

짧은사슬지방산(Short Chain Fatty Acids, SCFA)은 무엇인가?

많은 미생물들은 모유올리고당, 식이섬유, 점액을 발효할 때 짧은사슬지방산을 생성합니다. 가장 흔한 짧은사슬지방산은 다음과 같습니다.

- 아세트산 (2탄소 분자)
- 프로피온산 (3탄소 분자)
- 부티르산(낙산) (4탄소 분자)

짧은사슬지방산은 우리의 건강에 중요한 역할을 합니다. 예를 들어,

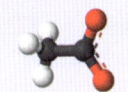
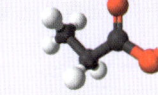
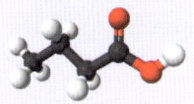

아세트산	프로피온산	부티르산
우리의 면역계를 진정시키는 데 도움.	우리의 체조직이 인슐린에 대해 반응하도록 돕고, 당뇨병으로부터 보호.	장 상피세포의 주요 에너지 지원 역할.

짧은사슬지방산은 우리 몸의 에너지 필요량의 약 10%를 제공하며, 장 상피세포에 영양을 공급합니다. 이 작은 분자들은 식욕을 조절하고 심혈관 질환, 염증성 장 질환, 제2형 당뇨병, 대장암에 대한 보호 기능도 합니다. 따라서 섬유소를 더 많이 섭취할수록 장내 미생물들이 생성하는 짧은사슬지방산도 더 많아져 건강을 지킬 수 있죠.

프로피온산에 대해 더 알고 싶다면 98번 질문을, 부티르산에 대해 더 알고 싶다면 91번 질문을 확인해보세요.

61. 아세트산은 어떻게 우리의 면역계를 진정시키나?

50페이지 참조.

장내 미생물군이 우리 몸의 세포(상피세포와 면역세포)와 어떻게 상호작용하는지 아직 밝혀야 할 것이 많이 있지만, 짧은사슬지방산(SCFA)이 염증을 낮추는 데 중요한 역할을 한다는 것은 분명합니다.

아세트산(초산)은 우리 장내 미생물에 의해 생성되는 가장 풍부한 짧은사슬지방산입니다. 식욕과 지방 대사를 조절하는 것 외에도 염증을 억제하는 중심적인 역할을 합니다. 과학자들은 아세트산이 쥐의 제1형 당뇨병, 대장염 및 알레르기를 예방할 수 있음을 입증했습니다.

과학자들이 생각하는 작동 방식 중 한 가지는 짧은사슬지방산인 아세트산이 **항염증성 조절T세포**(T_reg)의 축적과 활성화를 직접 자극하고, 더 공격적이고 **염증을 유발하는 보조T세포를 억제한다**는 것입니다. 활성화된 조절T세포는 또한 인근 B세포가 장에 더 많은 점착성 IgA 항체를 분비하도록 촉진합니다. 이 항체는 미생물 다양성을 증가시키는 동시에 잠재적으로 염증을 유발하는 항원의 이동을 줄여줍니다.

염증: 전투의 불꽃

염증은 균형 맞추기 행위입니다. 면역계는 병원체를 죽이고 제거하기 위해 빠르게 대응할 수 있어야 합니다. 여러분은 상처가 났을 때 붉어짐과 부기, 또는 감염에 대한 반응으로 부은 림프절을 보고 염증을 인식합니다. 그러나 염증은 또한 주변 세포와 조직에 부수적 피해를 주기 전에 빠르게 진정되어야 합니다.

나이가 들면서 우리 몸은 이 균형을 유지하기 어려워지며, 과도한 염증(또는 염증성 노화)이 암, 심장병, 제2형 당뇨병, 치매와 같은 여러 연령 관련 질환의 주요 원인이 됩니다. 다행히도 식이섬유가 풍부한 식단은 면역계를 균형 있게 유지하고 염증성 노화를 조절하는 데 도움이 됩니다. 일부 과학자들은 이제 우리의 장내 미생물이 수명을 연장하는 데 도움이 될 수 있다고 생각하고 있습니다.

이미지: 장내 미생물의 먹이가 되는 음식들.
출처: Marilyn Barbone (Adobe stock photos).

> **알고 있나요?**
>
> 통곡물, 과일, 채소, 콩류, 견과류, 씨앗이 풍부한 식단의 섭취는 아세트산을 포함한 짧은사슬지방산의 증가로 이어집니다.

62. 박테리아는 어떻게 우리의 배고픔을 조절할까?

57페이지 참조.

우리의 다양한 장내 미생물은 살아남기 위해 서로 다른 영양소에 의존합니다. 여러분이 무엇을 먹을지 선택할 때마다, 여러분은 어떤 박테리아가 먹고, 어떤 박테리아가 굶을지 선택하는 것입니다. 그리고 대부분의 미생물은 뇌에 물리적으로 접근할 수 없지만, 그들은 여전히 장 아래에서 우리의 감정, 기분, 행동의 많은 측면에 영향을 끼칠 수 있죠. 일부 박테리아는 우리의 뇌를 해킹하여 특정 음식을 다른 음식보다 우선적으로 선택하게 하는 방법을 개발했습니다!

우리의 장내 미생물과 장, 그리고 뇌는 복잡한 의사소통 시스템을 통해 끊임없이 서로 대화하고 있죠. 이것은 종종 장-뇌 축으로 설명되지만, 많은 과학자들은 이제 이를 미생물-장-뇌 축으로 확장해야 한다고 주장합니다.

미생물, 장, 뇌 사이의 교차 대화 중 하나는 내분비계를 통해 이루어집니다. 이 시스템은 특정 기관에서 호르몬을 혈액으로 방출하여 몸 전체를 돌아다니며 뇌를 포함한 다른 기관에 영향을 미치도록 합니다. 우리의 장에는 수십억 개의 특수화된 상피세포가 있는데, 이를 장 내분비세포(EEC)라고 하죠. 이 세포들은 함께 몸에서 가장 큰 내분비기관으로 간주됩니다. 장의 벽을 따라 약 20가지의 다른 유형의 장 내분비세포가 확인되었죠. 이들 세포는 함께 장의 항상성을 유지하는 데 중요한 역할을 하며, 신진대사, 면역반응, 장 운동성을 조절하는 데 도움을 주는 등 신체 전반에 더 광범위한 영향을 미칩니다.

> **알고 있나요?**
>
> 'Enteric'이라는 단어는 장을 가리키며, 그리스어로 '창자'을 의미하는 'enterikos'에서 파생되었습니다. 이 용어는 철학자이자 박물학자인 아리스토텔레스에 의해 처음 사용되었죠.

에너지 항상성

모든 세포는 살아남기 위해 에너지를 사용합니다. 그리고 역동적인 상황에 대응하기 위해 세포는 에너지를 일정량 비축해야 합니다. 이 에너지의 내부 균형을 에너지 항상성이라고 하죠. 그러나 약 30조 개의 연결된 세포로 이루어진 우리의 몸은 매일매일 움직이면서 자체적인 에너지 균형을 유지해야 합니다. 이는 음식을 얼마나 자주 얼마나 많이 먹을지, 얼마나 많은 에너지를 저장하고 사용할지 등을 조절하는 것을 의미합니다.

우리의 장내 미생물은 에너지 균형, 특히 섭식 행동 조절에서 중요한 역할을 해요. 예를 들어, 음식이 장에 도달하면 비피더스균에 의해 당이 발효되어 아세트산 같은 짧은사슬지방산이 방출됩니다. 이 아세트산은 다시 특정 장 내분비세포를 자극하여 혈류로 호르몬(PYY와 GLP-1)을 방출하죠. 그리고 이 호르몬이 충분히 뇌에 도달하면 우리는 포만감을 느끼게 되고 식사를 멈춥니다.

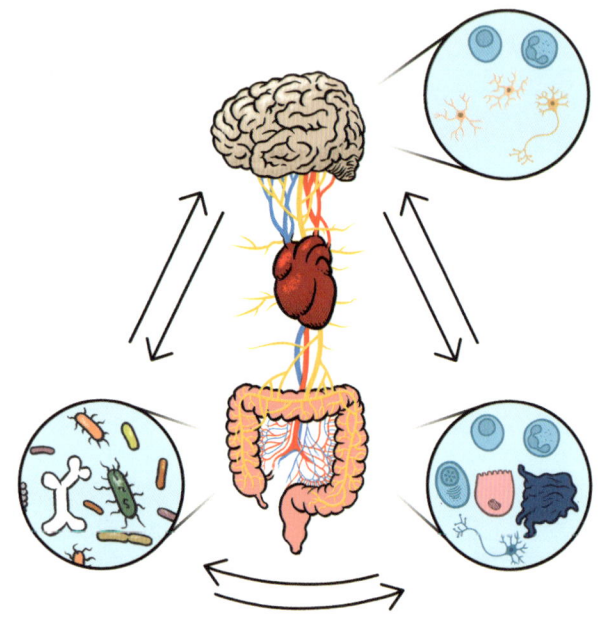

우리의 뇌와 장, 그리고 장내 미생물들은 끊임없이 서로 대화하고 있는 상태이다.

63. 엽산염이 무엇인가?

57페이지 참조.

엽산염(엽산 또는 비타민B9라고도 함)은 세포 수리와 새 세포의 성장에 중요한 역할을 합니다. 그 때문에 임산부에게 태아의 성장을 돕기 위해 이 비타민을 많이 섭취할 것을 권장합니다. 성인들에게 이 비타민의 낮은 수치는 빈혈(적혈구 부족), 심장병 및 뇌졸중의 위험 증가와 관련이 있죠.

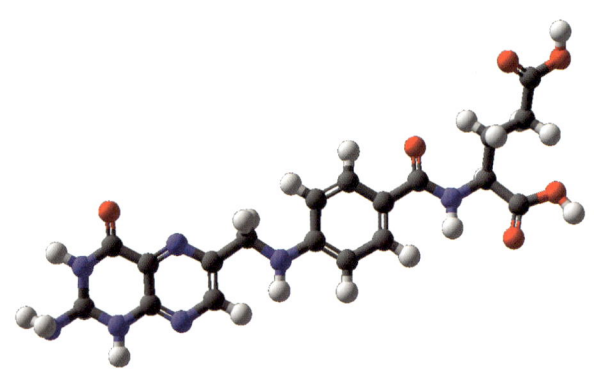

이미지: 엽산염(비타민B9) 분자의 볼앤스틱 모형.

모든 비타민과 마찬가지로 엽산은 인체 세포에서 생성될 수 없으며, 식단이나 미생물로부터 얻어야 합니다. 큰창자는 장내 미생물에 의해 생성된 엽산을 흡수할 수 있으며, 우리 장내 미생물은 일일 엽산 요구량의 약 1/3을 제공하는 것으로 추정됩니다.

> **알고 있나요?**
>
> 엽산염의 이름은 라틴어 'folium'(잎)에서 유래되었는데, 이는 짙은 녹색 잎채소가 이 비타민을 풍부하게 함유하고 있기 때문입니다. 이 외에도 엽산염은 과일, 콩, 견과류 등 다양한 자연식품에 함유되어 있습니다.

비타민이란 무엇인가?

비타민은 생명체가 기능하기 위해 소량으로 필요한 분자이지만 스스로 만들 수는 없습니다. 우리는 음식을 통해 필수 미량 영양소의 대부분을 얻지만, 장내 박테리아에 의존하여 비타민K와 엽산(B9)과 같은 일부 비타민을 흡수합니다. 또한 이들 박테리아는 작은 양이지만 비타민B2(리보플라빈), 비타민B5(판토텐산), 비타민B7(비오틴)도 생성합니다.

비타민K에 대한 자세한 내용은 질문 84에서 확인할 수 있습니다.

64. 젖산염은 무엇일까?

57페이지 참조.

젖산염(젖산이라고도 함)은 많은 장내 박테리아가 당 발효의 부산물로 생성하는 짧은사슬지방산(SCFA)입니다. 일부 장내 박테리아는 이 젖산을 먹고 아세트산, 프로피온, 부티르산과 같은 다른 유익한 짧은사슬지방산을 생성합니다.

젖산염은 염증을 줄이고 장의 pH를 낮춰 병원성 박테리아의 감염으로부터 장을 보호하는 등 장에 여러 가지 이점을 제공합니다. 많은 병원균은 산성 조건에 민감하죠. 인간은 수천 년 동안 젖산염이나 젖산 생성 박테리아를 사용하여 요구르트, 김치, 케피어, 사우어크라우트와 같은 발효식품을 생산하고 있습니다.

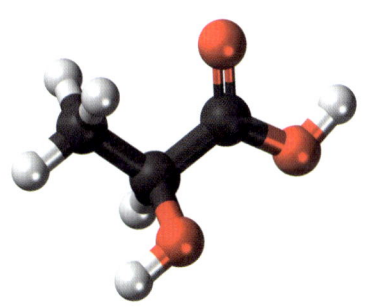

이미지: 젖산염 분자의 볼앤스틱 모형.

65. GABA는 무엇인가?

57페이지 참조.

인간은 약 850억 개의 신경세포(뉴런)를 가지고 있으며, 각각은 수백 개 또는 수천 개의 이웃 세포와 접촉할 수 있죠. 이들은 함께 매 초마다 수조 개의 신호를 보낼 수 있습니다. 이 뉴런 사이의 신호를 전달하는 메신저 분자를 **신경전달물질**이라고 합니다. 신경전달물질 분자로는 아드레날린, 아세틸콜린, 옥시토신, 히스타민, 도파민, 세로토닌, GABA와 같이 여러 가지가 있습니다.

GABA(감마아미노부티르산)는, 특히 젊을 때 우리 뇌에서 가장 중요한 신경전달물질 중 하나입니다. 대부분의 다른 신경전달물질이 인접한 뉴런을 흥분시켜 다음 세포로 신호를 전달하는 반면, GABA의 주된 작용은 흥분성 신경전달물질의 활동을 차단하는 것입니다. 따라서 GABA 수치가 증가하면 더 차분하고 편안함을 느낄 가능성이 높습니다.

행복한 장, 건강한 마음

GABA는 대부분 우리 자신의 인체 세포에서 생성되지만 일부 장내 박테리아(비피, 락토, 로이디)도 이 작은 분자를 생성합니다. 일부 박테리아가 GABA를 섭취하지만 많은 과학자들은 이 박테리아들이 생성한 GABA가 혈액과 미주신경을 통해 뇌로 이동하여 불안과 우울증의 증상을 완화할 수 있다고 믿고 있습니다.

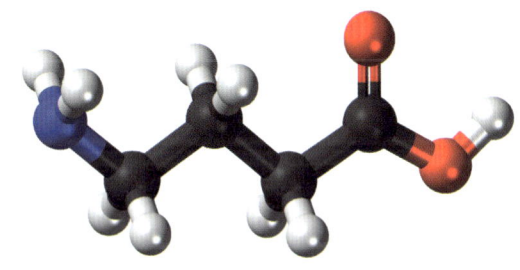

이미지: GABA 분자의 볼앤스틱 모형.

장내 박테리아가 정말로 우리의 기분에 영향을 미칠 수 있을까?

우리가 섭취하는 모든 종류의 음식과 음료는 장내의 다양한 미생물들에게 각기 다른 영양분으로 제공됩니다. 이에 따라 미생물들은 수백 가지의 다른 분자를 방출하는데, 그 중 많은 수가 장내의 다양한 상피세포, 면역세포, 신경세포에 신호로 작용합니다. 궁극적으로 이러한 신호 중 일부는 뇌의 여러 부분에 도달하여 우리의 기억, 감정, 두려움, 동기 등에 영향을 미칩니다.

이 장–뇌 연결은 특히 아기에게 중요한데요, 예를 들어, 아기가 배고플 때, 장과 뇌는 함께 작용하여 이 감정을 엄마에게 (울음으로) 전달합니다. 성장한 우리는 더 이상 원하는 음식을 얻지 못했다고 울고불고 하지는 않겠지만, 좋은 식사 후에 기분이 좋아지는 느낌은 여전히 우리 모두가 경험하는 일입니다.

> **알고 있나요?**
>
> 프로바이오틱스는 일반적으로 건강에 이익이 되는 살아있는 미생물을 말하고, **사이코바이오틱스**는 정신 건강에 긍정적인 영향을 미치는 프로바이오틱스입니다. 과학자들은 새로운 치료용 프로바이오틱스를 개발하기 시작했습니다. 락토바실러스, 비피더스균과 같은 많은 종류의 장내 세균은 신경전달물질과 호르몬을 생성하고, 뇌와 상호작용하여 스트레스나 기분장애 같은 광범위한 증상을 관리할 수 있죠. 하루 빨리 이런 종류의 미생물들이 우리의 정신 건강 증진을 위해 사용될 수 있기를 희망합니다.

66. 왜 장에 신경들이 몰려 있을까?

57페이지 참조.

우리 몸의 항상성을 유지하기 위해서는 뇌가 몸 전체에서 정기적으로 업데이트를 받아야 합니다. 피부, 눈, 귀, 코, 혀는 뇌에 유용한 정보를 제공하지만, 어디까지나 우리 몸의 가장 큰 감각기관은 장입니다.

다른 모든 장기와 달리 우리의 장은 뇌가 무엇을 해야 할지 알려주기를 기다리지 않습니다. 왜냐하면 우리 장은 자체 뇌를 가지고 있을 뿐만 아니라 수백만 개의 뉴런세포(신경세포)가 포함된 자체 신경계가 있기 때문입니다. 장의 감각 신경은 장 주변의 미생물과 장 내분비세포(EEC)에서 방출되는 호르몬과 신경전달물질을 지속적으로 수신합니다. 이 정보 중 일부는 뇌와 공유됩니다.

미주신경: 우리의 장-뇌 연결

우리의 장은 방금 먹은 음식, 혈액에 있는 호르몬, 면역계 상태 등 모든 것을 알고 있습니다. 그리고 뇌와 장 사이의 가장 빠르고 직접적인 연결은 **미주신경**(vagus nerve)입니다. 'vagus'라는 단어는 라틴어로 '방랑하다'를 의미하며, 미주신경은 신체에서 가장 긴 신경 중 하나로 여겨집니다. 이것은 우리의 자율신경계에서 중요한 역할을 하여 호흡, 심박수, 혈압, 소화를 조절합니다. 그러나 미주신경을 따라 전달되는 거의 모든 신호는 장에서 시작됩니다. 이는 우리의 장이 우리의 감정과 심리 상태를 조절하는 데 큰 역할을 한다는 것을 시사하죠.

> **알고 있나요?**
>
> 깊게 숨을 들이쉬거나 명상 및 기타 이완 기술을 통해 미주신경을 자극하면 내장 건강에 긍정적인 영향을 줄 수 있습니다.

제5장
레인저와 매니저

67. 면역세포는 어떤 새로운 정보를 흡수하고 있을까?

63페이지 참조.

태어난 순간부터 우리 몸은 주변 세계에서 온 새로운 미생물들의 서식처가 됩니다. 우리가 놀고, 만지고, 먹는 모든 것은 미생물로 덮여 있죠. 운 좋게도 우리의 면역계는 생후 첫 몇 년 동안 새로운 장내 거주자에 대해 유연함을 유지하여 어느 미생물을 용인하고 어느 미생물은 주시해야 하는지 배웁니다. 덴드리 같은 순찰대원(수지상세포)은 끊임없이 장벽을 통해 새로운 미생물을 샘플링하고 그들의 항원을 매니저(T세포)에게 제시합니다.

이 형성기 동안 우리가 자라는 환경은 우리의 미생물 군집과 미래의 건강에 큰 영향을 미칠 수 있습니다. 요컨대 다양성은 좋은 것이므로 더 많은 미생물에 노출될수록 좋습니다. 즉, 신생아의 미래 건강 측면에서 모유는 분유보다 좋고, 더러운 개는 깨끗한 고양이보다 좋으며, 개구쟁이 형은 얌전한 동생보다 좋습니다. 반대로 지나치게 무균적인 환경에서 자라거나 가공식품을 더 많이 섭취하는 사람들은 알레르기, 천식 및 기타 자가면역 질환에 걸릴 가능성이 더 높습니다.

> **알고 있나요?**
>
> 어떤 과학 실험이 무균 환경에서 자란 생쥐의 건강을 조사했습니다. 이 생쥐는 수명이 단축되고 천연 항체와 비타민K, B12가 부족하며 염증 및 알레르기 질환(예: 천식)이 증가하였습니다.

68. 콜라겐은 무엇인가?

63페이지 참조.

단백질에는 세 가지 주요 유형이 있습니다. 구조 단백질, 메신저 단백질, 활성 단백질(효소)입니다. 콜라겐은 우리 몸에서 가장 중요한 구조 단백질입니다. 콜라겐은 몸을 하나로 묶어 유지하게 하고, 연골, 뼈, 힘줄, 인대, 피부와 같은 모든 결합 조직의 기초재료 역할을 합니다.

또한 콜라겐 섬유는 점막고유층을 가로질러 느슨한 결합 조직의 네트워크를 형성하여 장을 더 탄력 있게 만들고 주변 근육에 의해 쉽게 압축되도록 합니다. 이렇게 하면 장의 운동성이 증가하여 우리가 음식을 소화하는 데 도움이 됩니다!

> **알고 있나요?**
>
> 많은 단 음식(예: 젤리, 구미 베어, 젤리 베이비, 마시멜로), 유제품(예: 코티지 치즈) 및 화장품(예: 보습제)에는 콜라겐의 한 형태인 젤라틴이 포함되어 있습니다. 이 흔한 식품 성분은 대개 소, 양, 돼지의 뼈, 피부, 힘줄을 끓여서 만듭니다.

이미지: 콜라겐 섬유의 주사전자현미경 이미지.
출처: Tom Deerinck & Mark Ellisman, 미국 국립 현미경 및 이미징 연구 센터.

69. 덴드리가 말하는 '잡초'는 무슨 의미일까?

64페이지 참조.

미성숙한 수지상세포(덴드리)가 골수의 줄기 세포에서 나와 항원(표본, 검체)을 채취하기 위해 몸을 돌아다닙니다. 이야기 속 캐릭터들이 장내 미생물을 '숲'으로 묘사하는 것을 감안할 때, 우리는 미성숙한 덴드리들이 바람직하지 않은 표본을 '잡초'라고 흥분해서 묘사할 수 있다고 생각했습니다.

70. T세포는 어떻게 샘플을 식별할까?

65페이지 참조.

모든 세포의 표면에는 각 세포마다 고유한 단백질이 발현되어 있습니다. T세포를 포함한 면역세포는 톨유사수용체(TLR)라고 하는 특수 수용체를 사용하여 이러한 다른 단백질을 인식하고, 이 정보를 사용하여 몸에 속하는 세포(자기)와 외부 세포(비자기)를 구분합니다. 그러나 T세포는 이 능력을 타고나지 않기 때문에 먼저 다양한 단백질을 인식하는 방법을 배워야 합니다. 이 교육은 흉선(가슴샘)에서 이루어지며, 여기에서 T세포는 'T'를 얻습니다.

생후 처음 몇 달 동안 우리의 면역계는 차분하게 유지되고 과민 반응을 일으키지 않습니다. 이 시간을 이용하여 T세포(특히 조절T세포)는 다양한 장내 미생물의 표면에 있는 외부 단백질의 패턴을 학습하고, 이를 우리 자신의 일부로서 용인하도록 배우게 됩니다. 이러한 방식으로 차츰 T세포는 균형 잡힌 면역계의 근간으로 자리를 잡아갑니다.

> **알고 있나요?**
>
> '자기'와 '비자기'를 구별하는 능력이 균형을 잃으면 우리의 신체는 자체 조직을 공격하기 시작하여 자가면역 질환을 유발할 수 있습니다.

71. 장 누수와 경보는 무엇인가?

66페이지 참조.

큰창자 내벽을 덮고 있는 단일층의 상피세포는 약 2평방미터의 표면적을 가집니다. 이는 우리 몸의 외부 피부 전체와 거의 같은 면적이죠. 이 상피가 정상적이고 제대로 작동하면, 외부 인자가 점막밑층을 통해 점막고유층으로 들어가 인근 혈류로 침투하는 것을 막는 단단한 장벽으로 기능합니다.

그러나 장 점막이 손상되거나 건강하지 못하면 큰 균열이나 구멍이 생겨 덜 소화된 음식, 미생물 또는 독소가 그 아래 조직으로 새어 들어가 염증을 유발할 수 있습니다. 이때 우리 면역계는 경고신호(경보)를 발신합니다. 큰창자의 투과성이 증가하면 종종 '장누수증'이라고 불리는 상태가 되며, 이는 점점 더 많은 만성 질환의 발병으로 이어집니다.

장누수증의 일반적인 치료법 중 하나는 고섬유질 식단입니다. 섬유질은 부티르산(낙산) 같은 짧은사슬지방산의 생성을 촉진합니다. 이는 상피세포 장벽의 견고함을 향상시키고 염증을 낮춰줍니다.

> **식습관 및 생활습관 선택**
>
> 우리가 매일 하는 선택들 중 많은 것들이 장내 미생물에 영향을 미칩니다. 고도로 가공된 음식을 많이 섭취하거나 충분한 수면을 취하지 않고 만성적인 스트레스 하에서 생활하는 것은 장 건강에 부정적인 영향을 미칠 수 있습니다. 이는 면역계와 뇌 기능에도 영향을 줄 수 있죠. 불만족한 내장의 증상 중에는 변비, 소화 장애, 복부 팽만감, 설사, 피로, 피부 문제, 알레르기, 의도하지 않은 체중 변화, 그리고 기분 변화가 있을 수 있습니다. 식이섬유가 풍부한 식단으로 점진적으로 변화를 주는 것은 행복한 내장 생태계를 유지하기 위한 가장 좋은 첫 단계입니다.

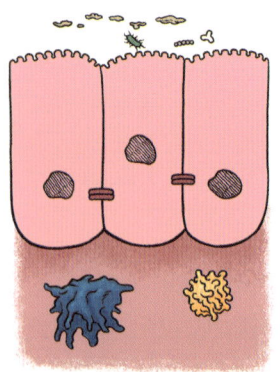
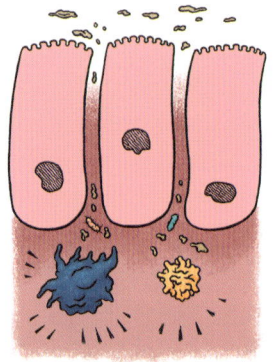

건강한 장 　　　　　　　　누수성 장

건강한 장은 상피세포가 촘촘한 접합부를 형성하여 영양분만이 장벽을 통과할 수 있다. 누수성 장은 접합부가 느슨해져서 미생물과 음식 찌꺼기가 통과할 수 있게 되고, 이로 인해 면역계가 활성화되고 염증이 생긴다.

제6장
대장균 에셔

73. 집에 들어오는 모든 박테리아가 아기에게 해를 끼칠까?

70페이지 참조.

미생물은 우리 주변의 모든 표면에 서식합니다. 음식을 한 입 베어 물 때마다 수백만 마리의 미생물도 함께 삼켜집니다. 하지만 과도하게 걱정하거나 무균성 가공식품으로 식단을 전환할 필요는 없습니다. 왜냐하면 여러분은 강력하고 정교한 면역계를 가지고 태어났기 때문이죠. 그리고 이 면역계는 미생물에 대한 규칙적인 노출을 통해 훈련을 받고 정비해야 합니다.

화장실에 다녀온 후, 날고기나 흙을 만진 후에는 항상 비누로 손을 씻는 것이 좋습니다. 하지만 많은 과학자들은 유해한 미생물에 어쩌다 노출되는 것을 걱정하기보다는 몸 안팎으로 유익한 미생물이 살도록 하는 데 더 집중해야 한다고 조언합니다.

우리 면역계의 훈련은 특히 유아에게 중요합니다. 과학자들은 장내 미생물총이 생후 첫 1,000일 동안 큰 변화를 겪는다고 생각합니다. 이 기간 동안 면역계는 새로운 장내 거주자들을 비교적 개방적으로 받아들이고, 어떤 미생물은 용인하고 어떤 미생물은 주의해야 하는지 배웁니다. 우리가 3살이 될 때쯤, 우리의 장내 미생물총은 더 안정적이 되고, 나이가 들수록 계속해서 발달하고 성숙합니다.

72. T세포는 무엇이 정상인지 어떻게 결정할까?

70페이지 참조.

매일 우리 장에는 엄청난 수의 다양한 미생물과 음식 항원이 들어옵니다. 이 중에서 우리 몸이 어떤 항원은 받아들이고 어떤 항원은 받지 말아야 하는지 판단하는 것은 중요하죠. T세포의 주요 임무는 염증반응(면역계가 잠재적으로 해로운 미생물의 침입을 방어하는 것)과 면역관용(상주하는 미생물, 또는 음식에 존재하는 무해한 항원에 반응하지 않는 것) 사이의 균형을 조절하는 것입니다.

모든 혈액세포와 마찬가지로 T세포는 골수에서 태어납니다. 흉선에서 초기 훈련을 받은 후(T세포가 'T'를 얻어서), 아직 덜 성숙한 T세포는 장으로 이동합니다. 상피세포, 미생물 및 기타 면역세포(예: 수지상세포)의 복잡한 신호가 이러한 아직 항원을 만나지 못한 미감작 T세포를 자극하여 성숙시키고, 항염증 조절T세포 또는 호염증 보조T세포와 같은 다양한 면역 역할을 할 수 있도록 유도합니다.

과학자들은 많은 종류의 장내 미생물들이 생후 첫 몇 달 동안 우리의 면역계를 훈련시키고 성숙시키고 관용을 익히는 데 도움을 준다는 것을 이해하기 시작했습니다. 예를 들어, 장내 미생물에서 방출되는 일부 분자(예: 부티르산 같은 짧은사슬지방산)는 더 관용적인 조절T세포의 활성화와 축적을 직접 자극하고, 더 공격적인 보조T세포의 축적을 억제합니다. 이와 유사하게, 유아기에 접하는 대부분의 식품 항원들도 관용을 유도하고 향후 해당 음식에 대한 알레르기 반응을 예방하는 데 도움을 줍니다.

> **장내 미생물을 관리하세요.**
>
> 지난 몇십 년 동안의 연구에 따르면 지나치게 무균적인 환경에서 생활하고 가공식품을 더 많이 섭취하는 사람들은 알레르기, 천식 및 기타 자가면역 질환에 걸릴 가능성이 더 높습니다.
>
> 우리 장내 미생물총에 영향을 미칠 수 있는 그 외 요소는 다음과 같습니다.
>
> - 유전
> - 운동량
> - 스트레스 관리
> - 음식을 얼마나 씹는가
> - 얼마나 자주 씻는가
> - 복용하는 약 (특히 항생제)
> - 악수하는 손과 키스하는 입
>
> 일부 과학자들은, 장거리 비행 후 우리 장내 미생물들이 새로운 수면/움직임/식사 주기와 맞지 않아서 시차 증후군이 발생한다고 믿고 있습니다. 마찬가지로, 교대 근무를 하거나 시간대를 넘어 여행하는 사람들도 장내 미생물의 일일 리듬(생체리듬)을 방해할 수 있습니다.

74. 대장균은 어떤 박테리아일까?

73페이지 참조.

대장균은 에세리키아 콜라이(Escherichia coli)라고 하는 장내 세균입니다. 발견자인 세균학자의 이름을 따서 명명되었고, 보통 대장균 혹은 'E. coli'로 줄여서 부르죠.

이 박테리아는 대부분의 인간과 온혈동물의 장내에서 발견되며, 비타민 K를 생성하는 등 일반적으로 숙주에게 유익합니다. 또한 매우 적응을 잘하는 생물체로 거의 모든 조건에서 쉽고 빠르게 번식하기 때문에, 가장 많이 연구된 박테리아 중 하나입니다.

그러나 대장균은 나쁜 평판도 있죠. 우리 대변에는 보통 대장균이 포함되어 있고, 과학자들은 종종 그것을 오염된 물의 지표로 사용합니다. 또한 E. coli에는 몇 가지 나쁜 친척들(장출혈성 대장균 같은)이 있습니다. 이 친척들은 숙주를 감염시켜 자연에서 발견되는 가장 치명적인 몇몇 독소를 생성할 수 있으며, 이는 설사, 신장 합병증, 심한 경우 사망을 유발할 수도 있습니다. 그러나 이러한 희귀한 감염은 식중독의 일종으로, 일반적으로 동물성 제품인 육류나 우유가 대변에 의해 오염되었을 때 발생합니다. 이는 흔히 음식을 취급하고 가공하는 과정상의 부주의 때문인데, 따라서 이러한 나쁜 변종은 우리 자신이 만든 작은 괴물이라고 할 수 있겠습니다.

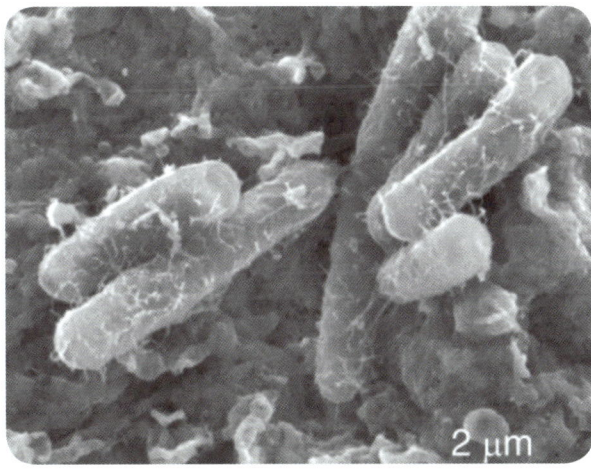

이미지: 사람의 질 세포 주위에 있는 대장균. 대장균의 선모(pili)가 엉겨있는 것이 보인다. 주사전자현미경 이미지.
출처: Brannon 외, 2020 Nature Communications.

알고 있나요?

박테리아는 환경에 따라 모양을 바꿀 수 있습니다. 단일 개체 대장균은 일반적으로 막대 모양이고 길이 약 3um(마이크로미터), 폭 0.5um 정도입니다. 이동할 때, 대장균은 한쪽 끝에 있는 긴 꼬리(편모)를 회전하여 추진해 나아갑니다.

장내에서 대부분의 미생물은 점액 가지 주위에 모여 고밀도 구조의 공동체인 바이오필름을 형성하고 삽니다. 비피더스균과 락토바실러스균 주변의 음식과 점액을 만나면 대장균은 편모를 잃고 가는 털 모양의 부착모(섬모)와 미생물 접착제(세포외 중합물질)의 혼합물을 사용하여 새로운 서식지에 붙어서 살 가능성이 높습니다.

공생의 스펙트럼

우리는 모두 영웅과 악당이 등장하는 멋진 이야기를 좋아합니다. 하지만 현실은 그렇게 단순하지 않습니다. 공생이라는 단어의 의미는 문자 그대로 '함께 산다'입니다. 평화롭고 협력적인 관계를 암시하지만, 현실은 훨씬 더 복잡하고 다양하죠.

서로 다른 생물체 사이의 공생 관계는 상리공생(Mutualism, 양 당사자가 모두 이익을 얻음)이 이쪽 끝에 있고 기생(Parasitism, 한쪽이 다른 쪽의 일방적 희생으로 이익을 얻음)이 저쪽 끝에 있는 연속체로 잘 설명됩니다.

오랫동안 인간과 장내 미생물의 관계는 편리공생(Commensalism, 한쪽은 이익을, 다른 한쪽은 이익도 손해도 없는)으로 설명되어 왔습니다. 왜냐하면 과학자들은 그들이 대부분 우리 장내에서 무해하게 살고 있다고 생각했기 때문입니다. 하지만 이제는 그들이 숙주 인간의 건강에 많은 이점을 가져다준다는 것을 알게 되었기 때문에, 과학자들은 우리와 대부분의 장내 박테리아의 관계를 공생으로 설명하기 시작했습니다. 그들은 우리를 필요로 하고, 우리는 그들을 필요로 합니다. 물론 예외적으로 일부 박테리아가 공생(친화적)에서 기생(나쁜)으로 바뀌는 경우도 있긴 합니다.

인간과 장내 박테리아 관계의 핵심은 박테리아를 우리 장벽(본질적으로 우리 몸의 바깥쪽)에서 일정 정도 떨어뜨려 놓는 것입니다.

- 인간의 관점에서, 우리의 미생물 거주자는 표면 위에 있어야 한다. 우리 몸의 무균 부분(혈액, 뼈, 근육 등)으로 침투하며 생명을 위협할 수 있기 때문.
- 미생물의 관점에서, 우리 혈액은 영양소(특히 당분)가 풍부한 공급원이다. 그래서 살모넬라균 같은 일부 미생물들은 방어를 뚫고 상피세포 안에 침투하려고 한다. 이럴 때 종종 감염으로 이어짐.
- 압도적 다수의 미생물은 장벽을 뚫으려 하지 않는다. 우리 몸과 부정적으로 반응하는 경우는 매우 드물다.

우리 장 속에 사는 모든 미생물은 말 그대로 위험으로부터 불과 몇 mm 떨어져 있습니다. 그들에게 위험은 장에서 씻겨 내려가 몸 밖으로 배출되는 것이죠. 반대로 우리에게 위험은 그들이 장벽을 뚫고 혈액이나 다른 조직을 감염시키는 것입니다.

실제에 있어서, 미생물이 처음부터 숙주를 돌보기로 스스로 선택한 건 아닐 겁니다. 그들은 단지 자신들이 안전하게 지낼 안식처를 만들려고 노력했을 것입니다. 그들은 점액에 붙어서 휩쓸려 내려가지 않으면서 근처의 음식을 먹으며 안전하게 살 수 있었죠. 다행스럽게도 대부분의 경우 그들의 필요와 우리의 필요가 일치합니다. 특히 우리가 건강한 음식으로 그들에게 영양분을 공급할 때 더 그렇습니다.

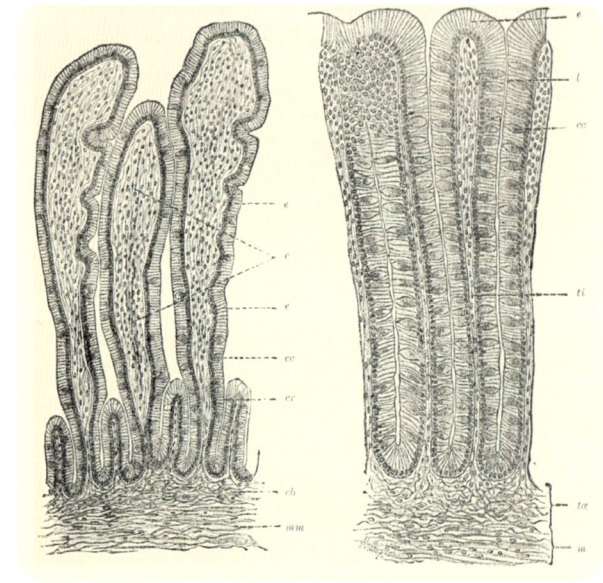

이미지: 소장의 융모와 대장의 창자샘을 비교한 오래된 그림. 소장 융모는 위로 향하는 손가락, 대장의 창자샘은 아래로 향하는 손가락처럼 보인다.
출처: The Reading Room (Alamy Stock Photo)

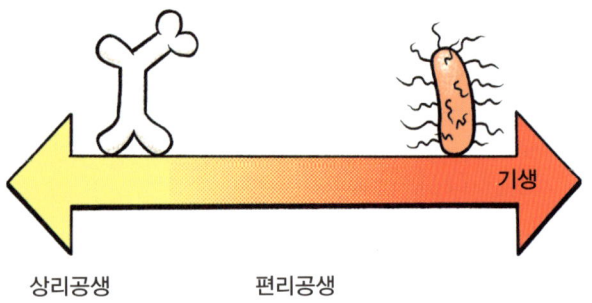

상리공생　　　편리공생

미생물은 공생 관계의 스펙트럼을 따라 숙주와 상호작용합니다.

75. 창자샘이 무엇인가?

74페이지 참조.

큰창자의 표면은 수천 개의 작은 도랑과 웅덩이로 덮여 있습니다. 이를 창자샘 또는 리베르퀸샘이라고 합니다. 각 창자샘의 바닥에는 줄기세포가 모여 있습니다. 이 줄기세포는 분열하여 새로운 상피세포를 생성하죠. 이 상피세포는 흡수성(장 상피세포)이거나 분비성(술잔세포, 파네트세포, 장 내분비세포)일 수 있습니다.

이들 깊은 창자샘은 장에서 수분을 모아 흡수하는 데 도움이 됩니다. 대변으로 빠져나가기 전에 점막의 귀중한 물이 손실되는 것을 막는 것이죠. 창자샘의 또 다른 주요 기능은 점액을 생성하는 것입니다. 점액은 빽빽한 내부 층과 느슨한 외부 점액층으로 구성되어 있습니다. 내부 점액층은 상피 벽을 감염으로부터 보호하고, 외부 점액층은 수조 개의 친근한 미생물의 서식지 역할을 합니다.

76. 에셔가 말하는 바다, 늪, 사막은 무엇일까?

76페이지 참조.

미세하게 들여다보면, 우리 몸의 모든 부분은 모두 다른 환경입니다. 각 신체 부위의 온도, 산소, 영양분, 산도, 기타 물리화학적 요인은 그곳에서 어떤 종류의 미생물이 생존하고 번성할 수 있는지에 대한 결정적인 조건이 됩니다.

에셔와 같은 마이크로미터 크기 미생물의 관점에서, 팔뚝의 피부는 많은 햇빛과 산소가 있는 건조한 사막과 같고, 습한 겨드랑이는 늪과 같겠죠. 우리의 입은 끈적끈적하고 습한 거대 동굴과 비슷하고, 우리의 위는 소용돌이치는 바다처럼 느껴질 것입니다.

이미지: 손가락 표면의 건조한 피부층. 채색된 주사전자현미경 이미지. (150배 확대)
출처: Steve Gschmeissner (Science Photo Library).

77. 박테리아가 정말로 공기를 통해 이동할 수 있을까?

77페이지 참조.

도시든 시골이든, 우리가 숨을 쉬는 공기에는 다양한 미세 물질이 포함되어 있죠. 먼지 입자나 꽃가루 알갱이부터 더 작은 박테리아와 바이러스, 심지어 연기와 자동차 배기가스에서 나오는 작은 독성 분자까지 다양합니다.

우리 몸은 이러한 다종다양한 물질을 걸러내도록 진화했습니다. 콧털은 첫 번째 장벽으로, 먼지나 꽃가루의 큰 입자를 걸러냅니다. 기관지와 기관지 내벽을 덮고 있는 점액층도 많은 미세 물질을 가두어 재채기로 배출할 수 있죠. 그러나 여전히 많은 입자와 미생물들이 우리의 폐로 끊임없이 들어오고 있습니다. 이것은 정상이며 피할 수 없습니다.

78. 폐의 모양이 나뭇가지를 닮은 이유는 무엇일까?

80페이지 참조.

모든 동물은 생존하기 위해 산소가 필요합니다. 작은 동물인 선충, 완보동물, 벌레, 곤충은 몸을 덮고 있는 얇은 외피(피부)를 통해 산소를 흡수합니다.

그러나 동물의 크기, 부피, 활동이 증가하면 산소에 대한 필요성은 기하급수적으로 커집니다. 따라서 모든 대형 동물은, 공기에서 산소를 흡수하기 위한 확산 표면(폐, 아가미), 산소를 몸의 모든 세포로 분배하기 위한 혈류(동맥, 정맥, 모세혈관), 혈액을 순환시키기 위한 심장(1개 또는 그 이상)으로 구성된 정교한 호흡계와 순환계 시스템에 의존합니다.

가용 표면적이 많을수록 더 많은 산소를 흡수할 수 있습니다. 제한된 공간에서 표면적을 증가시키는 가장 좋은 방법은 매우 얇고 접힌 표면의 그물망을 만드는 것이죠. 인간의 폐는 3억~5억 개의 작은 허파꽈리로 이어지는 2,000km가 넘는 나뭇가지 모양의 기관지 통로 그물망을 통해 충분한 산소를 흡수할 수 있습니다(동시에 이산화탄소를 방출함). 성인 폐의 허파꽈리 전체 표면적은 약 120m²로, 테니스 코트의 절반 크기입니다.

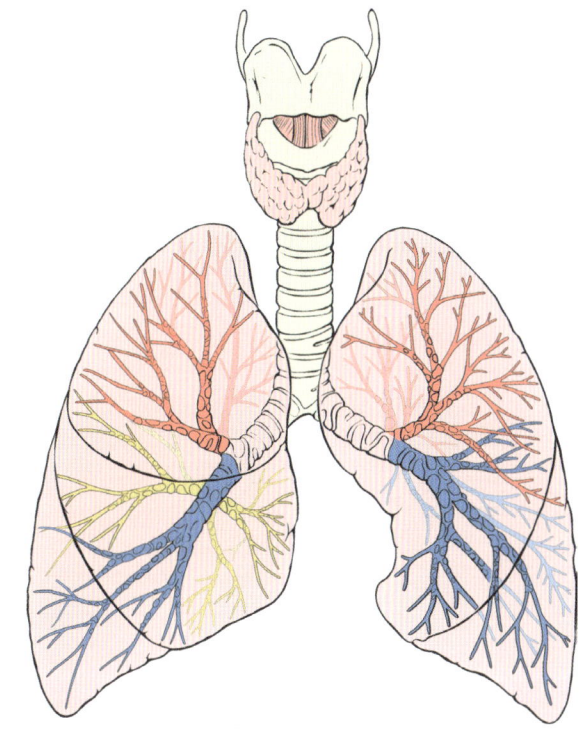

이미지: 나뭇가지 모양으로 보이는 인체 폐 구조.
출처: Patrick J. Lynch, 의료 삽화가.

79. 왜 에셔는 폐가 끔찍하다고 생각할까?

81페이지 참조.

폐는 박테리아에게 우호적인 곳이 아닙니다. 먹을 것이 거의 없고 장기 거주 미생물도 거의 없습니다. 에셔와 같은 아주 작은 박테리아의 시각에서 볼 때, 매번 숨을 쉴 때마다 폐를 오가는 공기의 움직임은 우리가 겪은 태풍이나 허리케인과 비슷할 것입니다.

80. RSV에 대한 자세한 설명

82페이지 참조.

바이러스는 가장 작고 가장 단순한 종류의 미생물입니다. 그들은 분명히 생명의 일부이지만 많은 과학자들은 바이러스가 살아있는지 여부에 대해 논쟁합니다. 한편, 바이러스는 환경에 반응하고 에너지를 사용하여 복제할 수 있습니다. 이는 생명의 고전적인 특징입니다. 그러나 바이러스는 세포막 대신 단백질 외피를 가지고 있으며, 이동이나 증식에 필요한 에너지를 자체적으로 만들 수 없습니다. 대신, **모든 바이러스는 기생**합니다. 바이러스가 증식하기 위해서는 다른 (표적)세포에 부착하고, 침투하고, 에너지와 다른 자원을 가로채서 더 많은 자신을 복제해야 합니다.

호흡기세포융합바이러스(RSV)는 전형적인 호흡기 바이러스입니다. RSV의 표면에 있는 스파이크 단백질은 독감, COVID-19, 일반 감기 같은 여타 호흡기 바이러스와 마찬가지로 폐의 상피세포에 결합하여 감염을 일으키며, 특히 **전염성**이 매우 강하다는 특징이 있습니다. 한 사람이 RSV에 감염되면 평균 5~25명의 다른 사람이 감염될 수 있습니다.

RSV는 감염된 사람이 기침이나 재채기를 할 때 나오는 비말에 의해 전염됩니다. 이 비말은 공기 중에 떠다니거나 장난감이나 문고리와 같은 표면에 앉아서 몇 시간 동안 생존할 수 있죠. 한 번 감염되면 RSV는 2~8일의 잠복기를 거치며, 보통 3~8일 동안 전염성이 있습니다.

이 책에서 RSV는 아기의 폐에서 쉽게 제거되어 뚜렷한 질병을 일으키진 않았습니다. 그러나 일반적으로 RSV에 감염된 유아는 아플 것입니다. 일부 감염은 감기와 유사한 증상인 콧물, 기침, 재채기를 일으킨 후 빠르게 사라집니다. 그러나 RSV는 영유아와 면역력이 약한 사람들에게 심각한 문제를 일으킬 수 있으며, 폐렴과 같은 더 심각한 감염을 유발할 수도 있습니다. 또한 말라리아 다음으로 전 세계 유아 사망의 가장 큰 원인으로 꼽힙니다. 현재 여러 가지 치료법과 백신이 개발 중에 있습니다.

> 인간이 더 많은 땅과 새로운 식량원을 찾기 위해 세계의 미개척 야생 지역으로 옮겨 다니면서 낯선 미생물에 노출되기도 합니다. 이 미생물 중 많은 것들은 **야생 동물**(박쥐, 침팬지)의 개체군에서 오랫동안 존재해왔지만, 인간을 감염시키지는 않았습니다. 그럴 기회가 없었죠. 그러나 **반복적**이고 종종 **스트레스가 많은 상황**에서의 노출을 통해, 많은 미생물들(지카, HIV, 에볼라, 사스 바이러스 등)은 결국 사람을 감염시키고 그 다음에는 사람 간 접촉을 통해 전파되도록 진화했습니다. 왜냐하면 진화를 촉진하는 한 가지 요소가 스트레스이기 때문입니다!

이미지: 공장식 농장의 돼지.

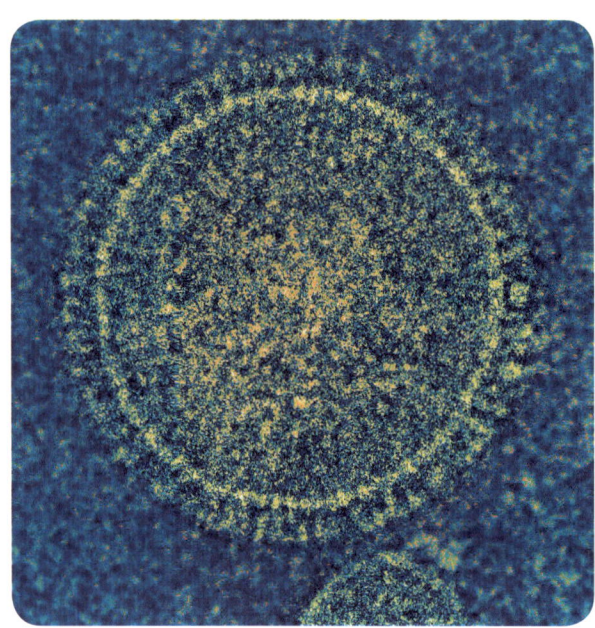

이미지: 호흡기세포융합바이러스(RSV)의 채색된 투과전자현미경 이미지.
출처: 미국 국립 알레르기 전염병 연구소.

81. 어떻게 바이러스는 이렇게 빨리 번식할 수 있을까?

84페이지 참조.

호흡기세포융합바이러스(RSV)는 인간 폐의 상피세포 표면의 단백질 수용체에 고정되도록 진화한 스파이크 단백질을 가지고 있습니다. 일단 결합하면, 바이러스는 숙주 세포 내부에 RNA 게놈을 주입하고, 1시간 이내에 세포는 게놈과 단백질 외피 모두를 포함하는 더 많은 바이러스를 복제하도록 재프로그래밍됩니다.

감염된 세포는 이제 시한폭탄이 될 것입니다. **몇 시간 이내에 RSV에 감염된 각 상피세포는 대개 수백 개의 새로운 바이러스를 방출하기 위해 파열**됩니다. 그리고 이 중 많은 수의 바이러스가 새로운 세포를 재감염시키지는 못할 수 있지만, 며칠 내에 바이러스의 **기하급수적인 증가**는 종종 면역계가 보호 항체를 생성하는 능력을 능가하기도 합니다.

> ### 질병은 어디에서 오는가?
>
> 동물에서 사람으로 옮겨진 전염병(박테리아, 바이러스, 곰팡이로 인해 발생)을 **동물매개 감염병**이라고 합니다. 인간의 모든 감염성 질병의 절반 이상이 이에 해당합니다. 이 광범위한 박테리아, 바이러스, 곰팡이는 수천 년 동안 가축(소, 닭, 돼지 등)과 함께 살면서, 종종 비좁고 스트레스가 많은 공장식 축산 같은 환경에서 진화하여 탄저병, 결핵, 인플루엔자, 천연두, 홍역, 광견병과 같은 질병을 일으키게 되었습니다.

82. 대식세포들은 무엇을 찾고 있을까?

84페이지 참조.

폐에서 발견되는 주요 면역세포는 **폐포 대식세포**입니다. 이 덜 공격적인 대식세포의 주요 임무는 우리가 흡입한 모든 입자를 찾아 삼키고 분해하는 것입니다. 이른바 식세포작용(phagocytosis)이죠.

폐 표면의 공기-액체 경계면에 위치하는 것도 병원균의 침입을 감시하는 중요한 역할을 수행하기 위해서입니다. 이렇게 이들 대식세포는 사이토카인(예: 인터페론)을 방출하여 바이러스에 대한 국소적 면역반응을 유발함으로써 침입 바이러스(예: RSV)의 확산을 막는 첫 번째 방어선이 됩니다.

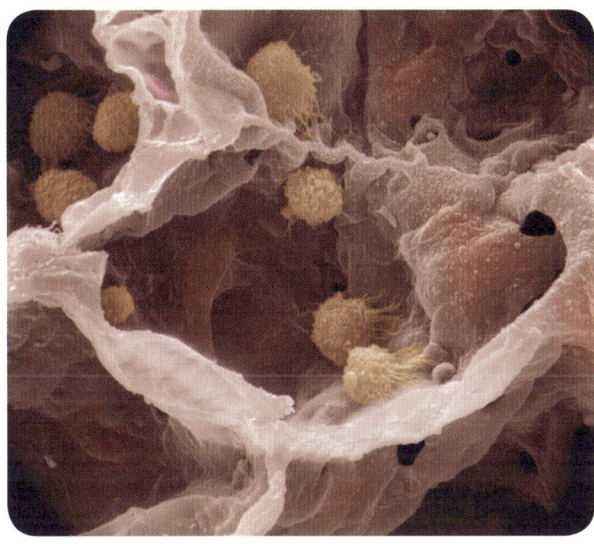

이미지: 폐포 내부의 대식세포(노란색). 채색 주사전자현미경 이미지. (배율 2,000배)
출처: Richard Kessel 박사 & Randy Kardon 박사 (과학 사진 라이브러리).

83. 폐가 점액으로 가득 차는 이유는 무엇인가?

85페이지 참조.

우리 폐를 덮고 있는 단일층의 상피세포는 매우 얇고 섬세합니다. 세균이나 바이러스 같은 외부 침입자로부터 이 섬세한 표면을 보호하기 위해 폐는 다음과 같은 다양한 전략을 가지고 있지요.

- 폐포 대식세포가 폐를 순찰하며 이물질과 미생물을 찾아 삼키고 파괴.
- 대식세포가 사이토카인(예: 인터페론)을 방출하여 상피세포(술잔세포 포함)에 경고를 보내 방어력을 강화.
- 술잔세포가 점액을 분출하여 방류함으로써 폐포의 내용물을 가두거나 흘려보낼 수 있음.
- 모든 것이 실패하면 면역계는 감염된 세포와 그 안에 있는 바이러스를 파괴하기 시작함.

84. 비타민K가 무엇인가?

90페이지 참조.

비타민K는 우리 몸의 세포 내에서 칼슘을 결합하는 단백질을 변형시키는 데 사용되는 지용성 비타민의 일종입니다. 'K'는 이 비타민이 정상적인 혈액 응고에 중요한 역할을 한다는 점에서 '응고'를 뜻하는 독일어 단어 'Koagulation'에서 따왔죠.

비타민K는 또한 새로운 뼈 조직의 형성에 중요한 역할을 하며, 비타민 결핍은 골밀도 저하(골다공증)의 원인이 되는 것으로 나타났습니다. 잎이 많은 녹색 채소는 비타민K의 풍부한 식품 공급원입니다. 과학자들은 대장균 같은 일부 장내 세균도 숙주 내에서 이 비타민을 생성한다고 믿고 있습니다.

> **알고 있나요?**
>
> 인간과 동물 대부분에게 비타민K의 결핍은 거의 발생하지 않습니다. 왜냐하면 우리 세포는 비타민K를 효율적으로 재활용할 수 있기 때문이죠. 1940년대에 비타민K를 재활용하는 효소를 차단하는 화학물질(와파린)이 발견되었는데, 이는 혈액 응고 능력을 떨어뜨립니다. 와파린은 초기에는 쥐약으로 사용되었지만, 이제는 정맥혈전증이나 뇌졸중의 위험이 있는 사람들의 혈액 응고를 예방하기 위해 저용량으로 사용되고 있습니다.

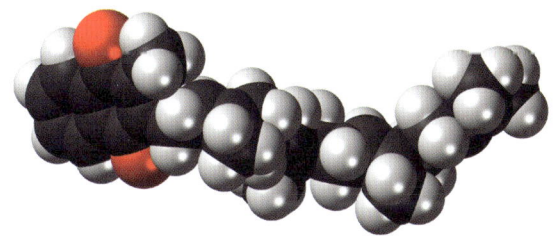

이미지: 메나테트레논 분자(비타민K2)의 공간 채우기 모형.

85. 뼈 무기질화가 무엇인가?

90페이지 참조.

뼈는 역동적인 조직입니다. 뼈는 우리 몸 전체에서 지속적으로 형성되고 재흡수되어 신체가 성장하고 노화함에 따라 골격의 구조가 최적으로 적응하고 기능할 수 있도록 합니다. 뼈 무기질화는 두 단계로 일어납니다. 첫 번째는 **콜라겐**이 풍부한 뼈 구조로 형성되는 것입니다. 콜라겐은 뼈의 구조를 형성하는 단백질입니다. 두 번째 단계는 **칼슘과 인**같은 미네랄이 뼈 구조에 침착되는 것입니다. 이 과정은 뼈를 단단하고 강하게 만듭니다.

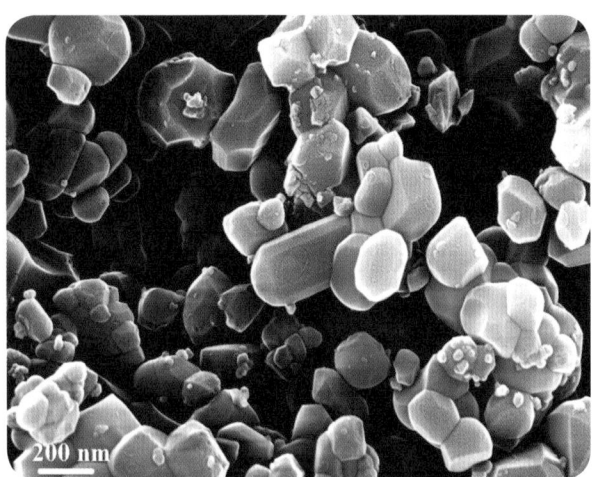

이미지: 뼈 조직에서 수산화인회석 나노결정의 주사전자현미경 이미지.
출처: "Cytotoxicity Evaluation of 63S Bioactive Glass and Bone-Derived Hydroxyapatite Particles using Human Bone-Marrow Stem Cells" Doostmohammadi 외, 2011.

제7장
숲 가꾸는 로즈

86. 로즈부리아 박테리아는 무엇인가?

95페이지 참조.

로즈부리아 박테리아는 우리 장내의 슈퍼스타 중 하나입니다. 로즈와 그 가족은 의사들이 **건강의 지표**로 자주 사용합니다. 이는 부분적으로 **부티르산(낙산)**이라는 짧은사슬지방산을 다량 생산할 수 있기 때문입니다. 부티르산은 염증을 조절하고 장 상피세포의 중요한 에너지원이 되죠. 로즈부리아 박테리아는 전 세계 사람들의 장내 미생물총에서 발견되며, 비만, 제2형 당뇨병, 궤양성 대장염, 고혈압과 같은 질환이 있는 환자의 경우 로즈부리아 박테리아 수치가 감소하는 것으로 나타났습니다.

락토바실러스와 마찬가지로, 이 막대 모양의 박테리아는 바실로타문의 구성원입니다. 에셰리키아와 살모넬라처럼 로즈는 유명한 미생물학자의 이름을 따서 명명되었죠. 그리고 비피더스균과 마찬가지로 로즈부리아 박테리아는 엄격한 혐기성 미생물입니다. 즉 생존에 산소가 필요하지 않습니다.

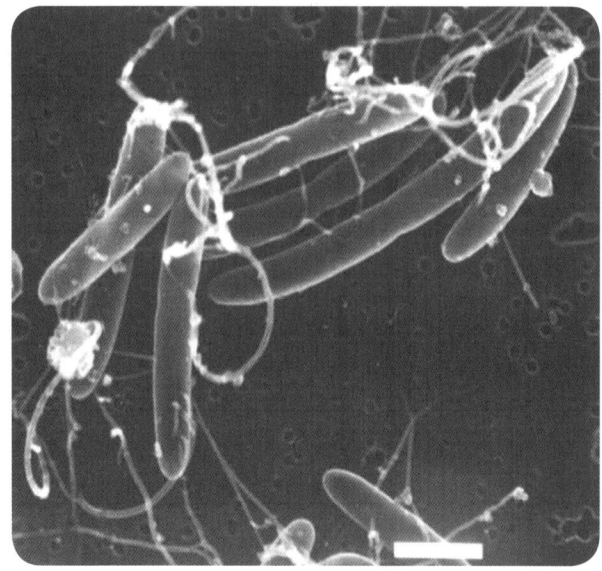

이미지: 로즈부리아 박테리아의 투과전자현미경 이미지. (축척막대 = 1마이크로미터)
출처: : "Proposal of Roseburia faecis sp. nov., Roseburia hominis sp. nov. and Roseburia inulinivorans sp. nov., based on isolates from human faeces" Duncan 외, 2006.

87. 엄격한 혐기성 미생물이란?

95페이지 참조.

엄격한 혐기성 미생물은 산소 없이 생존하며, 산소에 노출되면 죽을 수도 있는 미생물을 말합니다. 산소 가스(O_2 또는 이원자분자)는 지구 대기 중에 풍부합니다. 산소는 독특한 분자 구조를 가지고 있어서 주변 분자로부터 전자를 잘 받아들입니다. 이 때문에 신진대사에 매우 유용하며, 동물과 식물뿐만 아니라 많은 종류의 곰팡이, 박테리아, 고세균들도 호흡에 사용합니다.

그러나 산소의 극단적인 반응성은 매우 위험할 수도 있습니다! 화학 반응 중에 산소 분자는 다른 산소 분자 및 물과 빠르게 반응하여 슈퍼옥사이드(O_2^-), 하이드록실(OH) 및 과산화수소(H_2O_2)와 같은 **독성 자유라디칼**을 형성합니다. 자유라디칼은 일단 형성되면 세포 내의 중요한 구조와 분자, 예를 들어 DNA, 막, 효소를 손상시키므로 세포 내에서 이러한 자유라디칼의 과도한 축적은 **세포의 빠른 죽음**을 초래하죠.

대부분의 세포는 이러한 자유라디칼을 비활성화하기 위해 보호적인 **항산화 분자**(글루타티온)와 **효소**(과산화수소 분해 효소)의 풀을 유지합니다. 그러나 혐기성 미생물(로즈와 비피더스균과 같은)은 이러한 **보호적인 항산화 물질**을 가지고 있지 않으며, 산소에 노출되면 몇 분 이내에 사망할 수 있습니다.

혐기성 대사에 대해 더 자세히 알아보려면 43번 질문을 참조하세요.

88. 박테리아는 정말로 동면을 할까?

96페이지 참조.

미생물들은 환경의 변화를 감지하고 적응할 수 있습니다. 스트레스가 많은 조건(예: 굶주림 또는 독성 화학 물질에 노출)에 놓일 때, 일부 박테리아는 새로운 환경으로 이동하기 위해 새롭게 편모(꼬리)를 성장시켜 운동성을 가지게 됩니다. 또 다른 박테리아는 불리한 환경 조건을 감지하면 포자라고 하는 보호 구조를 형성할 수 있습니다.

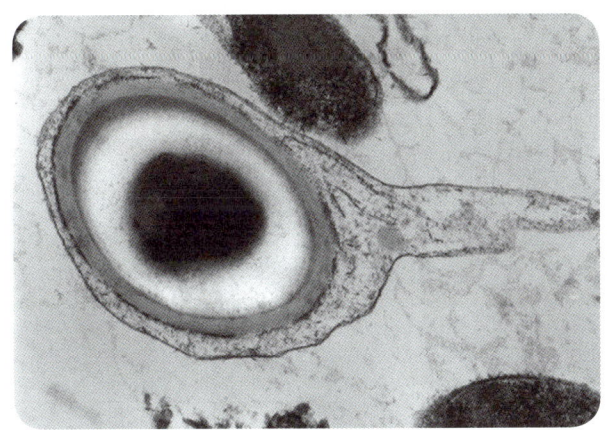

이미지: 포자의 두꺼운 벽을 보여주는 투과전자현미경 이미지.
출처: 조나단 아이젠.

박테리아가 포자 형태일 때는 동면할 때처럼 **호흡 같은 대사활동이 극히 낮아** 오랜 기간 생존할 수 있습니다. 엄격한 의미에서 동면과는 다르지만, 두꺼운 세포벽은 박테리아 포자를 **극한 조건으로부터 보호**합니다. 예를 들면, 극한 고온이나 저온, 높은 수준의 방사선, 다양한 독성 화학 물질(예: 혐기성 박테리아에 유독한 산소) 같은 경우를 말합니다. 나중에 환경이 나아지면 포자는 발아하여 원래의 활동 상태로 돌아갈 수 있습니다.

알고 있나요?

박테리아 포자는 오랜 기간 휴면 상태로 있을 수 있습니다. 수천 년 동안 포자가 살아남은 사례가 많으며, 일부는 수백만 년 후에 부활할 수 있다는 의견도 있습니다. 포자는 매우 단단하고 건조하며, 산소, 영양분, 수분을 필요로 하지 않기 때문에 극한의 온도, 방사선, 화학 물질에 견딜 수 있죠.

89. 담즙산이 포자를 발아시키는 이유는 무엇일까?

98페이지 참조.

대부분의 인간의 장에는 1,000종 이상의 다양한 박테리아가 서식하고 있습니다. 이 박테리아는 수백만 년 동안 인간과 **공진화**하여 대부분 상호 이익이 되는 파트너십을 형성했습니다. 이러한 파트너십이 오랜 기간 동안 유지되고 번성하기 위해서는 **인간에서 인간으로 유용한 박테리아를 전달하기 위해 인간과 박테리아는 효율적이고 신뢰할 수 있는 방식으로 진화**해야 했습니다.

장에서 장으로의 미생물 전달은 평생 동안 진행되는 과정입니다. 최근 연구에 따르면, 이 전달은 출생부터 시작되며, 모유에는 약 200종의 박테리아가 포함되어 있고, 그 중 많은 종이 평생 지속된다고 합니다. 그러나 우리 장내 박테리아의 상당 부분은 혐기성균으로 산소에 장기간 노출될 수 없습니다. 그렇다면 산소에 노출 없이 어떻게 한 사람의 장에서 다른 사람의 장으로 이동할 수 있었을까요?

장내 박테리아의 전달은 아직도 밝혀야 할 부분이 많지만, 새로운 연구에 따르면 많은 장내 박테리아가 인간에서 인간으로 **포자 형태로** 이동합니다. 포자는 **수년간 지속 가능**하고, 독성 수준의 산소와 강한 위산에 노출 등 **가혹한 환경 조건**에 저항할 수 있을 정도로 강건합니다. 그러나 장내 박테리아의 포자도 이동이 완료한 후 적절한 시기에 발아(깨어남)해야 합니다. 그들은 소장의 담즙산에 반응하여 우리 몸속에서 발아합니다.

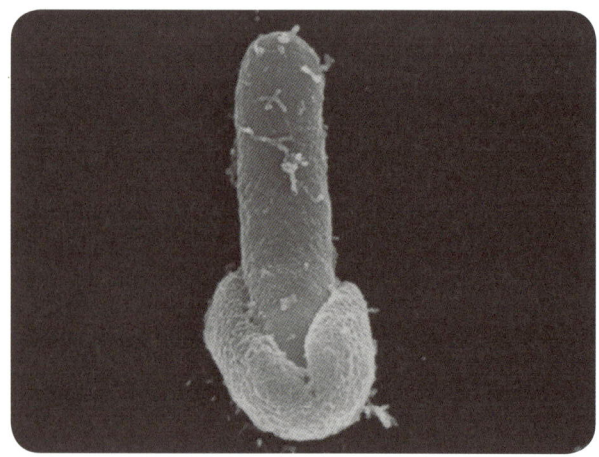

이미지: 포자에서 나오고 있는 박테리아.
출처: 노르웨이 오슬로 대학교의 Antje Hofgaard, EM–Lab 및 노르웨이 NMBU 수의과내학의 Elisabeth Madslien.

90. 로즈부리아 박테리아는 왜 비피의 맛있는 간식을 좋아할까?

100페이지 참조.

비피와 같은 혐기성 장내 박테리아는 발효를 통해 당에서 에너지를 얻고, 부산물로 짧은사슬지방산(SCFA)인 아세트산을 생성합니다. 그러면 로즈 같은 몇몇 박테리아가 이 아세트산을 먹고 발효시켜 약간 더 긴 SCFA 분자, 즉 부티르산을 생성할 수 있습니다.

실제로 로즈부리아 박테리아는 일부 식이섬유(예: 이눌린)뿐만 아니라 단순당도 발효할 수 있으며 옥살산염이라는 화합물도 합성할 수 있습니다. 그러나 이 옥살산염은 일정 시간이 지나면 신장 결석을 유발할 수 있습니다.

91. 부티르산은 무엇인가?

100페이지 참조.

부티르산(낙산, 부탄산)은 유익한 짧은사슬지방산으로, 다음에 도움이 됩니다.

- 장 세포벽을 온전하게 유지
- 새로운 상피세포의 성장을 촉진
- 염증을 줄이고
- 식욕을 조절

하지만 부티르산의 가장 중요한 역할은 우리 장의 상피세포를 위한 연료라는 것입니다. 상피세포는 우리 장에서 생성되는 부티르산의 약 90%를 소비합니다. 상피세포가 이 부티르산을 소비히면서 에너지를 얻기 위해 많은 양의 산소를 함께 사용합니다(호기성 호흡). 이로 인해 산소가 많이 장 점막 숲으로 들어가지 못하게 되어, 결과적으로 로즈나 비피 같은 근처의 혐기성(산소에 민감한) 장내 세균을 보호하는 데 도움이 됩니다.

짧은사슬지방산에 대한 자세한 내용은 60번 질문을 참조하십시오.

> **알고 있나요?**
>
> 부티르산은 우리의 장 건강에 매우 중요합니다. 저항성 전분(렌즈콩, 완두콩, 콩, 삶은 감자, 납작오트)이나 펙틴(아보카도, 키위, 베리, 감귤류, 호박, 애호박)이 풍부한 음식을 섭취하면 부티르산 수치가 증가하는 것으로 나타났습니다.

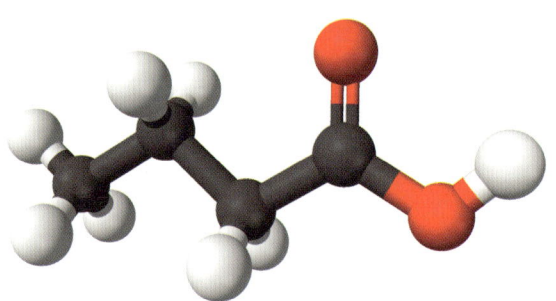

이미지: 부티르산 분자의 볼앤스틱 모형.

92. 부티르산은 어떻게 술잔세포를 자극하여 점액을 생성하게 할까?

100페이지 참조.

술잔세포가 점액을 분비하는 방법과 이유는 아직 완전히 밝혀지지 않았지만, 많은 짧은사슬지방산(특히 부티르산)이 장 상피세포 내의 많은 유전자의 발현에 영향을 미칠 수 있다는 것은 알려져 있습니다. 일부 연구에 따르면 부티르산은 술잔세포 내의 점액 생성 유전자의 발현을 활성화하여 점액을 생성하고 분비하도록 자극합니다.

점액은 술잔세포라는 일종의 상피세포에 의해 만들어집니다. (술잔 모양으로 생겨서 술잔세포라고 불러요!) 술잔세포가 성숙함에 따라 세포 내의 알갱이들(과립)이 점액의 주요 성분인 뮤신으로 채워집니다(더 엄밀히 말하면 뮤신-2 당단백질). 그리고 이 뮤신이 장 내부 액체 상태의 내용물에 방출되면 100~1,000배로 빠르게 부풀어집니다. 이는 근처 미생물의 관점에서는 폭발하는 화산처럼 느껴지겠죠!

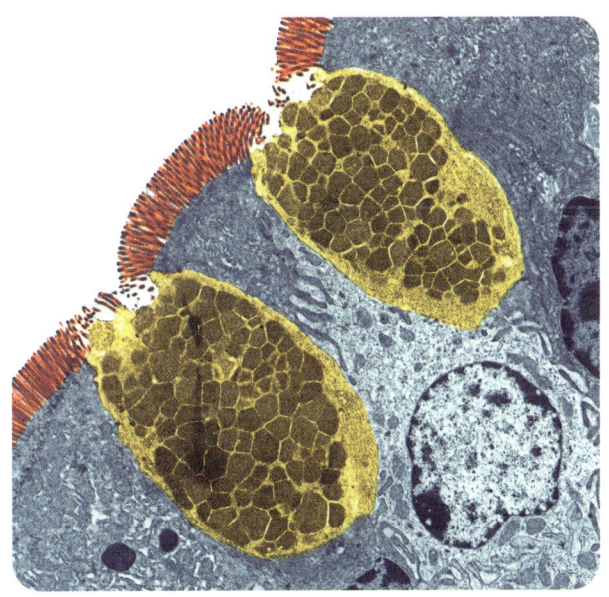

이미지: 점액이 가득 찬 두 개의 술잔세포. 투과전자현미경 이미지. (5,500배 확대)
출처: Steve Gschmeissner (Science Photo Library).

제8장
인간과 개의 내장에 함께 사는 박테리아, 로이디

93. 혀의 유두돌기는 무엇인가?

105페이지 참조.

많은 다른 동물과 마찬가지로, 인간도 소화의 첫 단계에는 혀라고 하는 근육 기관이 관여합니다. 혀는 치아와 침의 도움으로 음식을 씹고 삼키는 데 중심적인 역할을 하죠. 혀의 상부 표면을 뒤덮고 있는 작은 설유두(유두돌기, papillae)도 이 과정을 돕습니다. 유두돌기라는 단어는 라틴어 '젖꼭지'에서 유래하는데, 유두돌기는 혀를 내밀어 거울에 비춰보면 볼 수 있죠.

유두돌기는 그 모양과 혀에서의 위치에 따라 원뿔 모양의 사상유두, 버섯 모양의 버섯유두, 잎 모양의 엽상유두, 성곽 형태의 성곽유두로 나뉩니다. 이중 가장 흔한 유형은 원뿔 모양 사상유두이고, 이 돌기들은 더 많은 표면적과 마찰을 만들어 씹기와 말하기 모두에 도움을 줍니다.

우리는 사상유두를 제외한 다른 3가지 유형의 돌기, 즉 버섯유두, 엽상유두, 성곽유두에 의존하여 맛을 느낍니다. 이들 돌기에는 맛을 구별할 수 있는 미뢰(맛봉오리)가 있고, 각 미뢰에는 50-150개의 미각세포가 존재합니다. 미뢰는 미각세포가 겹쳐진 모양이 마치 꽃봉오리처럼 생겨서 붙은 이름이에요.

우리는 기본적으로 5가지 맛(짠맛, 신맛, 단맛, 쓴맛, 감칠맛)을 느낄 수 있죠. 이는 맛을 내는 화학물질에 미세포가 반응하여 미신경을 자극함으로써 가능합니다.

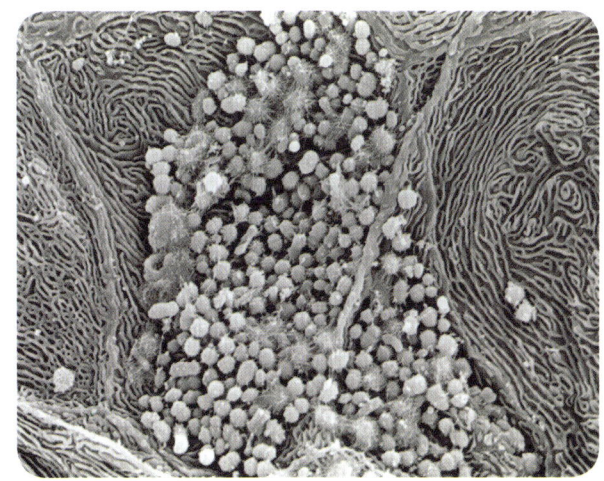

이미지: 혀 표면의 박테리아를 보여주는 주사전자현미경 이미지.
출처: David Gregory & Debbie Marshall.

94. 박테로이데스 박테리아는 무엇인가?

105페이지 참조.

박테로이데스속의 구성원은 우리 장내 미생물총에서 가장 많은 수를 차지하는 박테리아입니다. 박테로이데스(로이디)가 장내에 존재하는 것은 보통 장 건강에 매우 좋죠.

로이디는 박테로이도타(Bacteroidota)문의 많은 다른 관련 종과 함께 수천 가지의 다른 효소를 공유합니다. 이 효소들은 복합식이섬유, 저항성 전분, 점액 및 단백질에서 영양분과 에너지를 분해하고 추출할 수 있습니다. 이들의 남은 부산물에는 비타민 B군, 감마아미노부티르산(GABA), 그리고 프로피온산과 같은 다양한 짧은사슬지방산이 포함됩니다.

프로피온산에 대한 자세한 내용은 98번 질문을 참조하세요.

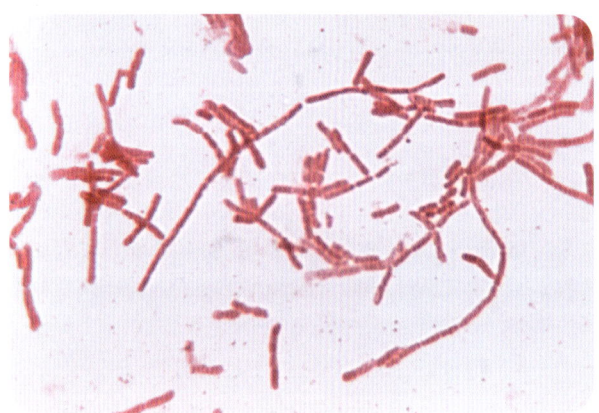

이미지: 붉게 염색된 박테로이데스 박테리아의 광학현미경 사진. (1,000배 확대)
출처: Dr. V. R. Dowell, Jr (미국 질병통제예방센터).

95. 박테리아가 종종 개에서 사람으로 전염될까?

106페이지 참조.

사람은 반려동물과 많은 미생물을 공유합니다. 생쥐, 돼지, 개의 장내 미생물총을 조사한 연구에 따르면 각각 20%, 33%, 63%가 인간의 장내 미생물총 유전자와 겹쳤습니다.

개는 어떻게 이렇게 놀라울 정도로 인간과 유사한 장내 미생물총을 가지게 되었을까요? 한 가지 이유는 식단입니다. 개가 길들여진 이후로 우리는 수천 년 동안 음식을 개와 공유해 왔습니다. 그리고 인간과 개는 장 환경 조건이 매우 유사합니다. 예를 들어, 인간의 체온은 36.5℃이고 개는 약간 더 높은 38~39℃입니다.

개와 고양이의 장에는 사람의 장에서도 발견되는 많은 유익한 박테리아 속이 포함되어 있습니다. 예를 들면, 로즈부리아, 피칼리박테리움, 프리보텔라, 루미노코쿠스, 박테로이데스 등이죠. 특히, 박테로이데스 박테리아는 염증을 줄이고 숙주의 면역 기능을 향상시킵니다. 연구에 따르면 임신 및 유아기 동안 개를 기를 경우 나중에 아토피 피부염이나 천식 같은 알레르기 질환의 위험이 감소한다는 것을 알 수 있습니다.

> **알고 있나요?**
>
> 3,500년 전(신석기 시대)의 개 배설물을 분석한 결과, 육식성 늑대에서 잡식성 개로의 가축화 과정에 장내 세균이 중요한 역할을 했음이 밝혀졌습니다. 개가 인간과 함께 살기 시작하고 처음으로 빵과 같은 전분이 많은 음식을 먹기 시작하면서, 개의 장내 미생물총은 탄수화물을 분해하고 에너지를 추출할 수 있는 새로운 박테리아를 포함하도록 적응했습니다.

96. 파지phage가 무엇인가?

109페이지 참조.

박테리오파지(또는 파지)는 박테리아에 감염되는 바이러스의 일종이에요. 파지는 박테리아의 세포벽을 뚫고 들어가 그 안에 복제됩니다. 파지가 복제되면 새로운 파지가 생성되고 박테리아 세포는 파열되죠. 파지는 박테리아의 질병을 유발할 수 있고, 또한 박테리아를 죽일 수도 있습니다.

크래스파지(crAssphage)로 알려진 박테리오파지 바이러스는 우리 장에서 흔히 발견되는 많은 박테로이데스 박테리아를 감염시킵니다. 과학자들은 박테리아 세포마다 10~40개의 파지가 있을 것으로 추정하고 있습니다. 따라서 이 유형의 파지는 기본적으로 인간의 몸에서 가장 흔한 미생물일 가능성이 높죠. 이 바이러스에 대한 연구는 초기 단계에 있지만, 연구자들은 이 나노 크기의 암살자들이 박테로이데스의 수를 억제하는 데 도움이 될 수 있다고 생각합니다. (그들이 지배하는 것을 방지하고 장내 미생물 군집의 균형을 유지합니다.)

질문 10을 참조하면 파지에 대한 일반적인 소개를 볼 수 있습니다.

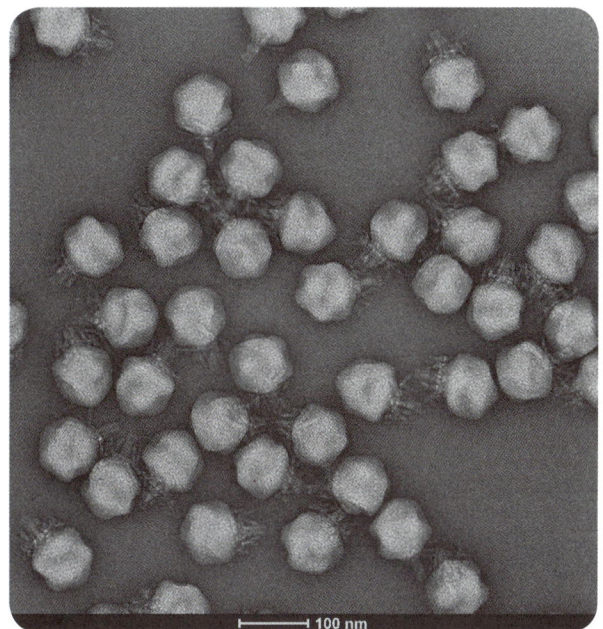

이미지: 크래스파지 바이러스의 주사전자현미경 이미지.
출처: Colin Hill, University College Cork 미생물학과.

97. 박테리아는 실제로 서로를 몰아낼 수 있을까?

110페이지 참조.

네, 박테리아는 서로를 몰아낼 수 있습니다. 인간이 건강할 때는 장내 미생물총이 다양한 미생물 군집으로 구성되어 있습니다. 이 군집은 서로 경쟁하여 공간과 영양분을 차지합니다. 따라서 수많은 미생물들이, 침입하는 병원균을 몰아내고 점액에 자리를 내주지 않으려고 합니다. 병원균은 이 경쟁에서 이기기 어렵기 때문에 장내 미생물총이 강력한 장벽 역할을 할 수 있죠.

또한, 미생물총은 상호영양 네트워크를 형성합니다. 이는 한 미생물이 다른 미생물에게 영양분을 공급하고, 그 대가로 영양분을 받는 것이죠. 이 견고한 네트워크는 침입하는 병원균이 자리를 잡거나 생존하기 어렵게 만듭니다. 그러므로 우리는 식이섬유를 충분히 섭취하여 미생물 파트너의 공동체를 키우고, 항생제나 식품 보존제 같은 독성 화학물질에 노출되지 않도록 해야 합니다.

항생제 현명하게 사용하기

과학자들은 인간과 박테리아가 팀으로 함께 일해야 한다는 것을 배웠습니다. 의사들은 점점 더 환자에게 무분별하게 항생제를 처방하지 않도록 교육받고 있죠. 항생제 남용은 장내 미생물 총의 불균형을 초래할 수 있으며, 이는 때때로 염증성 장 질환이나 기타 장기적인 건강 합병증으로 이어질 수 있습니다. 항생제 복용 후 번식하는 것으로 알려진 한 미생물은 클로스트리디움 디피실리(C. diff)라고 불리는 잡초 같이 유해한 박테리아입니다. 이는 심각한 염증과 심한 설사를 유발할 수 있습니다.

항생제 복용의 또 다른 위험은 항생제 내성 병원체의 성장입니다. 이는 질병을 일으키는 박테리아로, 더 이상 인간이 만든 항생제에 의해 통제되지 않습니다. 전 세계적으로 항생제 내성 병원체는 매년 70만 명이 넘는 사람들을 죽음으로 내몰고 있으며, 앞으로 수십 년 동안 전 세계 사망의 주요 원인으로 남을 것으로 예상됩니다. 따라서 항생제는 박테리아에 감염된 사람들을 치료하는 데 매우 효과적이고 여러 이점을 가져올 수 있지만, 적절한 건강 상황에만 제한적으로 사용해야 합니다. 동시에, 우리는 농업에서 가축을 살찌우는 데 사용되는 엄청난 양의 항생제 사용을 줄여야 합니다. 이는 항생제 내성의 주요 원인이기 때문입니다.

다음은 항생제를 현명하게 사용하는 방법입니다.

- 항생제를 처방받을 때는 반드시 의사와 상담한다.
- 항생제를 가능한 한 짧은 기간 동안만 복용한다.
- 항생제를 복용하지 않아도 되는 경우 복용하지 않는다.
- 항생제를 복용하기 전에 미리 음식을 섭취한다.
- 항생제 복용 후에는 충분한 수분을 섭취한다.
- 항생제를 복용할 때는 내성 박테리아의 확산을 막기 위해 손을 깨끗이 씻는다.

98. 프로피온산은 무엇인가?

111페이지 참조.

프로피온산은 장 건강에 중요한 유익한 짧은사슬지방산(SCFA)입니다. 다른 일반적인 SCFA인 아세트산, 부티르산과 마찬가지로 프로피온산은 염증을 줄이고 식욕을 조절하는 데 중요한 역할을 합니다.

프로피온산은 또한 에너지 대사에도 중요합니다. 간의 간세포는 혈당 수치가 낮을 때 프로피온산을 사용하여 새로운 포도당을 생성할 수 있습니다. 이 과정을 포도당신생합성(gluconeogenesis)이라고 합니다.

장내 SCFA(프로피온산, 부티르산, 이소발레르산 등)의 또 다른 중요한 역할은 장크롬친화세포를 자극하여 세로토닌을 생성하는 것입니다.

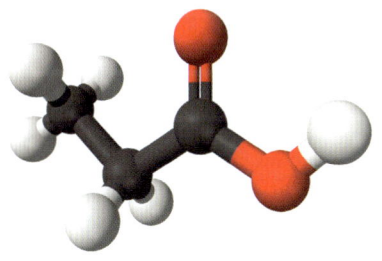

이미지: 프로피온산 분자의 볼앤스틱 모형.

> **알고 있나요?**
>
> 순수한 형태의 프로피온산은 몸 냄새와 비슷한 톡 쏘는 치즈 같은 불쾌한 냄새를 냅니다. 실제로 우리 몸의 땀샘과 피부의 다른 부분에는 혐기성 박테리아인 프로피온박테리움 여러 종이 서식하고 있으며 배설물로 프로피온산을 생성합니다. 이 박테리아는 매우 흔하고 일반적으로 무해하지만, 프로피온산이 과도하게 생성되면 체취를 유발할 수 있죠. 알코올이 함유된 데오드란트는 박테리아의 성장을 억제하고 그들의 배설물을 제거함으로써 체취를 조절하는 데 도움이 됩니다.

이동을 제어하는 단단히 뭉쳐진 세포 연합)을 통과할 수 없다고 생각했습니다. 그러나 유아기에는 이 장벽이 아직 미성숙하여 세로토닌을 포함한 많은 다른 분자들이 쉽게 통과할 수 있습니다.

장내 세로토닌이 우리의 **기분에 영향**을 미치는 것은 **미주신경**을 통해서인 것으로 생각됩니다. 미주신경은 우리의 장내 신경계(장뇌)에서 뇌로 직접 신호를 전달합니다. 우리의 장내 미생물총과 장, 뇌 사이의 의사소통 시스템은 **미생물-장-뇌 축**으로 불리며, 명확하게 생각하고 기분을 조절하는 데 큰 역할을 합니다.(62번 질문 참조)

장내 미생물총이 건강할수록 뇌 기능이 향상되고, 우울, 불안, 과식과 같은 질병의 위험이 감소합니다.

99. 장크롬친화세포는 왜 세로토닌을 만들까?

111페이지 참조.

우리 몸의 세로토닌의 약 95%는 작은창자와 큰창자를 덮고 있는 특정 유형의 (장 내분비) 상피세포인 **장크롬친화세포**에서 만들어지고 분비됩니다. 이 장내 세로토닌은 염증을 조절하고 장 주위의 **평활근 수축**을 자극하여 음식물이 장을 통해 원활하게 이동하도록 하는 것으로 알려져 있습니다.

세로토닌(5-히드록시트립타민, 5-HT)은 우리 몸에서 여러 가지 복잡한 기능을 합니다. 뇌에서 세로토닌은 하나의 **신경전달물질**(화학 메신저)로 작용하여 행복감을 포함한 기분, 인지, 학습 및 기억을 조절하는 데 도움을 줍니다. 세로토닌은 또한 몸에서 **호르몬**처럼 작용하여 수면, 체온조절, 혈압, 성관계, 수유, 바이오 리듬, 에너지 대사, 구토와 같은 많은 생리적 과정에 영향을 미칩니다.

100. 왜 미생물은 인간을 행복하게 하는 분자를 만들까?

111페이지 참조.

우리가 그들에게 계속 먹이를 주게 하기 위해서입니다! 세로토닌과 도파민 같은 신경전달물질은 즐거움, 행복, 만족감의 느낌에 중요한 역할을 합니다. 연구에 따르면, 우리가 장내 박테리아가 선호하는 음식을 먹을 때 이러한 신경전달물질 분자가 상당히 증가합니다. 간단히 말해서, 미생물들은 우리가 그들을 잘 먹일 때 우리에게 보상을 주는 것이죠.

식사 후의 보상과 즐거움의 느낌은 우리의 건강에 중요한 역할을 합니다. 음식의 성분이 박테리아와 우리의 장에 상호작용하여 신경전달물질과 다른 분자들을 생성하게 하고, 이 분자들은 다시 우리의 식사 행동을 조절합니다.

많은 과학자들은 세로토닌과 같은 의사소통 분자가 인간과 장내 미생물의 공통 언어로 공진화했다고 믿습니다. 인간과 장내 미생물의 성장과 생존을 촉진하는 한 방편으로 말이죠.

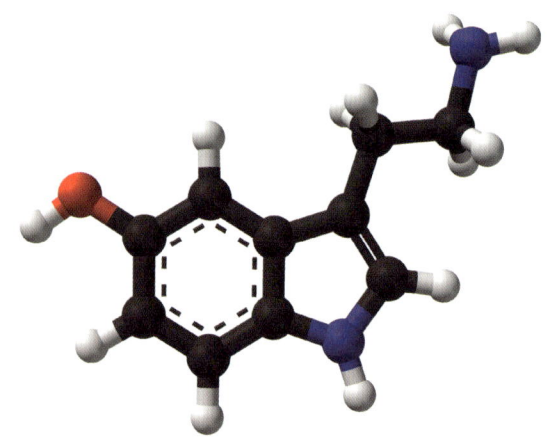

이미지: 세로토닌 분자의 볼앤스틱 모형.

기분조절 분자

많은 과학자들은 이제 장크롬친화세포에서 생성된 세로토닌이 **뇌에도 영향**을 미칠 수 있다고 생각합니다. 특히 유아에게 그렇습니다. 처음에는 세로토닌이 혈액-뇌 장벽(보호필터 비슷하게, 혈액에서 뇌로 분자

> **알고 있나요?**
>
> 장내 세균은 다음과 같은 다양한 분자를 사용하여 뇌와 소통합니다.
>
> - 신경전달물질(GABA, 도파민, 세로토닌, 히스타민 등)
> - 짧은사슬지방산
> - 아미노산
> - 2차 담즙산
>
> 많은 과학자들은 이제 장내 미생물이 우리의 인지 행동과 자폐증, 우울증, 조현병 같은 신경정신 질환과 아주 밀접한 관련이 있다고 생각합니다. 이런 이유로, 가까운 장래에 특정 식단과 프로바이오틱스로 장내 미생물총을 조절하면 다양한 정신 문제의 예방과 치료가 가능하다는 희망이 있죠.

제9장
신비한 박테리아, 루미노코쿠스

101. 왜 락토가 장에서 줄었을까?

115페이지 참조.

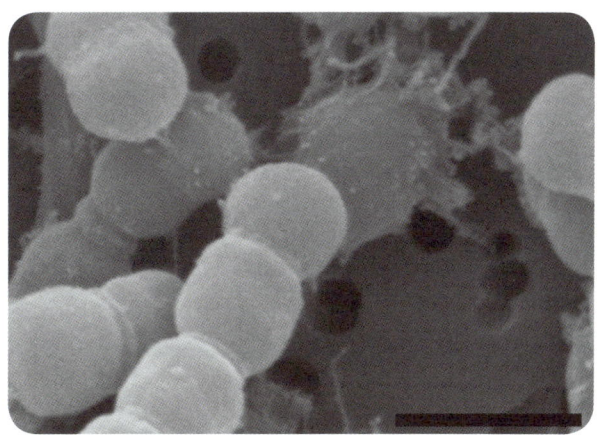

이미지: 주사전자현미경으로 본 루미노코쿠스 박테리아. (축척막대 = 1마이크로미터)
출처: Expression of Cellulosome Components and Type IV Pili within the Extracellular Proteome of Ruminococcus flavefaciens 007. V odovnik 외, 2013년.

장내 미생물총에 가장 큰 변화는 아기의 식단에 고형식이 도입될 때 일어납니다. 이는 새로운 음식이 새로운 미생물과 새로운 분자(예: 식이섬유)를 함유하고 있기 때문입니다.

그러나 아기가 생후 2년에 걸쳐 점점 더 많은 고형 음식을 먹기 시작함에 따라 점차 모유 섭취량은 줄어듭니다. 젖에서 벗어나 이유식과 고형식으로 이전하면서 락토바실러스 박테리아의 수가 크게 감소하고, 일반적으로 성인의 장에는 락토들의 개체수가 낮은 것으로 파악됩니다.

과학자들은 아기가 성장함에 따라 락토바실러스의 수가 감소하는 이유에 대해 명확히 알지 못합니다. 한 가지 이론은 모유 수유가 줄면서 락토들이 좋아하는 음식인 젖당의 공급이 줄어든다는 점입니다. 또 다른 이론은 락토바실러스가 점액 가지보다 장 상피에 더 잘 부착할 수 있는데, 자라는 아기의 장을 점액층이 점점 뒤덮으면서 락토바실러스의 설 자리(장 상피)가 없어진다는 것입니다. 이런 이유로 점점 배제되고, 경쟁에서 밀려나게 된다는 것이죠.

시인 루미

루미노코쿠스는 이 책에 등장하는 다른 박테리아와 출신도 말투도 성격도 약간 다릅니다. 그의 캐릭터와 말투는 13세기 페르시아 시인이자 이슬람 신비주의자 '잘랄루딘 루미'를 본떴습니다. 루미의 시집은 모든 존재의 통일성과 수피즘(이슬람 신비주의)과의 연결을 강조하는 것으로 유명하며, 많은 언어로 번역되어 700년 이상 읽히고 공연되고 있죠.

알고 있나요?

식물성 섬유, 식이섬유 또는 저항성 전분이라고도 하는 음식은 위와 작은창자에서 소화되지 않아요. 이러한 저항성 전분을 함유한 음식(통곡물, 채소, 과일, 콩류)을 섭취하면 장내 유익균인 루미노코쿠스 박테리아의 수가 증가합니다.

102. 루미노코쿠스 박테리아는 누구인가?

117페이지 참조.

루미노코쿠스(Ruminococcus, 루미) 박테리아는 인체 장내에서 흔히 볼 수 있는 미생물로, 우리가 섭취하는 많은 식물성 식품에서 식이섬유를 분해하는 중요한 역할을 합니다. 이 구균 모양의 박테리아는 바실모디 분류군(이전에는 퍼미큐티스)에 속하며, 보통 서로 연결된 세포로 사슬을 형성합니다.

식이섬유를 분해하여 영양분과 에너지를 얻을 수 있는 능력은 루미를 초식동물에게 매우 중요하고 유용한 장내 미생물이 되게 하였습니다. 루미는 인간의 대장에만 있는 것이 아니라 염소, 양, 소, 말, 돼지, 그 외 많은 야생 포유류의 장에서도 발견되었죠. 루미노코쿠스 브로미는 인간의 장에서 가장 중요한 종 중 하나로 여겨지며, 다양한 당과 비타민, 그리고 짧은사슬지방산인 아세트산과 젖산을 공유함으로써 숙주와 다른 장내 미생물 모두에게 이롭습니다.

이미지: 이스탄불의 타일에 그려진 시인 루미.
출처: Chyah.

103. 채소를 씻어서 먹는 것이 좋을까?

119페이지 참조.

많은 과학자들은 이제 어린 시절 다양한 미생물에 노출되는 것이 면역계의 균형을 잡는 데 더 도움이 된다고 믿습니다. 도시에 살더라도 주변의 미생물 세계와 연결되는 간단한 방법이 몇 가지 있습니다. 야외에서 자주 시간을 보내는 것(특히 정원 가꾸기), 애완동물과 놀고, 신선한 과일, 채소, 통곡물을 많이 먹는 것입니다. 채소를 씻으면 비료, 농약, 플라스틱, 작은 곤충, 흙, 먼지를 제거할 수 있어서 좋습니다. 하지만 우리의 **새로운 장내 미생물은 대부분 우리의 음식을 통해 들어온다**는 것을 기억해야 합니다. 특히 껍질을 벗기지 않고, 너무 세게 씻지 않고, 익히지 않은 과일과 채소를 먹는 것이 중요합니다.

우리는 너무 위생적이지 않나 — 위생 가설

20세기 후반, 세계 북반구의 산업화된 국가에서는 두 가지 경쟁적인 의료 트렌드가 나타났습니다. 첫째, 백신과 항생제는 소아마비, 홍역, 천연두, 결핵과 같은 치명적인 전염병의 확산을 줄여주었죠.

그러나 동시에 천식, 알레르기, 당뇨병, 다발성 경화증 같은 새로운 질병들이 흔해졌습니다. 이 새로운 질병들의 공통점은 면역계의 균형이 깨져서 생긴 것이라는 점입니다. 즉, 면역계가 과민반응을 일으켜 우리 몸의 세포를 공격하는 것이죠(자가면역 질환). 이러한 새로운 질병들은 우리가 오래된 전염병을 예방하기 위해 너무 깨끗하고 무균적인 환경에 노출되면서 발생했다고 하는 가설을 우리는 '위생 가설' 또는 '옛친구 가설'이라고 합니다.

알고 있나요?

일부 건강 전문가들은 다음 6가지를 자녀들의 알레르기 발병 위험을 낮추기 위한 부모의 예방 지침으로 사용합니다.

- **식이요법**: 다양한 식단 섭취하기
- **흙**: 정기적으로 흙에 노출되기
- **세제**: 너무 많은 세제에 노출되지 않기
- **건조한 피부**: 건조한 피부 피하기
- **개**: 집에서 개와 함께 살기
- **비타민D**: 건강한 비타민 D 수치 유지하기

104. 루미는 어떻게 식물섬유를 분해하나?

120페이지 참조.

식물은 동물들에게 맛있는 도전 과제입니다. 식물은 풍부하고 정지된 식품 공급원이지만 대부분의 동물은 식물을 소화할 수 있는 효소를 가지고 있지 않습니다. 식물 세포는 **복합 탄수화물인 셀룰로오스**, 헤미셀룰로오스, 리그닌을 함유한 단단한 세포벽으로 둘러싸여 있기 때문입니다. 그러나 이 기회를 놓치지 않고 인간의 장은 식물섬유를 분해할 수 있는 소화효소를 가진 미생물(루미)을 키우도록 진화했죠.

루미노코쿠스 박테리아는 외막에서 복합다중효소 구조(셀룰로솜)를 형성하여 식물섬유를 분해합니다. **셀룰로솜**은 나노머신과 같아요. 여러 개의 분자 팔을 가지고 있으며, 일부는 **식물섬유에 부착**할 수 있는 효소(갈고리와 같은)를 가지고 있고, 일부는 식물 세포벽에 있는 **셀룰로오스**나 기타 복합 탄수화물을 잘게 썰고 **분해**할 수 있는 효소를 가지고 있습니다.

105. 블렙이 무엇일까?

120페이지 참조.

모양과 크기에 상관없이, 미생물들은 새로운 환경과 조건에 적응하기 위해 종종 '막소포체' 또는 '블렙(bleb)'이라고 불리는 작은 구체를 주변 환경에 방출합니다. 현미경으로 관찰하면 이 작은 나노 구조가 세포 표면이나 피부막에서 부풀어 올라 나오는 것이 보입니다. 블렙의 가장 중요한 특징은 그 안에 들어갈 내용물(화물)의 다양성입니다.

블렙은 다음처럼 다양한 화물을 담아 상황과 필요에 따라 다양한 이점을 제공할 수 있죠.

- **사회적 기능**: 세포 간 신호를 전달하거나 숙주와 통신하는 것
- **대사 기능**: 소화효소를 방출하여 영양분을 획득하거나 근처의 세포(숙주 세포 포함)를 지원하기 위해 영양분을 분비하는 것
- **방어 기능**: 다른 미생물이나 숙주 면역세포로부터 보호하는 분자를 분비하는 것
- **공격 기능**: 다른 세포를 억제하거나 죽이기 위해 독소를 전달하는 것

블렙의 또 다른 중요한 기능은 근처 세포 간에 **유전 요소**(DNA 또는 RNA)를 **전달**하는 것입니다. 이를 형질전환이라고 합니다. 만화 내용처럼, 과학자들은 루미노코쿠스 박테리아가 인근 세포에 염색체 DNA 조각을 포함하는 블렙을 들여보내서 셀룰로오스를 분해할 수 있는 능력을 부여하는 것을 관찰했습니다.

106. 박테리아에게 수평적유전자이동은 흔한가? 그리고 이것이 왜 중요할까?

121페이지 참조.

대부분의 식물과 동물은 유성생식을 통해 유전자를 재조합하고 부모와 유전적으로 다른 자손을 생성하지만, 박테리아와 대부분의 미생물들은 다른 방식을 사용합니다. 미생물은 전화번호나 이메일 주소를 교환하는 것처럼 빠르고 쉽게 DNA를 교환할 수 있죠. 마치 카드 게임처럼 **미생물은 서로 유전자를 교환하고 거래**합니다. 죽은 이웃의 버려진 DNA를 수집하거나, 지나가는 바이러스나 블렙(막소포체)에서 유전자를 받거나, 섬모라고 하는 속이 빈 다리 모양의 연결을 통해 직접 DNA를 공유합니다.

부모에서 자손에게 DNA가 전달되는 경우, 이 유전자 전달을 '수직적'이라고 합니다. 그러나 유전 물질이 상관없는 개체 사이에 옆으로 전달되는 경우, 이를 **수평적유전자이동**(HGT)이라고 합니다. 박테리아와 다른 미생물이 HGT를 통해 DNA를 공유하는 것은 매우 일반적일 뿐만 아니라, 실제로 항생제 내성과 같은 새로운 유전자를 획득하는 주요 원천입니다. 과학자들은, 우리와 미생물이 천천히 함께 진화하면서 우리의 많은 유전자가 미생물로부터 수평적으로 전달된 것임을 발견하기 시작했습니다.

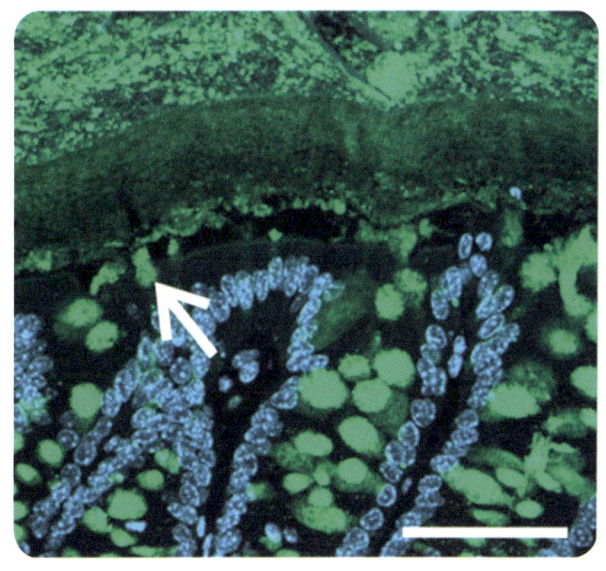

이미지: 큰창자 내부의 점액 내층과 외층을 보여주는 현미경 사진. 화살표는 점액을 분비하고 있는 한 개의 술잔세포. (축척막대 = 50마이크로미터)
출처: The inner of the two Muc2 mucin-dependent mucus layers in colon is devoid of bacteria, Johansson 외.

107. 장의 점액 숲이 정말 이렇게 두꺼울까?

122페이지 참조.

우리의 소화관은 입에서 항문까지 이어지는 얇고 밀도가 높은 내부 점액층을 가지고 있습니다. 그러나 우리의 대장은 내부 점액층 위에 좀 더 넓고 성긴 나무숲 같은 **외부 점액층**을 가지고 있죠. 수조 개의 유익한 미생물이 정착하고 번성할 수 있는 환경을 제공하기 위해서 그렇습니다.

이 책에서는 이 외부 점액층을 '숲'이라고 표현합니다. 실제로 우리 장에서 이 느슨한 점액 숲은 거의 1mm 두께밖에 되지 않는데, 약 1~2 마이크로미터 크기의 박테리아 관점으로 보면 아마도 그랜드 캐니언만큼이나 깊고 거대하게 느껴질 것입니다. 숲은 장 건강에 매우 중요합니다. 숲은 장내 미생물을 보호하고, 영양분을 흡수하고, 독소를 제거하는 데 도움이 됩니다.

108. 왜 비피더스균이 줄어들었을까?

124페이지 참조.

장내에서 박테리아와 다른 미생물이 살아남는 것은 쉽지 않습니다. 수조 개의 굶주린 미생물들이 우리가 식사를 하고 몇 시간 후에 도착하는 소화되지 않은 음식물에서 먹이를 얻기 위해 끊임없이 다투고 있기 때문이죠.

모유는 비피더스균에게 다른 박테리아보다 우위를 제공합니다. 이는 다른 박테리아가 소화하기 어려운 복합 탄수화물인 모유올리고당(HMO)을 분해할 수 있는 비피더스균의 특별한 능력 때문이죠. 그러나 아기가 커감에 따라 엄마가 수유를 점차 줄이고 일반 음식으로 옮겨가면, 대부분의 비피는 다른 그룹의 박테리아에 의해 경쟁에서 밀려나게 됩니다. 그리고 고형 음식에 더 특화된 다른 박테리아에 의해 천천히 대체됩니다.

제10장
살모넬라의 습격

109. 왜 닭고기가 병원성 박테리아의 번식지인가?

128페이지 참조.

육류 생산의 산업화를 통해 최근 수십 년간 닭고기는 점점 더 인기 있는 단백질 공급원이 되었습니다. 그리고 증가하는 수요와 함께, 그들이 가져오는 질병도 증가했죠. 특히 공장식 축산으로 밀집 사육되었을 때 더욱 그렇습니다.

닭고기로 인한 식중독의 원인으로 가장 흔한 두 가지 세균은 살모넬라균과 캠필로박터균입니다. 이 중 살모넬라균이 훨씬 더 우리 건강에 위협이 되는데, 최근 추산에 따르면 세계적으로 매년 1억 건의 감염이 발생하여 10만 명 이상의 사망을 초래합니다.

살모넬라균은 파충류(도마뱀)와 양서류(개구리)의 장에 자연적으로 서식하는 것으로 알려져 있습니다. 그러나 그들은 포유류(인간)와 조류(닭)를 감염시킬 수 있습니다. 어느 정도 자란 닭은 살모넬라에 감염되어도 꽤 행복하게(우리에게는 불행히도) 살 수 있습니다. 건강해 보이고 겉으로 질병의 증상을 전혀 보이지 않지만 배설물과 알을 통해 다른 조류와 동물들에게 살모넬라균을 퍼뜨립니다.

우리는 감염된 동물이나 그들의 배설물과 접촉하여 살모넬라에 감염될 수 있지만, 대부분은 오염된 물과 오염된 음식(특히 닭고기, 계란, 유제품)을 통해 감염됩니다. 고기는 도축 과정에서 동물의 배설물과 접촉하여 오염되고, 또한 오염되어도 눈에 띄기 어렵습니다. 왜냐하면 이 박테리아는 고기의 겉모습이나 냄새와 맛에 영향을 미치지 않기 때문입니다.

식중독의 마지막 단계는 음식 준비입니다. 대부분의 살모넬라 감염은 사람들이 닭고기를 덜 익혀 먹거나, 닭고기를 손질한 도마를 제대로 씻지 않고 사용함으로써 발생합니다.

> **알고 있나요?**
>
> 사람들은 흔히 소고기, 돼지고기, 생선, 닭고기와 같은 동물성 고기가 가장 중요한 단백질 공급원이라고 생각합니다. 그러나 실제로 지구 전체로 볼 때, 곡물, 콩, 견과류, 잎채소 같은 식물성 식품이 사람에게 몇 배 더 많은 단백질을 제공합니다.

110. 살모넬라균은 무엇인가?

129페이지 참조.

살모넬라균은 슈도모나도타(이전에는 프로테오박테리아)문에 속하는 막대 모양의 박테리아입니다. 살모넬라균은 대장균(E. coli)과 밀접한 관련이 있으며, 산소가 있든 없든 에너지를 만들 수 있는 능력과 많은 수의 편모를 가지고 있죠. 대부분의 대장균은 무해하고 종종 우리 장내 미생물총의 유익한 구성원이지만, 살모넬라균은 심각한 장 감염을 일으킬 수 있습니다.

살모넬라균은 닭을 포함한 많은 동물의 소화관에서 발견됩니다. 대부분의 인체 살모넬라 감염은 배설물로 오염된 음식을 먹는 것에 의해 발생합니다. 특히 닭고기, 계란, 유제품이 그렇죠.

세계 최빈국들에서는 치명적인 균주인 살모넬라 엔테리카가 여전히 오염된 음식이나 물을 통해 사람과 사람 사이에 전염되어 장티푸스를 유발합니다. 그러나 이 책 만화에서는 더 흔하고 덜 치명적인 살모넬라균에 의한 일시적인 감염을 묘사했습니다. 이 세균은 일반적으로 설사, 발열, 구토, 경련과 같은 위장염 증상을 유발합니다.

> **가장 치명적인 10가지 박테리아**
>
> 거의 모든 박테리아는 사람 몸에 유익합니다. 그러나 1940년대 페니실린 발견과 항생제 개발 이전에는 박테리아 감염이 인류의 주요 사망 원인이었죠.
>
> 여기 가장 치명적인 박테리아가 10종이 있습니다.
>
> 1. 바실러스 안트라시스 (탄저균)
> 2. 클로스트리디움 테타니 (파상풍균)
> 3. 마이코박테리움 투베르쿨로시스 (결핵균)
> 4. 예르시니아 페스트 (페스트균)
> 5. 클렙시엘라 뉴모니아 (폐렴균)
> 6. 비브리오 콜레라 (콜레라균)
> 7. 메티실린 내성 스타필로코커스 아우레우스 (MRSA)
> 8. 나이세리아 메닝기티디스 (수막염균)
> 9. 나이세리아 고노레아 (임질균)
> 10. 트레포네마 팔리둠 (매독균)

이미지: 1832년경, 콜레라의 침입에 맞서 영국을 방어하는 존 불을 묘사한 컬러 석판화.
출처: 웰컴 이미지 라이브러리.

111. 살모넬라의 공격전략 #1.
상피세포에 접근하라!

130페이지 참고.

살모넬라균은 인간에게 몇 안 되는 '세포 내' 병원성 세균 중 하나입니다. 즉, 바이러스와 비슷하게 우리 세포 내에서 감염되고 증식할 수 있죠. 다양한 종류의 살모넬라균은 우리 장내에서 여러 다른 세포를 표적으로 삼기 때문에 각기 다른 증상을 유발할 수 있습니다. 그러나 오염된 음식(예: 닭고기)을 통해 우리 장으로 들어올 때 살모넬라균의 주요 표적은 장벽을 따라 늘어선 상피세포입니다.

살모넬라균이 장에 들어와 맞닥뜨리는 첫 번째 도전은 두꺼운 점액층이라는 물리적 장벽입니다. 그러나 거꾸로 점액은 침입하는 살모넬라균이 자신을 고정하는 데 도움이 되는 일부 성분도 가지고 있습니다. 살모넬라균이 두꺼운 점액을 어떻게 뚫고 들어가는지에 대한 과학적 근거는 명확하지 않습니다. 다만, 그들이 효소를 사용하여 점액을 이루는 다당류로부터 당을 분해한다는 것이 밝혀졌는데, 이 당은 그들이 에너지원으로 사용할 수 있죠. 따라서 그들은 점액을 파먹으며 들어가는 것이 가능합니다.

사람의 장에는 살모넬라균과 같은 병원성 미생물로부터 스스로를 보호하기 위한 선천적 방어 무기들이 있습니다. 이들 방어 무기는 물리적, 화학적, 효소적, 면역적, 미생물적 형태로 스펙트럼이 넓고 아주 다양합니다.

112. 미생물 공동체의 방어전략 #1.
압도적 개체수로 나쁜 놈들 밀어내기

130페이지 참조.

장내 미생물의 일상적인 역할 중 하나는 살모넬라와 같은 질병을 일으키는 미생물로부터 우리 몸을 보호하는 것입니다. 그들이 이를 수행하는 한 가지 방법은 그냥 그 자리에 존재하는 것 자체입니다! 우리가 건강할 때는, 수많은 미생물들이 침입하는 미생물들을 밀어내서 점액에 그들이 비집고 들어올 공간을 남기지 않죠.

장내 세균(예: 비피, 루미, 로즈, 로이디)은 또한 짧은사슬지방산 같은 산을 많이 생성함으로써 병원균을 배제하는 데 도움을 줍니다. 그 외에도 건강한 장내 공동체는 다양한 미생물 개체군과 풍부한 상호영양 네트워크를 가집니다. 이 풍부한 대사 다양성은 노폐물의 축적을 방지하기도 하지만, 병원균이 장내에서 구할 수 있는 음식과 에너지원의 가능성을 줄인다는 의미도 있죠.

그러나 불행하게도 살모넬라균도 만만치 않습니다. 우리의 정상적인 장내 미생물과 경쟁할 수 있을 정도로 적응했죠. 그들은 강력한 점액 부착 능력, 산성 조건에서 생존할 수 있는 능력, 다른 장내 미생물이 사용하지 않는 노폐물을 먹을 수 있는 능력을 가지고 있습니다.

113. 세포 방어전략 #1.
도움 요청하기

131페이지 참조.

우리의 세포가 손상되거나 감염되면 보통 염증으로 반응합니다. 이는 전투의 총력전과 비슷하죠. 세균 침입에 대한 반응으로, 장 상피세포는 다음과 같은 다양한 염증반응을 사용할 수 있습니다.

- 점액을 사용하여 박테리아 밀어내기
- 침입하는 박테리아에 해를 끼치는 화학 물질 방출하기
- 면역세포에 신호를 보내 직접 공격하도록 요청하기

염증은 우리 몸의 자연적인 방어 메커니즘입니다. 그러나 염증이 너무 오래 지속되거나 심해지면 장 손상과 같은 부작용을 일으킬 수도 있죠.

114. 세포 방어전략 #2.
점액 생산을 늘려라!

131페이지 참조.

점액은 콧속, 폐, 질, 장과 같은 우리 몸의 일부에서 생성되어 표면을 덮고 감염으로부터 보호하는 끈적끈적한 콧물 같은 층입니다. 우리의 장이 병원성 박테리아를 감지하면 점액을 생성하기 시작하는데, 점액생성 세포인 술잔세포는 빠르게 점액의 화산을 분출하여 적을 밀어내고 쓸려 내려가게 합니다. 몇 시간 내에 우리는 이 점액 생성을 설사를 통해 직접 경험하게 되죠.

불행히도 많은 병원성 세균들은 우리의 염증반응에서 생존하는 방법을 터득했습니다. 살모넬라의 한 가지 기술은 분출하는 점액의 파도를 타고 이동하면서 우리 장의 다른 부분에 정착하는 능력입니다. 그리고 감염된 점액이 설사로 몸에서 배출되어도 변에 살아남은 살모넬라균이 새로운 인간과 동물을 감염시킬 수 있죠. 점액은 우리 몸의 중요한 방어 메커니즘이지만, 이렇게 일부 병원성 박테리아에 의해 무용하거나 악용될 수도 있습니다.

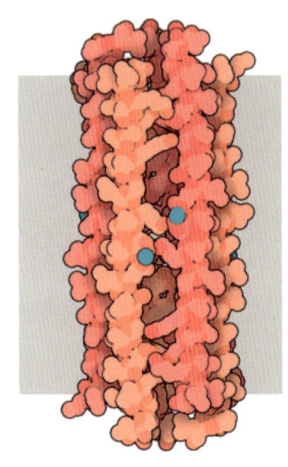

이미지: CAMP 분자인 더미씨딘의 모양을 보여주는 일러스트.
출처: David S. Goodsell.

115. 세포 방어전략 #3.
CAMP가 뭐지?

132페이지 참조.

잠재적으로 유해한 박테리아가 장벽에까지 도달하였을 경우, 우리의 상피세포는 자신을 방어하기 위해 다양한 무기를 사용할 수 있습니다. 많은 면역세포와 함께, 상피세포는 박테리아를 죽이기 위해 고안된 **작은 분자 총알인 항균펩타이드**를 대량으로 생성합니다.

일부 항균펩타이드는 박테리아의 성장을 억제하도록 진화했습니다. 예를 들어, 철분 흡수나 호흡 능력을 차단하는 것이죠. 이 만화에서는 **양이온성 항균펩타이드**(CAMP)의 방출을 묘사하고 있습니다. CAMP는 **강한 양전하**를 띠는 작은 분자인데, 이들은 마치 자석처럼 **음전하를 띠는 박테리아 세포막에 이끌립니다**. 박테리아 표면에 들러붙은 CAMP는 외막에 원통 모양의 구멍을 뚫고, 이렇게 되면 보통은 세포가 파열하여 죽게 됩니다. 그러나 이 구멍을 충분히 빨리 수리한다면 일부 박테리아는 이 공격에서 살아남을 수 있죠.

CAMP는 우리 몸의 중요한 방어 메커니즘 중 하나입니다. 그들은 박테리아를 물리적으로 파괴하고, 우리 몸에 침투하는 것을 막습니다. 그러나 세상 모든 일이 그렇듯 완벽할 수는 없죠.

116. 살모넬라의 공격전략 #2.
갑옷 바꾸기

133페이지 참조.

살모넬라를 비롯한 여러 박테리아들이 양이온성 항균펩타이드(CAMP) 공격에 저항하기 위해 사용하는 한 가지 메커니즘은 '갑옷을 바꾸는 것'입니다. 공격을 당하면 그들은 보호막인 외막의 일부 분자를 변형하여 전체 음전하를 감소시킵니다. 예를 들어, 당을 교환하거나 지방을 추가하는 식입니다. 이렇게 되면 양이온성 CAMP는 더 이상 그들에게 들러붙을 수 없죠. 이 패턴은 박테리아와 인간 사이의 끝없는 진화 경쟁을 설명합니다.

알고 있나요?

살모넬라 같은 병원성 박테리아는 인간과 끝없는 진화경쟁을 벌이고 있습니다. 박테리아는 빠르게 번식하기 때문에 동물보다 훨씬 빠르게 진화할 수 있죠. 박테리아가 우리 세포를 공격할 때마다 돌연변이, 혹은 적응 덕분에 감염을 이겨낸 소수의 생존자가 있을 수 있습니다. 이 생존자는 살아남고 번식하여 새롭게 장착한 보호 특성을 공유하거나 전파할 수 있죠. 그러면 다시 인간이 그들의 방어를 깨트릴 새로운 방법을 찾아야 합니다.

117. 살모넬라 공격전략 #3.
박테리아가 정말 주사기를 만들까?

133페이지 참고.

살모넬라균이 상피세포 안으로 들어가기 위해서는 먼저 **주사기와 유사한 단백질 구조인 제3형 분비시스템**(T3SS)을 사용하여 **상피세포 안에 신호분자를 주입**해야 합니다.

일단 안으로 들어간 신호분자는 상피세포를 해킹하여 살모넬라균 주위로 세포막을 부풀려 둘러싸도록 속인 뒤, 그 다음 수축하여 세포 안으로 살모넬라균을 끌어들이게 합니다. 일단 상피세포 안으로 들어가면, 살모넬라균은 풍부한 포도당과 산소를 공급 받아 접근하여 빠르게 번식할 수 있죠. 이는 면역세포와 느리게 성장하는 다른 혐기성 장내 미생물에 비해 엄청난 이점으로 작용합니다. 살모넬라균의 개체수가 증가하면 인접한 상피세포를 추가로 감염시킬 수 있고, 일부는 대식세포 같은 식세포 면역세포를 감염시킬 수도 있습니다.

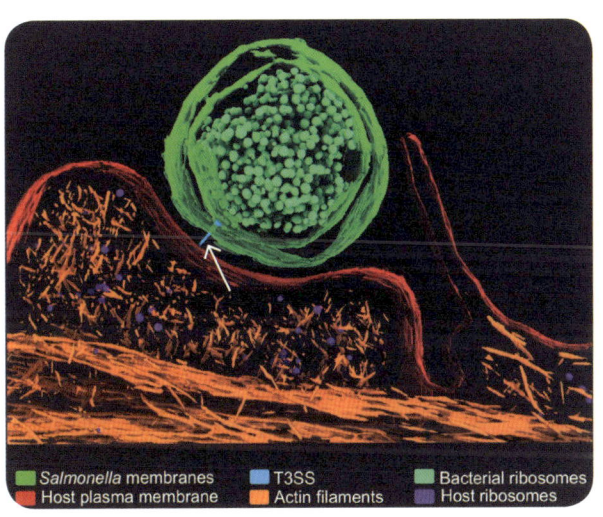

이미지: 살모넬라균이 T3SS로 상피세포에 주입하고 있는 모습.(주사전자현미경 3D 렌더링)
출처: Visualization of the type III secretion mediated Salmonella – host cell interface using cryo–electron tomography, Park 외, 2018.

118. 박테리아가 정말로 인간 세포를 속여서 삼키게 할 수 있나?

134페이지 참조.

수백만 년 동안 인간과 박테리아는 서로의 화학신호를 이해하는 법을 배워왔습니다. 이 화학 물질은 다음과 같은 다양한 메시지를 전달할 수 있습니다.

- 친구와 적 구분하기
- 경고 발동하기
- 자원 공유하기
- 세포에게 행동 촉구하기

박테리아 관점에서 보면, 자신보다 훨씬 더 큰 인간의 세포는 풍부한 영양분의 보고입니다. 이 영양분을 이용하여 먹고 번식할 수 있죠. 일부 병원성 박테리아(예: 살모넬라)는 우리 인간 세포의 내부 통신을 해킹하여 세포에 침투하고 증식하는 방법을 익혔습니다.

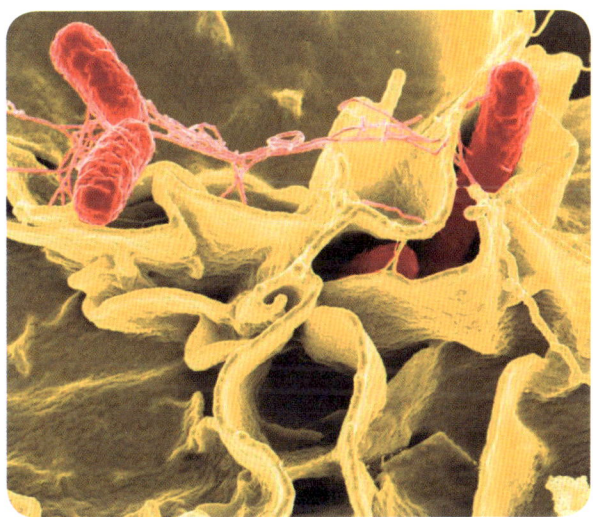

이미지: 면역세포(노란색)를 침입하는 살모넬라균(빨간색).
출처: 미국 국립 알레르기 전염병 연구소(NIAID).

119. 세포 방어전략 #4.
더 많은 세포를 만들어라!

135페이지 참조.

장의 벽(장 상피)이 온전해야 장 본래의 기능인 소화, 흡수, 보호(방어)가 가능할 것입니다. 살모넬라의 침입이 초래하는 직접적인 피해는 장벽의 손상입니다. 장은 스스로 손상을 복구하고 장벽의 구조와 기능을 정상적으로 회복할 수 있지만, 통상 이 과정은 며칠이 걸립니다.

장 줄기세포는 이 손상을 복구하는 데 중심적인 역할을 합니다. 인근 창자샘의 바닥에 있는 줄기세포에서 새로운 상피세포가 생성됩니다. 그 다음에는 컨베이어 벨트처럼 위쪽으로 조금씩 순차적으로 이동하면서 틈을 메우고 장벽을 조밀하게 유지시킵니다.

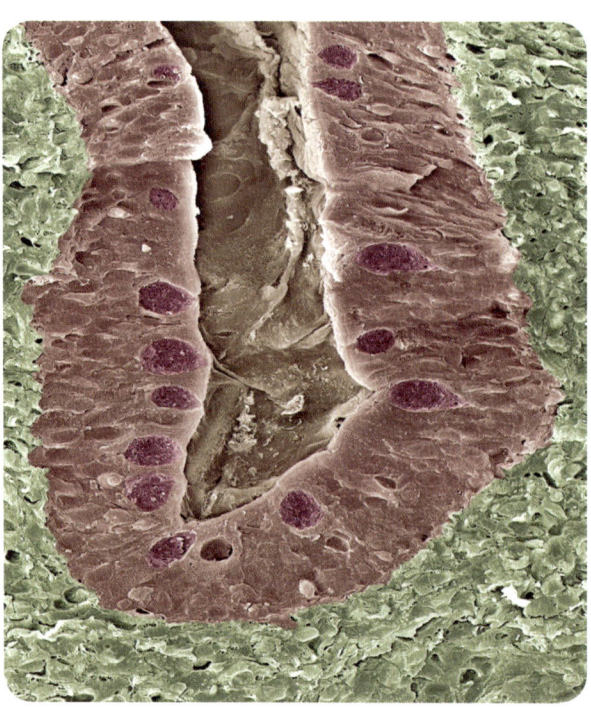

이미지: 창자샘의 바닥을 보여주는 주사전자현미경 이미지. 점액이 가득찬 술잔세포는 보라색, 점막고유층은 녹색으로 채색되어 있다. (500배 확대)
출처: Steve Gschmeissner (Science Photo Library)

120. 미생물 공동체 방어전략 #2.
제6형 분비시스템

136페이지 참조.

박테리아는 자신보다 훨씬 더 큰 숙주 내의 다양한 공동체에서 살아남기 위해 여러 방법을 사용합니다. 많은 박테리아들이 생존하기 위해 공통적으로 사용하는 한 가지 전략은 인근 다른 개체의 세포에 단백질을 분비하는 것입니다. 이 분비된 단백질은 다음과 같은 역할을 할 수 있습니다. 1) 다른 세포에 부착, 2) 영양분 약탈, 3) 세포 기능 방해, 4) 표적 세포의 중독. 이 모든 방법들은 생존을 위한 것입니다.

박테리아는 화물(단백질)을 자신의 세포 밖으로 운반하여(분비하여) 주변에 영향을 미치는 많은 방법을 개발했습니다. 제3형 분비시스템(T3SS) 및 제6형 분비시스템(T6SS)을 포함한 일부 분비시스템은 주사바늘 모양의 구조를 사용하여 다른 박테리아의 세포막을 뚫어 단백질을 주입합니다.

T3SS는 앞에서 살펴본 것처럼 병원성 박테리아가 인간 상피세포를 감염시키는 데 주로 사용합니다. 반면, T6SS는 주로 적대적인 박테리아의 막을 뚫어 세포를 파열시키거나 치명적인 화학 물질을 주입하는 데 이용됩니다. 박테리아 간 전쟁에서 일반적으로 주입되는 단백질 중 하나는 핵산가수분해효소입니다. 이는 DNA의 핵산 결합을 끊을 수 있는 효소로, 상대 박테리아의 게놈을 잘게 쪼개는 것입니다.

알고 있나요?

박테리아는 자신에겐 없는 이국적인 유전 요소(DNA 조각)를 수집하고 자신의 이익을 위해 길들이는 놀라운 능력을 가지고 있습니다. 과학자들은 박테리아 간 전쟁에서 정밀 무기로 사용되는 제6형 분비시스템이, 박테리아에 사용되는 박테리오파지의 꼬리를 교묘하게 변환하여 만든 것이라고 생각합니다. 마찬가지로, 제3형 분비시스템도 박테리아에 의해 꼬리(편모)를 변형시켜, 숙주의 세포를 조작하고 감염시키는 유용한 도구로 사용되는 것으로 보입니다.

121. 미생물 공동체 방어전략 #3.
살모넬라 카이(×)파지

137페이지 참조.

이 책에 나오는 **살모넬라 카이 파지**는 살모넬라균에 달라붙어 감염, 사멸시키도록 진화했습니다. 카이 파지는 특이한 사냥 전략을 가지고 있는데, 마치 올가미처럼 생긴 가는 꼬리 섬유를 사용하여 지나가는 박테리아의 움직이는 편모를 감지하고 부착합니다. 이 전략은 활동 중인 숙주 박테리아(살모넬라) 세포에 부착하여 감염시킬 가능성을 높인다고 생각됩니다. 일단 카이 파지가 편모의 뿌리 부분까지 회전하여 내려가면, 살모넬라 세포막에 구멍을 뚫고 DNA 게놈을 주입합니다.

바이러스 DNA가 숙주 세포에 들어가면 보통 다음과 같은 일이 일어납니다.

- 숙주 세포를 장악한다.
- 그 세포를 이용하여 자신의 DNA 게놈과 구조 단백질의 복사본을 만든다.
- 그 DNA와 단백질을 조립하여 수십 개의 새로운 박테리오파지를 만든다.
- 효소를 방출하여 박테리아를 파열시키고 새로운 박테리오파지들을 대량으로 방출, 계속 박테리아들을 사냥하게 한다.

> **알고 있나요?**
>
> 항생제에 대한 박테리아의 내성이 증가함에 따라 병원성 박테리아의 감염을 통제하기 위해 박테리오파지 바이러스를 사용하는 것에 대한 관심이 증가하고 있습니다. 이를 일반적으로 '파지 요법'이라고 하죠. 일부 박테리오파지는 현재 식품 생산에서 살모넬라균을 감지하고 제거하는 데 도움이 되도록 개발되고 있습니다.

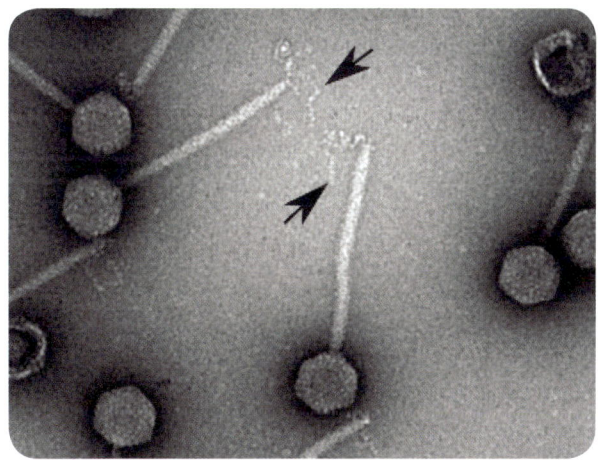

이미지: 살모넬라 카이 파지의 투과전자현미경 이미지.
출처: Characterization of Flagellotropic, Chi-Like Salmonella Phages Isolated from Thai Poultry Farms, Phothaworn 외, 2019.

122. 호중구는 무엇인가?

139페이지 참조.

살모넬라균이 장 상피를 감염시키면 경고 분자(alarm molecules)가 방출되어 면역계가 작동하기 시작합니다. 면역계의 1차 방어선 중 하나는 가장 흔한 백혈구인 호중구를 모집하는 것입니다.

장에 도착한 호중구는 혈류에서 상피를 가로질러 감염 부위로 빠르게 이동하여 박테리아를 식균(삼키고 파괴)하기 시작합니다. 그러나 호중구는 수명이 짧고 빠르게 작용하여, 굶주린 분노로 친구와 적을 가리지 않고 닥치는 대로 죽입니다.

염증이 장기간 지속되면, 호중구는 또한 '호중구 세포외 덫(NET)'을 생성할 수 있습니다. 이는 일종의 자폭으로, 나쁜 박테리아를 포획하는 동시에 치명적인 화학 물질을 대량으로 방출하여 자신과 근처에 있는 많은 다른 박테리아를 함께 죽입니다.

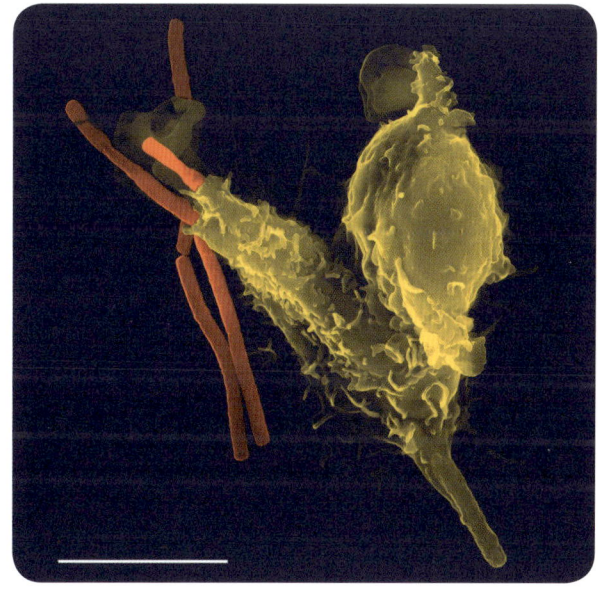

이미지: 박테리아를 공격하는 호중구. 채색 주사전자현미경 이미지. (축적막대 = 5마이크로미터)
출처: 볼커 브링크만.

123. 엄마의 방어전략 #1.
모유

141페이지 참조.

모유는 수유 중인 영아를 양육하고 보호하는 데 도움이 되는 영양소와 보호 분자의 완벽한 혼합물입니다. 젖산균과 비피더스균 같은 유익한 박테리아 외에도 모유에는 면역세포(대식세포), 항균 단백질(리소자임), 항체(면역글로불린A)와 같은 영아를 보호하는 광범위한 물질이 포함되어 있죠.

모유를 먹는 아기의 살모넬라 및 기타 장 감염 발생률은 분유를 먹는 아기보다 낮습니다. 과학자들이 살모넬라 감염을 예방할 수 있다고 생각하는 모유의 두 가지 성분은 모유올리고당(HMO)과 분비형 면역글로불린A(IgA) 항체입니다. 둘 다 유사한 방식으로 작용하여 **병원균들이 장 내부 표면에, 특히 점액과 상피세포에 결합하는 것을 막아줍니다**.

모유올리고당은 살모넬라 박테리아가 점액에 부착하는 것을 차단합니다. 살모넬라가 처음에 장 내에 발을 붙이려면 작은 털(pili, 선모)을 사용하여 점액 내 다당류의 분자 가지인 시알산 당에 부착해야 합니다. 그러나 모유올리고당도 이 당을 함유하고 있으므로 젖이 장으로 흘러 들어가면 모유올리고당이 대신 살모넬라에 결합합니다.

마찬가지로, 엄마의 젖에 함유된 수백만 개의 면역글로불린A 항체가 장에 흘러들면, 그들의 끈적끈적하고 여러 갈래로 된 부착 팔은 살모넬라를 묶어 덩어리로 만들 수 있죠. 이러면 박테리아들이 움직이거나 표면에 부착할 수 없게 되고, 더 이상 손상이나 감염을 일으키지 못합니다.

124. 모유의 항체가 우리를 이렇게 보호할 수 있을까?

141페이지 참조.

기술적으로는 만화 내용처럼 엄마의 젖만이 구원자는 아닐 겁니다. 실제로는 시미의 장벽 아래 점막고유층(lamina propria)에 사는 많은 B세포들도 살모넬라 박테리아의 존재에 반응하여 수백만 개의 끈적끈적한 다용도 IgA 항체를 생성했을 것입니다.

만약 살모넬라가 며칠 더 버티며 더 심각한 감염을 일으켰다면, 시미의 면역계는 또한 더 확실한 살모넬라 항체인 IgG, IgM을 생성하기 시작했을 것입니다.

125. 미생물 공동체 방어전략 #4.
박테리오신은 무엇인가?

142페이지 참조.

대부분의 박테리아는 협력과 경쟁이 공존하는 밀집 공동체에서 살아가는 사회적 생명체입니다. 우리가 흔히 보는 동물들처럼 박테리아도 다양한 공격적, 방어적 행동을 합니다. 또한 다종다양한 항균 분자 무기를 가지고 있죠.

가장 풍부하고 다양한 항균 분자 무기 중 하나는 박테리오신입니다. 광범위 항생제와 달리 **박테리오신은 매우 대상 특이적이고 치명적인 독소**입니다. 박테리오신은 박테리아가 스트레스를 받을 때, 예를 들어 너무 과밀하거나 영양분이 부족할 때 사용됩니다. 스트레스에 반응하여 대장균(E. coli)은 콜리신이라고 하는 일종의 박테리오신을 생성하고 방출하는 것으로 나타났습니다. 콜리신은 다른 박테리아 표면의 수용체에 결합하여 세포막을 파열시켜 그들을 죽이죠. 또한 DNA를 분해하고 새로운 단백질을 생성하는 능력을 억제합니다.

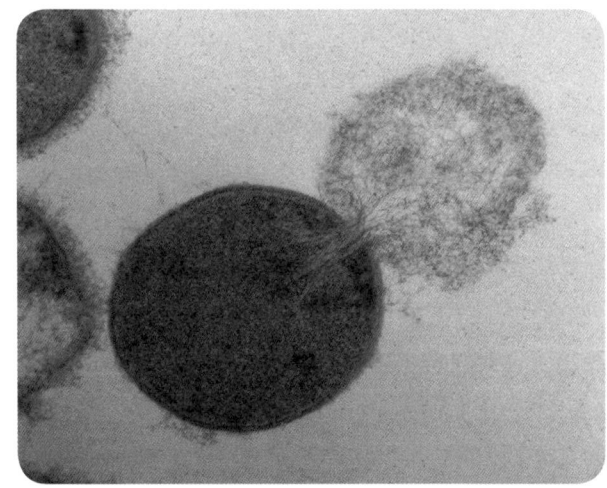

이미지: 세포막이 파열되어 내용물이 새어나오는 박테리아. 투과전자현미경 이미지.
출처: Critical cell wall hole size for lysis in Gram-positive bacteria, Mitchell 외, 2013.

126. 왜 엄마는 아프고 아기는 안 아팠을까?

144페이지 참조.

모유 수유는 살모넬라와 같은 많은 위장관 감염으로부터 영아를 보호하는 것으로 알려져 있습니다. 모유에는 영아가 접촉할 가능성이 있는 병원균을 표적으로 하는 다양한 면역 인자가 포함되어 있죠.

아마도 가장 중요한 인자는 모유에 풍부한 항체인 면역글로불린A(IgA)일 것입니다. 이 항체의 점착성은 영아의 장을 보호하는 데 도움이 될 수 있죠. 부분적으로는 장막의 물리적 장벽을 강화함으로써, 더 중요하게는 살모넬라 세포에 부착하고 응집시키고 중화시킴으로써 가능합니다.

시미 엄마의 면역계는 살모넬라를 처리하기 위한 자체 전략을 가지고 있었지만, 모유의 혜택이 없었기 때문에 시간이 너무 오래 걸렸고 그녀는 아프게 되었죠.

127. 왜 젖이 점점 줄어들까?

144페이지 참조.

모유 수유를 선택하든 안 하든, 엄마의 몸은 아기를 위해 젖을 만들 준비를 합니다. 수유가 시작되면 엄마의 젖샘은 수유를 중단할 때까지 계속해서 젖을 만들죠. 젖을 떼는 과정은 엄마와 아이마다 다를 것입니다. 어떤 경우 아기에 의해 주도되고, 다른 경우 엄마에 의해 주도되지만, 아기가 젖을 덜 빨면 엄마의 몸은 젖을 덜 만들 것입니다. 결국 젖샘 조직은 수축하고 젖 생산이 중단되고 유방은 임신 전 상태로 돌아갑니다. 모유 수유는 공급과 수요의 원리로 작동하죠.

제11장
폭풍 성장

128. 이 새로운 미생물들은 누구인가?

147페이지 참조.

유아기는 우리 인생에서 신체와 뇌가 가장 빨리 가장 크게 변화하는 시기입니다. 우리는 걷고 말하는 법을 배우고, 스스로 먹는 법을 배우고, 다른 사람들이 생각하고 느끼는 것을 인식하는 법을 배웁니다. 그리고 성장하는 아이의 몸이 새로운 음식과 새로운 환경을 탐험함에 따라 수천 가지 새로운 유형의 미생물과도 접하게 되죠. 장은 수백 가지 새로운 미생물 종이 장내 생태계에 새로운 보금자리를 마련하게 되면서 엄청난 변화를 겪습니다.

약 3세가 되면 건강한 사람의 장은 다음 4가지 주요 박테리아 분류군의 유익한 미생물 개체군이 핵심 커뮤니티로 자리를 잡고 균형을 이루어야 합니다.

- 슈도모나도타 *Pseudomonadota* (이전 Proteobacteria) – '에셔'로 대표됨.
- 바실로타 *Bacillota* (이전 Firmicutes) – '락토', '로즈', '루미'로 대표됨.
- 액티노미세토타 *Actinomycetota* (이전 Actinobacteria) – '비피'로 대표됨.
- 박테로이도타 *Bacteroidota* (이전 Bacteroidetes) – '로이디'로 대표됨.

우리 몸의 핵심 장내 미생물 개체군의 수준은 역동적입니다. 호르몬, 식단, 스트레스, 특히 항생제의 섭취와 같은 단기 및 장기적인 변동에 따라 수시로 변하죠.

이 책에서 미생물 개체군은 그들의 속(genus)으로 표시되었습니다. 예를 들어 비피더스균이나 박테로이데스균처럼. 그러나 실제로는 각 장내 미생물 속은 종종 고유한 특성을 가진 많은 다른 종으로 대표됩니다. 그리고 각 장내 미생물 종은 더 미묘한 차이가 있는 하위 그룹, 즉 균주로 설명됩니다. 각 속과 종 내의 이러한 다양성은 그들에게 환경 변화에 더 잘 적응할 수 있게 하여 장내 공동체 내에서 더 큰 회복력을 갖게 합니다.

이미지: 인체 장내 세균의 군집을 보여주는 주사전자현미경 이미지.
출처: Rick Webb, QLD 대학 현미경 및 미세분석센터.

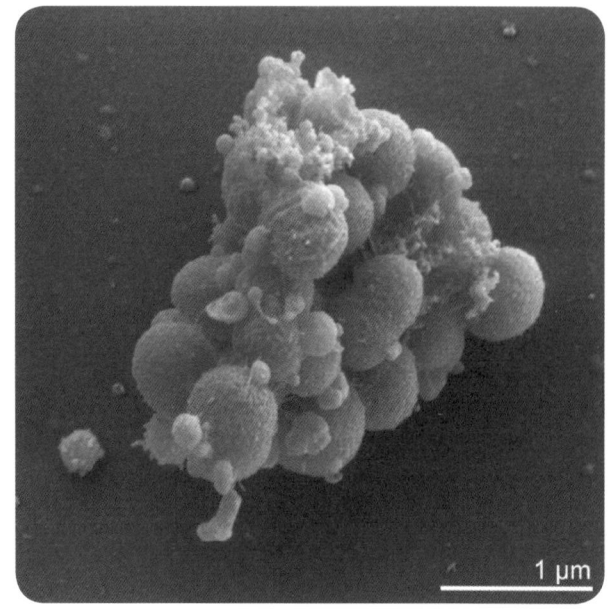

이미지: 베일로넬라 박테리아의 주사전자현미경 이미지.
출처: Complete genome sequence of Veillonella parvula type strain (Te3T), Gronow 외, 2010.

129. 콜린셀라와 베일로넬라는 누구인가?

147페이지 참조.

콜린셀라와 베일로넬라는 유아의 장에 제일 먼저 정착하는 박테리아 그룹 중 하나입니다. 이 책에 등장하는 주요 캐릭터들만큼이나 주목할 만한 박테리아죠. **콜린셀라**는 단순당(젖당), 단백질, 점액 같은 다양한 연료원을 섭취하며, 짧은사슬지방산(아세트산과 젖산)과 비타민B(코발라민, B12, 엽산, B9)를 생성합니다.

베일로넬라는 엄마젖을 먹는 유아의 장에서 흔히 발견되는데, 인간 모유 미생물군과 유아의 장 미생물군의 유익한 구성원으로 간주됩니다. 그 이유는 베일로넬라가 락토바실러스, 비피더스, 콜린셀라와 같은 박테리아가 배출하는 부산물인 젖산을 좋아한다는 것이죠. 과도한 젖산은 건강에 문제를 일으킬 수 있으므로, 베일로넬라가 젖산을 섭취하는 능력은 균형 잡힌 장을 유지하는 데 매우 도움이 됩니다.

130. 피칼리박테리움과 프리보텔라가 누구인가?

148페이지 참고.

피칼리박테리움은 가장 흔하고 중요한 장내 세균 중 하나입니다. 그들은 식이섬유의 발효를 통해 부티르산(낙산)과 기타 짧은사슬지방산을 생성합니다. 일부 연구자들은 이 박테리아가 장내 염증을 낮춘다는 점을 들어 장 건강의 일반적인 지표로 간주하기도 합니다.

프리보텔라는 매우 다양한 종으로 구성된 큰 속의 박테리아입니다. 그들은 상황에 따라 유익하기도 하고, 그렇지 않을 수도 있습니다. 일부 종은 사람의 입에 서식하도록 적응되어 있는데, 여기에서 치주염과 충치를 일으킬 수 있죠. 그러나 일부 프리보텔라는 많은 채식주의자들의 장내에서 짧은사슬지방산과 B 비타민을 생성하는 등 긍정적인 역할을 한다고 생각됩니다. 그들은 섬유질이 많은 식단을 섭취하는 비서구인 인구에서 특히 흔합니다. 이는 헤미셀룰로스나 펙틴 같은 복합 식물 다당류를 소화할 수 있기 때문이죠.

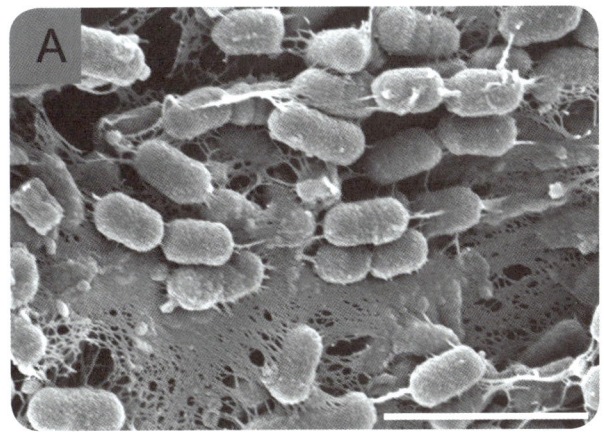

이미지: 프리보텔라 박테리아의 주사전자현미경 이미지. (축척막대 = 2마이크로미터)
출처: Gene expression profile and pathogenicity of biofilm-forming Prevotella intermedia strain 17, 야마나카 외, 2009.

먹는 것의 중요성 - 40조 식구들을 위한 식단

고대 그리스 의사 히포크라테스는 '모든 질병은 장에서 시작된다.'고 주장했습니다. 완전히 사실은 아니지만, 점점 더 많은 현대 건강 문제는 우리의 장 건강과 관련이 있죠.

식단이 중요합니다. 우리가 먹는 것은 우리 장내 미생물의 건강에 직접적인 영향을 미칩니다. 게다가 박테리아는 빠르게 성장하기 때문에 식단의 변화가 몇 주 안에 우리의 건강에 영향을 미칠 수 있죠! 다행히도, 우리는 이미 건강한 장내 미생물 공동체의 풍성한 성장을 촉진하는 방법을 잘 알고 있습니다. 다음과 같은 음식을 섭취해야 합니다.

- **식이섬유** – 대부분의 과일과 채소(특히 잎이 많은 녹색채소)
- **저항성 전분** – 식힌 감자와 쌀 샐러드류
- **항산화제** – 블루베리, 호두, 초콜릿
- **건강한 지방** – 아보카도, 올리브 오일, 견과류(호두, 아몬드)

그리고 피해야 할 것 – 가공식품(특히 정제된 설탕과 탄수화물), 방부제가 많이 든 음식(베이컨과 소시지)

131. 아커만시아와 메타노브레비박터는 누구인가?

148페이지 참고.

아커만시아 속은 인간의 장내에서 흔히 발견되는 아커만시아 뮤시니필라 종으로 대표됩니다. 뮤시니필라는 '점액을 좋아하는'이라는 뜻인데, 뜻 그대로 이 박테리아는 우리 장의 내벽을 덮고 있는 점액질을 먹는 것을 좋아합니다. 아커만시아는 짧은사슬지방산, 비타민B, GABA를 생성할 수 있는 능력 때문에 유익한 장내 미생물로 간주됩니다. 또한 점액에 서식함으로써 유해한 박테리아를 밀어내기도 하죠.

장내 공동체가 관리해야 하는 지속적인 문제 중 하나는 수소 가스와 같은 부산물의 축적입니다. **메타노브레비박터**는 과도한 수소를 제거하는 데 중요한 역할을 하기 때문에 유익합니다. 흥미롭게도 메타노브레비박터는 실제로는 박테리아가 아닙니다. 오히려 식물, 곰팡이, 동물과 더 밀접한 관련이 있는 단세포미생물인 고세균(Archaea) 도메인의 구성원이죠. 박테리아와 매우 비슷하게 보이긴 합니다. 메타노브레비박터 같은 일부 고세균의 놀라운 능력 중 하나는 수소를 재활용하여 메탄가스를 생성하는 능력입니다.

아커만시아와 메타노브레비박터는 모두 장내 미생물총의 중요한 구성원입니다. 그들은 서로 다른 역할을 수행하지만, 모두 장 건강을 유지하는 데 도움이 되죠.

이미지: 아커만시아 박테리아의 주사전자현미경 이미지.
출처: "Akkermansia muciniphila is a promising probiotic," Zhang 외, 2019.

132. 배변을 할 때 무슨 일이 일어날까?

152페이지 참고.

음식에 따라 차이가 있긴 하지만, 식사를 한 후 약 24~72시간(1~3일) 후에 음식물은 소화계를 통과하여 우리 소화관의 마지막 정거장인 직장에 도달합니다. 우리는 이제 중요한 과제에 직면하게 되죠. 배변. 직장은 우리 뇌에 배변을 해야 한다고 메시지를 보내지만, 과제를 완료하기 위해서는 먼저 직장 주변의 근육을 이완해야 합니다. (그래서 대부분의 사람들은 집에서 배변하는 것이 더 쉽죠.)

변의 안 좋은 냄새는, 주로 음식이 서서히 분해되면서 장에서 이동할 때 일부 박테리아가 생성하는, 냄새가 나는 짧은사슬지방산(프로피온산)과 더 냄새가 나는 긴사슬지방산(푸트레신)의 축적에 의해 발생합니다. 놀랍게도, 박테리아가 전체 변의 약 30%를 차지하며, 그중 50%는 아직 살아있죠.

133. 변기 물을 내리면 배설물은 어디로 갈까?

153페이지 참고.

인간의 몸은 집과 비슷합니다. 둘 다 에너지와 물을 안으로 들여오는 관과 폐기물을 바깥으로 내보내는 관이 따로 있죠. 고소득 국가에서는 가정과 건물에 보통 주방, 세탁실, 욕실에서 나오는 다양한 폐수(하수)를 운반하는 배수관이 있습니다. 이 하수는 환경에 방출되기 전에 처리되어야 합니다. 특히 화장실 폐수는 영양분 함량이 높고 병원균 잠재력도 높기 때문에 방류되기 전에 반드시 처리 과정을 거쳐야 하죠.

대부분의 도시 가정에서 화장실 변기를 내리면 배설물과 소변이 다른 모든 폐수와 섞여 거리의 배수관을 따라 하수 종말 처리장으로 흘러갑니다. 하수 처리장은 폐수에서 대부분의 영양분과 오염 물질을 제거하여 주변 환경에 배출해도 안전한 상태로 만들어 강이나 바다로 방류합니다.

비피더스균은 산소에 민감한 엄격한 혐기성이며, 로즈부리아와 달리 포자를 형성할 수도 없기 때문에 아무리 모험심 강한 비피라도 화장실 변기를 내린 후 하수관에서 오래 생존하지 못했을 것입니다. 하지만 그건 또 다른 이야기겠죠….

이미지: 하늘에서 본 하수 처리장.
출처: A. Savin, 위키백과.

미생물을 응원하다

초판 1쇄 인쇄 2024년 1월 22일
초판 1쇄 발행 2024년 1월 29일

기획 브라이오니 바, 그레고리 크로세티
지은이 아일사 와일드, 리사 스틴슨
그린이 벤 허칭스
옮긴이 정진
감수 (사)한국미생물학회, 서울과학교사모임

펴낸이 정성진
펴낸곳 (주)눈코입(레드스톤)
주소 경기도 고양시 일산동구 호수로 672 대우메종리브르 611호
전화 031) 913-0650
팩스 02) 6455-0285
이메일 redstonekorea@gmail.com

ISBN 979-11-90872-48-5 07470

- 값은 뒤표지에 있습니다.
- 파본은 구입하신 서점에서 교환해드립니다.